Moderne Metallkunde
in Theorie und Praxis

Von

J. Czochralski
Oberingenieur

Mit 298 Textabbildungen

Berlin
Verlag von Julius Springer
1924

ISBN 978-3-642-50433-4   ISBN 978-3-642-50742-7 (eBook)
DOI 10.1007/978-3-642-50742-7

Alle Rechte, insbesondere das der Übersetzung
in fremde Sprachen, vorbehalten.

Copyright 1924 by Julius Springer in Berlin.
Softcover reprint of the hardcover 1st edition 1924

Dem Andenken
E. Heyns

Vorwort und Einleitung.

Dieses Buch ist kein systematisches Lehrbuch der Metallographie und es erstrebt auch nicht die Vollständigkeit eines solchen. Der Name „Moderne Metallkunde" verspricht wesentlich mehr, als diese Zusammenfassung zu bieten vermag. Wichtige Fragen der modernen Metallkunde wie die der Klärkreuze, der Korrosionserscheinungen, der härtbaren Aluminiumlegierungen und dgl. hätten sonst noch darin Aufnahme finden müssen. Der Name wurde trotzdem beibehalten, weil er das behandelte Gebiet am treffendsten kennzeichnet. Er erscheint aber nur berechtigt, wenn dieses Buch im Zusammenhang mit klassischen Werken der Metallkunde, wie sie in den grundlegenden Fachschriften von Martens-Heyn, Tammann, Ludwik und in den Lehrbüchern von Bauer, Guertler, Goerens, Oberhoffer, Desch und anderen vorliegen.

Als Ausnahme finden sich gleich zu Anfang einige Abschnitte, die der älteren Metallkunde angehören. Über die Phasen- und Gefügelehre, die in diesen Abschnitten behandelt wird, kann man sich auch an Hand eines jeden Lehrbuches der Metallkunde eingehend unterrichten. Nun gehen aber zahlreiche Metallographen aus den Kreisen der Ingenieure hervor, denen erfahrungsgemäß die Erfassung der Gefügelehre ziemliche Schwierigkeiten bereitet; daher wurde eine gemeinverständliche Darstellung dieses Gebietes, das ein nicht zu entratendes Rüstzeug der Metallkunde ist und bleibt, den anderen Abschnitten vorangeschickt. Der Fachmann wird also die beiden ersten Abschnitte zu überschlagen haben, während für den theoretisch weniger geschulten Praktiker die zwei ersten Abschnitte sowie die Abschnitte III, V und XII in allererster Linie bestimmt sein dürften.

Eines zeichnet das vorliegende Buch besonders aus, nämlich die eingehende Behandlung der Vorgänge, die für die Bearbeitung der Metalle durch plastische Formgebung von Bedeutung sind. Bei der Ausarbeitung der vorliegenden Zusammenfassung ging der Verfasser von der Grundanschauung aus, die Lehre von dem

Verhalten der Metalle unter der Einwirkung deformierender mechanischer Beanspruchung im Gegensatz zu den zahlreichen andern auf physikalisch-chemischer oder mechanischer Grundlage aufgebauten Werken einerseits genügend in den Vordergrund zu rücken und als selbständigen und gleichberechtigten Zweig der metallographischen Wissenschaft hinzustellen, anderseits aber auch die Darstellung des weit verzweigten Stoffes durch diese Unterteilung zu erleichtern. Wenn die Überschriften zu dem ersten und zweiten Teil des Buches auch auf die Technologie Bezug nehmen, so wird als selbstverständlich vorausgesetzt, daß in einem Lehrbuch der Metallkunde damit weder die mechanische noch die chemische Technologie der Metalle gemeint sein kann, vielmehr nur diejenigen technologischen Fragen, die mit der Metallkunde in unmittelbarem Zusammenhang stehen.

Die gebotene Zusammenfassung ist im wesentlichen das Nebenergebnis einer etwa 15jährigen technisch-wissenschaftlichen Tätigkeit. Über die Zweckmäßigkeit und Notwendigkeit der industriellen Forschung dürften heute kaum noch wesentliche Meinungsverschiedenheiten bestehen. Es sei in diesem Zusammenhange z. B. auf die grundlegenden Ausführungen der Zeitschrift „Die chemische Industrie" 1919, S. 147, sowie in der Zeitschrift des Vereins Deutscher Ingenieure 1924, S. 89 verwiesen. Überzeugender als viele Worte dürften indes die nachstehenden Zahlenangaben über amerikanische Forschungsstätten sein, die die wissenschaftliche Machtstellung Amerikas eindringlich bekunden.

	Angestellt im Lab.	Unterhaltungskosten ca. Dollar
Western Electric Co.	400	150000[1])
Pennsylvania Railroad Co.	361	100000
Du Pont de Nemours Co.	250	80000[1])
National Electric Lamp Co.	200	100000[1])
Goodrich Rubber Co.	150	100000[1])
General Electric Co.	130	100000
National Carbon Co.	62	40000[1])
Eastman Kodak Co.	40	30000
Franklin Institut	—	
Bureau of Mines		1500000
Mellon-Institut of Industrial Research	80	500000
Carnegie Institut	Zinsen aus	10000000
National Research Council	„ „	30000000

[1]) Schätzung.

Auch die deutsche Industrie und Wissenschaft ist reich an vortrefflichen Forschungslaboratorien der verschiedenen einzelnen metallwissenschaftlichen Gebiete. Die metallographischen, die technologisch-mechanischen und die physikalischen Forschungsergebnisse der letzten Jahre haben aber auf die Wissenschaft der Metalle einen so tiefgreifenden Einfluß gewonnen, daß zahlreiche metalltechnische Fragen nur dem verständlich werden können, der über das gesamte Rüstzeug der modernen Metallforschung verfügt und ihre Methoden versteht. Den neuen Bedürfnissen werden die bestehenden Einrichtungen aber wohl nur dann gerecht werden können, wenn sie mit allen zu Gebote stehenden Mitteln neben systematischer Arbeitsweise zugleich die Anwendung der wissenschaftlichen Lehren in Industrie und Technik nutzbringend verwerten und ihre Aufgaben den bestehenden zeitgemäßen technischen Problemen anpassen werden. Bei den versagenden materiellen und finanziellen Hilfsmitteln dürfte dieses Ziel wohl nur vereinzelt durch überragende persönliche Fähigkeiten erreichbar sein. Den meisten einschlägigen Universitäts- und Hochschul-Instituten stehen heute für die Unterhaltung des Betriebes Jahresbeträge zur Verfügung, die etwa $1/10$ der normalen Jahresdiäten eines Studierenden nicht übersteigen. Wie soll mit diesen Mitteln der Gefährdung des Nachwuchses begegnet werden?

Die künftigen Forschungsarbeiten dürfen daher wohl noch auf Jahre hinaus nicht ausschließlich der Förderung der abstrakten Wissenschaft dienen, sondern werden ihre wissenschaftliche Richtung in hohem Maße den latent bestehenden technischen Problemen anpassen müssen. Aus der Fülle der sich aufdrängenden Probleme sei an dieser Stelle auf einige der wichtigsten hingewiesen.

Im Gießereibetriebe treten in den Vordergrund: das Herabsetzen des Abbrandes durch Abkürzen der Schmelz- und Gießzeit, die wirtschaftliche Aufarbeitung von Legierungsabfällen, sowie Verbesserung der Oberflächenbeschaffenheit der Gießereierzeugnisse. Seigerungen, Blasen-, Lunker- und Hohlraumbildung, als natürliche Erscheinungen beim Übergang aus dem flüssigen in den festen Zustand, können nur auf Grund der gewonnenen Erkenntnisse der Kristallisationsverhältnisse der Metalle weiter verfolgt werden. Diese Fragen bieten ein reiches Feld der Betätigung. Wissenschaftliche und technische Ansätze liegen bereits vor, doch konnte bisher ein praktischer Ausbau der Ergebnisse nicht in Angriff genommen werden. Zweckmäßige Bemessungen und Ausgestaltungen der Gießformen, sowie das Einhalten bestimmter Gießtemperaturen dürften sich bei der Bekämpfung dieser Übelstände als sehr nützlich erweisen.

Wenig aufgeklärt sind auch die Vorgänge beim Walzen. Die meisten Betriebe arbeiten nach praktischen Regeln, ohne sich über den inneren Zusammenhang ihrer Arbeit Rechenschaft zu geben. Andere in den Betrieben gewonnene Erkenntnisse gelangen dagegen nicht an die Öffentlichkeit, sondern werden von den in der Regel viel zu sehr überlasteten wissenschaftlichen Mitarbeitern als Gedächtniswissen aufgespeichert; hierzu gehören beispielsweise die Erfahrungen über den Einfluß der Kristallanordnung und der Kristallgröße auf die Walzbarkeit des Arbeitsgutes, das günstigste Bemessen der Walzstiche für die einzelnen Metalle und Legierungen und anderes mehr. Auch dem übermäßigen Kraftbedarf der Walzenstraßen müßte zielbewußt entgegengesteuert werden, ebenso der Ausbildung von bestimmten Walzfehlern, wie Blasen, Risse und Schichtenbildung. Inwieweit die Güte eines Arbeitsstückes von der Stärke des Durchschmiedens abhängig ist, ist nicht zuverlässig festgestellt, daß aber optimale Grenzen sowohl nach der einen, als auch nach der anderen Seite bestehen, haben die neuzeitigen Untersuchungen über die Rekristallisationsvorgänge unzweideutig erwiesen. Das hier Gesagte findet auch auf Preß-, Walz- und Hammerwerke Anwendung, wobei noch der Materialverschiebung bei der Bearbeitung besondere Aufmerksamkeit zugewandt werden muß.

Die Wärmebehandlung der Metalle nach erfolgter Kaltbearbeitung ist zwar grundsätzlich als gelöst zu betrachten, jedoch bestehen hinsichtlich der praktischen Betriebsverhältnisse noch bedeutende Mißstände. Auch die Vorgänge beim Schweißen erfordern noch weitere Aufklärung. Über die Warmbrüchigkeit der Metalle in bestimmten Temperaturbereichen herrscht noch keine Einigkeit.

Weiter bietet die Prüfung der für die technische Verwendung in Frage kommenden Eigenschaften der Metalle und Legierungen in den verschiedenen Bearbeitungszuständen, die Vereinheitlichung des gesamten Materialprüfungswesens, die Schaffung zweckmäßiger und eindeutiger Materialkonstanten, ein unbegrenztes Feld der wissenschaftlichen Betätigung. Das Nachprüfen und Vervollständigen der Zustands-, der Rekristallisations-, der Verfestigungsdiagramme, Untersuchungen über Wärmespannungen, Streckspannungen, Alterungserscheinungen infolge Änderung der Verteilung der Eigenspannungen, Kerbwirkungen, Bearbeitungsfähigkeit, Festigkeitseigenschaften und Härte, sowie deren Abhängigkeit von der thermischen und mechanischen Vorbehandlung, elastische Nachwirkungen, Verhalten der Metalle bei Stoß und Explosion, Schwingungsfestigkeit, ferner über die elektrischen und magnetischen Eigenschaften, über Korrosionserscheinungen, über die Löslichkeit von Gasen in flüssigen und festen Metallen, über den Einfluß gewisser Verunreinigungen auf die Metalle und Legierungen und deren Abhängigkeit von der Art ihrer Verteilung und Anordnung und nicht zuletzt über die Erforschung der Verlagerungs- und Verfestigungsgesetze bilden schon jetzt eine Arbeitsquelle, die auf Generationen bemessen sein dürfte.

Zusammenfassend gelangt man also zu dem Schluß, daß eine Steigerung der Tätigkeit auf dem Gebiete der Metallforschung vom wissenschaftlichen Standpunkt aus ein Bedürfnis dringendster Art ist. Vor allem muß der Zersplitterung der wissenschaftlichen Betätigung entgegengetreten werden, um den gewaltigen Anstrengungen der ausländischen Industrie mit friedlichen Mitteln begegnen zu können. Es sei an dieser Stelle an die Worte aus einer Denkschrift des Wiener Fortbildungs-Schulrats erinnert: „Nur jener Staat wird den Weltmarkt beherrschen, der über die besten technischen, künstlerischen und kommerziellen Kräfte verfügt. Diese zu schaffen ist aber ein Werk der fachlichen Erziehung."

Die gebotene Zusammenfassung möge als Beitrag zu einem Teil der gestellten Probleme gewertet werden. Zahlreiche Anregungen und Vertiefungen in das Arbeitsgebiet verdankt der Verfasser dem Gedankenaustausch mit den Fachgenossen E. Heyn †, dessen Andenken diese Zusammenfassung gewidmet ist, und W. Fraenkel, sowie W. v. Moellendorff und W. Deutsch bei vielen früheren Arbeiten. E. Rassow unterstützte den Verfasser u. a. bei den redaktionellen Arbeiten. Der Metallbank und Metallurgischen Gesellschaft A.-G., Frankfurt a. Main, dankt der Verfasser für die Überlassung wissenschaftlicher Ergebnisse ihrer Versuchsanstalt.

Frankfurt a. Main, April 1924.

J. Czochralski.

Inhaltsverzeichnis.

A. Gefügeaufbau und Technologie der Gußmetalle.

Seite

I. Grundregeln der Phasenlehre 1
   Bedingungen 1
   Phasen 1. — Gleichgewichte 2. — Freiheitsgrad 2. — Phasengesetz 3.
   Anwendungsbeispiele der Phasenregel 4
   Mehrfachfreies Gleichgewicht 4. — Einfachfreies Gleichgewicht 5. — Unfreies Gleichgewicht 6.
   Kondensierte Systeme 7

II. Hauptarten der Erstarrungsdiagramme binärer Legierungen. 10
   Abkühlungskurven 10
   Abkühlungskurven reiner Stoffe 10. — Abkühlungskurven von Lösungen 11. — Schaubilder 11.
   Fall unbegrenzter Löslichkeit 12
   Fall begrenzter Löslichkeit im festen Zustande 15
   Legierungen mit einer Umwandlungshorizontalen 15. — Legierungen mit einer eutektischen Geraden 19. — Unterteilung der Legierungen mit einer Umwandlungshorizontalen und eutektischen Geraden 12. — Legierungen mit einer chemischen Verbindung 23. — Legierungen mit zwei Geraden 24.
   Polymorphe Umwandlungen 25

III. Erstarrungsdiagramme technischer Legierungen . . . 28
   Kupfer-Zinklegierungen (Messing) 28
   Kupfer-Zinnlegierungen (Bronze) 33
   Kupfer-Aluminiumlegierungen (Aluminiumbronze) 33
   Aluminium-Zinklegierungen 35
   Aluminium-Magnesiumlegierungen 35
   Aluminium-Lithiumlegierungen 36
   Aluminium-Siliziumlegierungen 37
   Zinn-Bleilegierungen 38
   Zinn-Antimonlegierungen 39
   Blei-Antimonlegierungen 39
   Blei-Bariumlegierungen 40
   Blei-Natriumlegierungen 41
   Blei-Kalziumlegierungen und Blei-Strontiumlegierungen 43

Inhaltsverzeichnis.

Seite

IV. Hauptarten der Ätzerscheinungen und die metallographischen Ätzverfahren 45
   Hauptarten der Ätzerscheinungen 45
      Kristallgrenzenätzung 45. — Kristallfelderätzung 46. — Kristallfigurenätzung 51.
   Entnahme und Vorbereitung der Probestücke für das Ätzen .. 54
      Probeentnahme 54. — Schleifen und Polieren 55.
   Metallographische Ätzverfahren 59
   Säuren 59
      Salzsäure 59. — Flußsäuie 63. — Salpetersäure 63. — Schwefelsäure 65. — Chromsäure 67. — Pikrinsäure 67. — Essigsäure 68.
   Basen 68
      Ammoniak 68.
   Salze 69
      Eisenchlorid 69. — Kupferammoniumchlorid 19. — Ammoniumpersulfat 70.
   Das Ätzen durch Elektrolyse und Anlassen 71
      Elektrolyse 71. — Anlassen 72.

V. Der Gefügeaufbau und seine Bedeutung für den Gießereibetrieb 74
   Vorgänge bei der Kernbildung 75
      Kristallisationsgeschwindigkeit 75. — Kernzahl 78. — Beziehungen von Kristallgeschwindigkeit und Kernzahl zur Korngröße 79.
   Korngröße und Eigenschaften 82
      Einfluß auf Festigkeit und Dehnung 82. — Einfluß auf die Oberflächenbeschaffenheit 83.
   Kornverfeinerungsverfahren 85
   Korngliederung 86
      Allotriomorphie 86. — Kristallauibau 87. — Idiomorphie 87. — Dendriten 90. — Lunker 92. — Kalt- und Warmbruch 98. — Strahliges Gefüge 99. — Transkristallisation 102.

B. Gefügeaufbau und Technologie der durch Kneten bearbeiteten Metalle.

VI. Kristallographische Erscheinungen an kaltgestreckten Metallen 104
   Anfangs- und Endzustand 104
      Dislozierte und homogene Reflexion 104. — Ätzfiguren 107. — Streckung und Volumenintegrität 108. — Korngrenzen 109.
   Zwischenzustände 110
      Inhomogene Reflexion 110. — Innerkristalline Linienscharen 111. — Zwillinge 112.
   Periphere Wirkungen 118
      Erscheinungen an polierten Schlifflächen (Translationslinien, Zwillinge) 118. — Kraftwirkungslinien 122.
   Zusammenfassung 123

	Seite
VII. Rekristallisationsdiagramme	125

Gefügeumwandlung des Zinns bei der Schliffherstellung 125
Die Grenztemperaturen der Rekristallisation 128
Rekristallisationsschema 130
Rekristallisationsgeschwindigkeit 131
Rekristallisation und Kernzahl 132
Nutzanwendung der Rekristallisationsdiagramme 133

VIII. Vorgänge bei der Rekristallisation 139
    Allgemeines. 139
        Unabhängigkeit des Körnungsgrades von der ursprünglichen Korngröße 141. — Einfluß der Glühdauer und der Erwärmungsgeschwindigkeit auf den Charakter der Dispersitätskurven 142. — Einfluß der Probendicke 142.
    Ätzerscheinungen 143
        Neugruppierung der Kristalle 143. — Zwillinge 149. — Säuliger und körniger Aufbau 150. — Einfluß der Orientierung 150. — Wachstumsunfähigkeit unbeanspruchter Kristalle 151. — Rekristallisationserscheinungen an Einkristallen 154.
    Peripherzonen des Rekristallisationsfeldes 158
    Zusammenfassung 161

IX. Verlagerungshypothese und Röntgenforschung 166
    Einleitung 166
    Das Verfahren 168
    Einfluß der Anordnung und der Dispersität 171
        Nebeneinanderlagerung 171. — Hintereinanderlagerung 173. — Gemischte Anordnung 176.
    Deformationseinflüsse 178
        Kugeldruck- und Biegeversuche 178. — Zugversuch 184. — Beanspruchung durch Strecken (Zug und Walzen) 187. — Walzversuche allein 188. — Wechsel des Kraftangriffes 190. — Einfluß der Kristallorientierung 191. — Anisotropie des Endzustandes 192. — Rekristallisation 194. — Auswertungsgrundlagen 196.
    Bestimmung der gestörten und ungestörten Raumgitteranteile . 198
    Strukturtheoretisches 201

X. Grundlagen der Verfestigungsvorgänge 206
    Festigkeitseigenschaften und Bildsamkeit 206
        Festigkeit und Dehnung 206. — Härte 210. — Innere Fließvorgänge 211. — Äußere Fließerscheinungen 216. — Beschaffenheit der Kristallproben 218.
    Festigkeit und Verfestigung 219
        Einordnung 219. — Verfestigungswirkung 220. — Festigkeitseigenschaften unbeanspruchter Kristalle 220. — Festigkeitseigenschaften beanspruchter Kristalle 223. — Zustandsschema 234.

Inhaltsverzeichnis. XIII

Seite
XI. Kräftemechanik der Verfestigungsvorgänge 237
Fließkurven von Vielkristallproben 237
Fließkurven von Einkristallen 242
XII. Die inneren Fließvorgänge und ihre Bedeutung für die Knetbearbeitung der Metalle im Betriebe. ... 251
Warm- und Kaltkneten 252
Festigkeits- und Dehnungseigenschaften in Abhängigkeit vom Bearbeitungsgrade...................... 256
Wärmebehandlung 265
    Einfluß der Glühtemperatur 265. — Einfluß der Glühdauer 268. — Rekristallisation 270.
Verarbeitungsfehler und ihre Bekämpfung.......... 273
Autorenverzeichnis 284
Sachverzeichnis 286

A. Gefügeaufbau und Technologie der Gußmetalle.

I. Grundregeln der Phasenlehre.

Das Gefüge der Metalle und Legierungen wird bestimmt durch die Art und das Mengenverhältnis der Gefügebestandteile. Nun ist die Art und das Mengenverhältnis der Gefügebestandteile wiederum abhängig von den physikalischen Bedingungen, denen diese Systeme ausgesetzt sind. Durch Veränderung der physikalischen Faktoren, z. B. der Temperatur, kann das Gefüge weitgehend beeinflußt werden. Die großen Erfolge der Metalltechnik in den letzten Jahren wären ohne genaue Kenntnis der Bedingungen, nach denen sich der Gefügeaufbau vollzieht, nicht möglich gewesen. Aber auch die zukünftige Weiterentwicklung der Legierungstechnik, insbesondere der Drei- und Mehrstofflegierungen wird in hohem Maße von der eingehenden Erforschung der inneren Zustandsänderungen beeinflußt werden. Es ist daher wichtig, dem Einfluß dieser Faktoren die gebührende Beachtung zu schenken. Sie sollen in ihren Grundzügen für Zweistoffsysteme hier kurz behandelt werden.

Bedingungen.

Phasen. Sobald eine einfache oder zusammengesetzte Metallschmelze zu erstarren beginnt, scheiden sich feste Kristalle aus ihr aus. Die Kristalle können reine Metalle, metallische Verbindungen, metallische Lösungen oder deren mechanische Gemenge sein. Gibbs gab den einzelnen Kristallarten den Namen „Phasen" und dehnte ihn auch auf die verschiedenen festen Formarten, die sog. allotropen oder polymorphen Modifikationen, sowie auf den flüssigen und den dampfförmigen Zustand aus. Mit ihnen ist die Zahl der Phasenarten erschöpft. „Demnach sind Phasen die gleichteiligen (homogenen) Stoffe, die in Gemengen vorkommen."

Gleichgewichte. Wasser und Eis können bei 0° und gewöhnlichem Atmosphärendruck, aber auch bei anderen zugeordneten Werten von Temperatur und Druck dauernd nebeneinander bestehen ohne gegenseitig ihre Eigenschaften zu ändern. Es tritt hier ein Stillstand der Reaktionen ein, bei dem weder Wasser gefriert, noch Eis schmilzt. Man drückt dies aus, indem man sagt: „Können zwei oder mehrere Phasen dauernd nebeneinander bestehen, ohne gegenseitig ihre Eigenschaften zu ändern, so befinden sie sich im Gleichgewicht."

Hierbei ist es gleichgültig, ob geringe oder große Mengen der einzelnen Phasen zugegen sind und welche Phasen sich gegenseitig berühren, da das Gleichgewicht sowohl von der Menge, mit der die einzelnen Phasen im System vertreten sind, wie von ihrer gegenseitigen Anordnung unabhängig ist. Für einfache Beispiele war dieser Satz auch längst bekannt, erst die Phasenlehre bewies seine Allgemeingültigkeit.

Freiheitsgrad. Eis, Wasser und Wasserdampf können bei gewöhnlichem Atmosphärendruck überhaupt nicht nebeneinander bestehen, nur bei dem Sonderdruck von 4,6 mm und der zugeordneten Temperatur von 0,007° über Null befindet sich das Dreiphasensystem im Gleichgewicht.

Ändert man den Druck oder die Temperatur um den geringsten Betrag, so verschwindet eine der Phasen. Da über diese willkürlich veränderlichen Größen frei verfügt werden kann, bezeichnet man sie auch als „Freiheiten".

Zieht man für das System Eis, Wasser und Wasserdampf weitere Grenzen von Druck und Temperatur in Betracht, so geht dieser Einfluß noch viel weiter, indem man die Stoffe veranlassen kann, nicht nur aus dem einen Aggregatzustand in den anderen, sondern aus der einen Formart in die andere überzugehen. Es existieren unterhalb etwa minus 20° und einem Druck über 2000 kg/cm² beispielsweise noch zwei weitere Eisarten (Eis II und III). Hieraus ist ersichtlich, in wie hohem Maße die willkürlich veränderlichen Größen Druck und Temperatur die Phasenumwandlung beeinflussen.

Neben den durch Druck und Temperatur gegebenen Freiheiten bestehen noch andere, insbesondere die, die sich auf die Zusammensetzung (Konzentration) der Phasen beziehen, wenn diese veränderlich sind. Solche in bezug auf ihre Zusammensetzung veränderliche Phasen treten aber gerade bei den Legierungen am häufigsten auf. (Die übrigen veränderlichen Größen, beispielsweise die Schwere, Kapillarität, sowie osmotische, elektrische und magnetische Kräfte, sollen nicht herangezogen werden.)

Phasengesetz. Einen sehr großen Einfluß auf den Gleichgewichtszustand eines Systems übt die Bildung anderer Phasen neben den ursprünglichen aus. Das Gesetz, das sich aus dem Verhalten eines Gebildes, das mehrere Phasen enthält, ableiten läßt, ist, daß durch das Auftreten einer weiteren Phase eine der vorhandenen Freiheiten verloren geht, wenn die Anzahl der Bestandteile unverändert bleibt. Man muß also die Bedingung, daß eine weitere Phase anwesend sein soll, wie die Verfügung über eine der willkürlich veränderlichen Größen auffassen, und demgemäß nimmt die Zahl der Freiheiten in gleicher Weise ab, wie die Zahl der Phasen zunimmt. Auf die wissenschaftliche Ableitung des Gesetzes soll nicht eingegangen werden. Das Auftreten der Phasen vollzieht sich demnach nicht ungeordnet, ihre Zahl entspricht vielmehr einem von Gibbs aufgestellten Gesetz. Das Gesetz besagt im wesentlichen, daß die Summe der Freiheiten und Phasen

bei Einstoffsystemen $= 3$,
bei Zweistoffsystemen $= 4$,
bei Dreistoffsystemen $= 5$ ist, usf.

oder allgemein gefaßt: die Summe der Freiheiten und Phasen ist gleich der Anzahl der Bestandteile $+ 2$:

$$F + P = B + 2 \qquad (1)$$

Daraus folgt:

1. Die Anzahl der miteinander im Gleichgewicht stehenden Phasen kann nicht größer sein als die um 2 vermehrte Zahl der Bestandteile, oder:

$$P_{max} = B + 2 \qquad (2)$$

Die Zahl der Phasen kann aber kleiner sein als P_{max}.

2. Der Freiheitsgrad eines Gleichgewichtes ist gleich der Summe der Bestandteile $+ 2$ minus der am Gleichgewicht beteiligten Phasenzahl, oder:

$$F = B + 2 - P$$

oder

$$F = P_{max} - P \qquad (3)$$

4 Grundregeln der Phasenlehre.

Dieses Gesetz bezeichnet man als das Phasengesetz.

Weitere gesetzmäßige Beziehungen qualitativer Art, die von van't Hoff und Le Chatelier aus dem Verhalten der Phasen bei ihrer Umwandlung abgeleitet wurden, sind in der Tabelle 1 zusammengefaßt.

Tabelle 1.
Verschiebung des Gleichgewichtes bei Veränderung von Temperatur und Druck. (Regel von van't Hoff und Le Chatelier, gültig für alle Systeme.)

Das Gleichgewicht wird verschoben durch:	nach der Seite desjenigen Systems, das entsteht unter:
Temperaturerhöhung	Wärmeabsorption
Druckerhöhung	Volumenverminderung
Temperaturerniedrigung	Wärmeentbindung
Druckerniedrigung	Volumenvergrößerung

Anwendungsbeispiele der Phasenregel.

Mehrfachfreies Gleichgewicht. Die Aggregatzustände eines beliebigen Stoffes können am übersichtlichsten durch ein Diagramm dargestellt werden. Abb. 1 stellt die Zustandsfelder des Wassers dar. Die Krümmung und das Verhältnis der einzelnen Linien zueinander sind sehr übertrieben, um die Erscheinungen deutlicher zu machen. Die Drucke werden durch die Wagerechte, die Temperatur durch die Senkrechte dargestellt. Bei einer einzelnen Phase, beispielsweise im Zustandsfelde des Wassers, können Temperatur und Druck innerhalb gewisser Grenzen willkürlich geändert werden, ohne daß sich die Phase verändert; man bezeichnet sie daher als doppeltfrei, als di- oder bivariant.

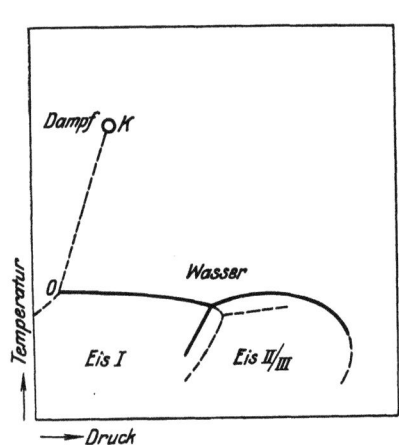

Abb. 1. Zustandsdiagramm des Wassers.

Bei Wasser (P = 1) ist die Anzahl der Bestandteile B = 1, mithin nach (2):

$$P_{max} = B + 2 = 3, \text{ also nach (3):}$$
$$F = P_{max} - P = 3 - 1 = 2.$$

Das Gleichgewicht ist vom Freiheitsgrad F = 2.

Eine binäre Lösung, beispielsweise Kochsalzlösung, hat drei Freiheitsgrade, wenn keine andere Phase als die Flüssigkeit vorhanden ist, und entsprechend weniger, wenn mehrere Phasen zugegen sind. Bei Kochsalzlösung (P = 1) ist die Anzahl der Bestandteile B = 2, mithin:

$$P_{max} = B + 2 = 4 \quad \text{und} \quad F = P_{max} - P = 4 - 1 = 3.$$

Das Gleichgewicht ist vom Freiheitsgrad F = 3, dreifachfrei oder trivariant.

Bei einer ternären Lösung (P = 1) ist die Anzahl der Bestandteile B = 3, mithin:

$$P_{max} = B + 2 = 5 \quad \text{und} \quad F = 5 - 1 = 4.$$

Das Gleichgewicht ist vom Freiheitsgrad F = 4, vierfachfrei oder tetravariant, da hier die Konzentration in doppelter Hinsicht veränderlich ist.

Systeme vom Freiheitsgrad $F > 1$ bezeichnet man auch als mehrfachfrei, pluri- oder multivariant.

Ist

$$P = B \quad \text{oder} \quad P < B,$$

so können sowohl Druck als auch Temperatur, in letztem Falle auch eine oder mehrere von den die Zusammensetzung der Phasen bestimmenden Größen, in den vom System abhängigen Grenzen willkürlich gewählt werden.

Einfachfreies Gleichgewicht. Längs der gestrichelten Linie in Abb. 1 kann Wasser neben Wasserdampf bestehen; es ist dies die Dampfspannungskurve des Wassers. Sie endet im kritischen Punkt K (Abb. 1). Umgeht man bei Zustandsänderungen die Dampfspannungskurve, so gelangt man in stetiger Weise aus dem Felde des Dampfes in das der Flüssigkeit. Es gibt also für reine Stoffe (B = 1) eine eindeutig bestimmte Gesetzmäßigkeit zwischen Druck und Temperatur, bei der Flüssigkeit und Dampf nebeneinander im Gleichgewicht bestehen können, und zwar nehmen beide gleichzeitig zu und ab. Ist über eine der Freiheiten verfügt worden, so steht die Wahl der anderen nicht mehr frei, wenn beide Phasen nebeneinander bestehen bleiben sollen. Versucht man dies zwangsweise, so verschwindet eine der Phasen. Zwei Phasen eines reinen Stoffes haben demnach nur eine Freiheit; man bezeichnet sie auch als einfachfrei, mono- oder univariant.

Bei dem System Wasser-Wasserdampf ($P = 2$) ist die Anzahl der Bestandteile $B = 1$, mithin:

$$P_{max} = B + 2 = 3, \quad \text{und nach (2):}$$
$$F = P_{max} - P = 3 - 2 = 1.$$

Das Gleichgewicht ist vom Freiheitsgrad $F = 1$.

Gleiches Verhalten zeigen auch die Schmelzkurven des Eises. Auch hier können Temperatur und Druck nicht willkürlich geändert werden, sondern es besteht eine bestimmte Gesetzmäßigkeit zwischen beiden. Die Schmelzkurve zeigt, daß der Schmelzpunkt des Eises mit zunehmendem Druck mehr und mehr sinkt, nur ist der Einfluß ein viel geringerer. Ganz ähnlich liegen die Verhältnisse bei den verschiedenen Zustandsformen des Eises und bei dem Gleichgewicht Eis-Dampf.

Bei einem Zweistoffsystem, beispielsweise bei einer Lösung, die Eis oder Kochsalz im Überschuß enthält ($P = 3$), ist die Anzahl der Bestandteile $B = 2$, mithin:

$$P_{max} = B + 2 = 4 \quad \text{und} \quad F = 4 - 3 = 1.$$

Das System ist vom Freiheitsgrad $F = 1$.

Ist $\qquad P = B + 1$,

so kann bei gegebener Zusammensetzung des Systems nur eine der beiden willkürlich veränderlichen Größen Druck und Temperatur gewählt werden, die andere ist dann eine völlig bestimmte Funktion der ersten.

Unfreies Gleichgewicht. Der Punkt 0 in Abb. 1 entspricht der Temperatur $0,007^0$ und einem Druck von 4,6 mm. Nur unter diesen Bedingungen können Eis, Wasser und Wasserdampf im Gleichgewicht nebeneinander bestehen. Dieser Punkt wird der dreifache Punkt (Tripelpunkt) genannt.

Bei Wasser ($P = 3$) ist die Anzahl der Bestandteile $B = 1$, mithin:

$$P_{max} = B + 2 = 3 \quad \text{und} \quad P_{max} - P = F = 0.$$

Das Gleichgewicht ist vom Freiheitsgrad $F = 0$. Man bezeichnet das Gleichgewicht als unfrei, als non- oder invariant.

Bei einer Lösung, die Eis, Kochsalz und Dampf im Überschuß enthält ($P = 4$) ist die Anzahl der Bestandteile $B = 2$, mithin:

$P_{max} = B + 2 = 4$ und $F = P_{max} - P = 4 - 4 = 0$.

Das Gleichgewicht ist vom Freiheitsgrad $F = 0$.

Bei einer in bezug auf Eis, Kochsalz, Soda und Dampf übersättigten Lösung ($P = 5$) ist die Anzahl der Bestandteile $B = 3$, mithin:

$P_{max} = B + 2 = 5$ und $F = P_{max} - P = 5 - 5 = 0$.

Ist $P = B + 2$,

so kann über irgendeine Freiheit nicht mehr verfügt werden.

Kondensierte Systeme.

Eine ganz besondere Stellung in der Phasenlehre nehmen wegen ihrer geringen Empfindlichkeit gegenüber Druckänderungen die Systeme ein, bei denen alle Umwandlungsvorgänge unterhalb der Siedezone stattfinden. van't Hoff gab ihnen den besonderen Namen „kondensierte Systeme". Sie nehmen in der Tat eine Sonderstellung ein, da es bei ihnen praktisch kaum in Betracht kommt, ob der Druck, unter dem sie stehen, mehr oder weniger vom Atmosphärendruck abweicht. Der Druck kommt somit unter den willkürlich Veränderlichen dieser Systeme nicht in Betracht, da er als konstant angenommen werden darf. Da anderseits aus der Zahl der möglichen Phasen die Gasphase ausscheidet, so lautet das Phasengesetz für diesen Fall:

$$F + P = B + 1 \quad \ldots \ldots \ldots \quad (4)$$

Die Anzahl der miteinander im Gleichgewicht stehenden Phasen kann demnach bei kondensierten Systemen nicht größer sein als die um 1 vermehrte Zahl der Bestandteile

oder: $P_{max} = B + 1 \quad \ldots \ldots \ldots \ldots \quad (5)$

Die Zahl der Phasen kann aber kleiner sein als P_{max}.

Der Freiheitsgrad eines im Gleichgewicht befindlichen Systems ist gleich der Summe der Bestandteile $+ 1$ minus der am Gleichgewicht beteiligten Phasenzahl,

oder: $F = B + 1 - P$

oder: $F = P_{max} - P \quad \ldots \ldots \ldots \ldots \quad (6)$

Grundregeln der Phasenlehre.

In der Tabelle 2 sind die Gleichgewichtsverhältnisse der Ein-, Zwei- und Dreistoffsysteme dargestellt, und zwar der kondensierten und der kondensiert-gasförmigen.

Tabelle 2.

Zahlenbeziehungen zwischen den vorhandenen Bestandteilen, den Phasen und den möglichen Freiheiten.

Kondensiert-gasförmige Systeme (leicht vergasbare Systeme)

Das Gleichgewicht zwischen mehreren Phasen ist festgelegt:
a) durch den Druck p,
b) durch die Temperatur t,
c) durch die Phasenzusammensetzung c (Gehalte c_a, c_b, c_c an den Stoffen A, B, C).

Kondensierte Systeme (schwer vergasbare Systeme, dazu gehören fast alle in der Metallographie behandelten Systeme von Metallen und Legierungen).

Das Gleichgewicht zwischen mehreren Phasen ist festgelegt:
a) durch die Temperatur t,
b) durch die Phasenzusammensetzung c (Gehalte c_a, c_b, c_c an den Stoffen A,B,C)

Freiheitsgrad F	Veränderliche	Phasenzahl, wenn Anzahl der Bestandteile			Synonyma	Freiheitsgrad F	Veränderliche	Phasenzahl, wenn Anzahl der Bestandteile			Synonyma
		1	2	3				1	2	3	
0	0	3	4	5	Unfreies, nonvariantes, invariantes oder absolutes Gleichgewicht. Dreifach. Punkt	0	0	2	3	4	Unfreies, nonvariantes, invariantes oder absolutes Gleichgewicht. Dreifach. Punkt
1	t oder p oder c	2	3	4	Einfachfreies, monovariantes, univariantes od. vollständiges heterogenes Gleichgewicht. Nackte Reaktion	1	t oder c	1	2	3	Einfachfreies, monovariantes, univariant.od.unvollständ.heterog. Gleichgewicht. Nackte Reaktion. (Bei nur einer Phase unvollständiges homogenes Gleichgewicht)
2	t, p oder t, c oder c, p	1	2	3	Zweifachfreies, divariantes, bivariantes od.unvollständiges heterogenes Gleichgewicht. (Bei nur einer Phase unvollständiges homogenes Gleichgewicht)	2	t c	—	1	2	Zweifachfreies divariantes, bivariantes oder unvollständiges heterogenes Gleichgewicht. (Bei nur einer Phase unvollständiges homogenes Gleichgewicht)

Fortsetzung von Tabelle 2.

Freiheitsgrad F	Veränderliche	Phasenzahl, wenn Anzahl der Bestandteile			Synonyma	Freiheitsgrad F	Veränderliche	Phasenzahl, wenn Anzahl der Bestandteile			Synonyma
		1	2	3				1	2	3	
3	t p c	—	1	2	Dreifachfreies, trivariantes oder unvollständ. heterogenes Gleichgewicht. (Bei nur einer Phase unvollständiges homogenes Gleichgewicht)	3	t c_a c_b	—	—	1	Dreifachfreies, trivariantes oder unvollständiges homogenes Gleichgewicht
4	t p c_a c_b	—	—	1	Vierfachfreies, tetravariantes od. unvollständiges homogenes Gleichgewicht			—	—	—	—

II. Hauptarten der Erstarrungsdiagramme binärer Legierungen.

Wenn eine Metallschmelze erstarrt, so scheiden sich nicht nur feste Bestandteile aus ihr aus, sondern es findet neben Änderung des Volumens auch eine sehr bedeutende Wärmeabgabe statt. Umgekehrt wird bei der Verflüssigung eines erstarrten Metalls eine gleich große Wärmemenge aufgenommen. Demnach kann die Wärmetönung sowohl positiv wie negativ sein: positiv beim Erstarren, negativ beim Verflüssigen.

Bei derartigen Umwandlungen können zwei Fälle unterschieden werden, deren Kennzeichnung von großer Wichtigkeit ist. Entweder geht die ganze Umwandlung bei einem bestimmten Temperaturpunkt vor sich, oder sie verläuft innerhalb eines mehr oder weniger großen Temperaturgebietes. Im ersten Falle handelt es sich meist um ein reines Metall, im zweiten um eine metallische Lösung.

Abkühlungskurven.

Abkühlungskurven reiner Stoffe. Die bildliche Darstellung des Verlaufes der Erstarrungskurve eines willkürlich gewählten reinen Metalls ist in der Abb. 2 gegeben. Die Grundlinie gibt die Zeit, die Höhe die Temperatur an.

Bei der Erstarrungstemperatur zeigt die Kurve einen scharf ausgeprägten Knickpunkt, da die Temperatur eine gewisse Zeit hindurch infolge der frei werdenden Kristallisationswärme unverändert bleibt. Die dem Newtonschen Gesetz entsprechende Abkühlungskurve ab geht daher bei der Erstarrungstemperatur unvermittelt in eine der Zeitachse parallele Gerade ls und aus dieser ebenso unvermittelt wieder in die dem gleichen Gesetz entsprechende Gestalt über. Der Wert ls ist abhängig von der Kristallisationswärme und von der Versuchsmenge des betreffenden Metalls. Das Gebiet der unveränderten Temperatur wird als Haltepunkt, ihre Dauer als Haltezeit bezeichnet.

Die gestrichelte Linie zeigt den Verlauf der Abkühlung, wie sie dem Newtonschen Gesetz gemäß mit abnehmender Geschwindigkeit vom Punkt l fortschreiten würde, wenn keine Ausscheidung fester Bestandteile erfolgte.

Abkühlungskurven von Lösungen. Den Verlauf der Erstarrung einer metallischen Lösung veranschaulicht die Abb. 3. Die Erstarrung erfolgt in diesem Falle innerhalb eines bestimmten Temperaturgebietes; die im flüssigen Zustande bestehende gegenseitige Löslichkeit der beiden Stoffe bleibt auch im festen Zustand unverändert bestehen.

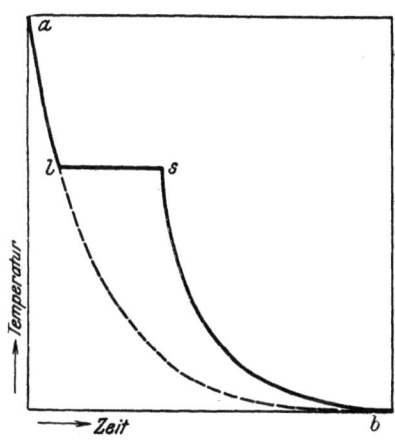

Abb. 2. Abkühlungskurve eines reinen Metalles.

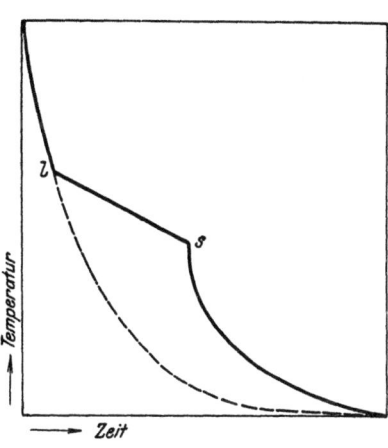

Abb. 3. Abkühlungskurve einer metallischen Lösung.

Die Temperatur der beginnenden Erstarrung ist durch einen Knick bei l gekennzeichnet, von dem aus die Temperatur längs des Kurvenstückes $l\,s$ abfällt. Das Ende der Erstarrung wird durch einen zweiten Knick bei s angezeigt. Die Erstarrung erfolgt also nicht wie bei den reinen Metallen bei einer unveränderlichen, sondern bei einer sich stetig ändernden Temperatur.

Schaubilder. Die Vorgänge, die sich beim Erstarren verschieden zusammengesetzter Lösungen derselben Stoffe abspielen, lassen sich am übersichtlichsten durch ein Erstarrungsdiagramm bildlich veranschaulichen. Werden die Haltepunkte einzelner Stichkonzentrationen in ein rechtwinkliges Koordinatensystem eingetragen und durch kontinuierliche Linienzüge ver-

12 Hauptarten der Erstarrungsdiagramme binärer Legierungen.

bunden, so erhält man Schaubilder, die sich in einige wenige Hauptarten einteilen lassen.

Fall unbegrenzter Löslichkeit.
(Feste Lösungen.)

Abb. 4 veranschaulicht das Erstarrungsdiagramm einer festen Lösung. Die Grundlinie gibt die Gehalte an den reinen Stoffen A und B in Gewichtsprozenten, die Höhe die Temperatur an.

Oberhalb der Linie l ist alles flüssig, unterhalb der Linie s ist alles fest, während jeder Punkt in dem getönten linsenförmigen Zustandsfeld ein bestimmtes Gemenge aus Schmelze und Kristallen darstellt. Für alle nachstehend beschriebenen Erstarrungsdiagramme gilt das nämliche.

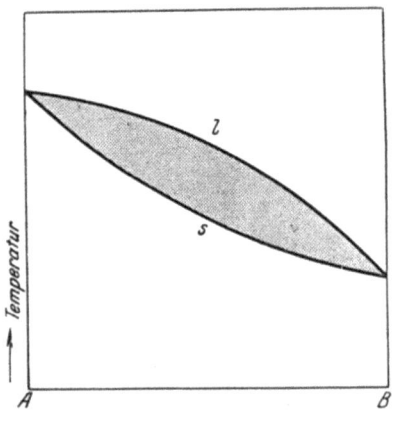

Abb. 4. Erstarrungsdiagramm einer metallischen Lösung (Typus I nach Roozeboom).

Die metallischen Lösungen unterscheiden sich demnach von den reinen Metallen dadurch, daß die Erstarrung nicht bei einer bestimmten Temperatur, sondern innerhalb eines bestimmten Temperaturbereiches erfolgt. Der Schmelzpunkt kann sich natürlich nur dadurch ändern, daß während der Erstarrung sich sowohl die Zusammensetzung der Schmelze als auch die der festen Bestandteile fortwährend verändert. Nach beendeter Erstarrung ist die Zusammensetzung der nunmehr festen Lösung wieder einheitlich; sie ändert sich bei der Erstarrung nur vorübergehend. In welchem Sinne sich die Zusammensetzung der Phasen beim Verflüssigen oder beim Erstarren ändert, kann man aus der Betrachtung des Verlaufs der Erstarrungskurve voraussagen, nämlich: in der Richtung des höheren Schmelzpunktes beim Schmelzen und in der Richtung des niederen Schmelzpunktes beim Erstarren.

Kennt man beide Linien (l und s), so ergibt sich umgekehrt aus dieser Konstruktion die Zusammensetzung aller im Gleichgewicht befindlichen flüssigen und festen Phasen, indem man Horizontale durch die Doppellinie legt. Die beiden Schnittpunkte einer solchen Horizontalen ergeben die beiden Zusammensetzungen für die betreffende Temperatur.

In dem automatischen Diagramm Abb. 5 ist die Abhängigkeit der Zusammensetzung beider Phasen von der Temperatur dargestellt. Beginn und Ende der Erstarrung sind durch die beiden zugehörigen Temperaturpunkte der betreffenden Konzentration gegeben.

Durch Aufwärtsbewegen der Anlegehorizontalen[1]) wird die vorübergehende Änderung der Zusammensetzung beider Phasen

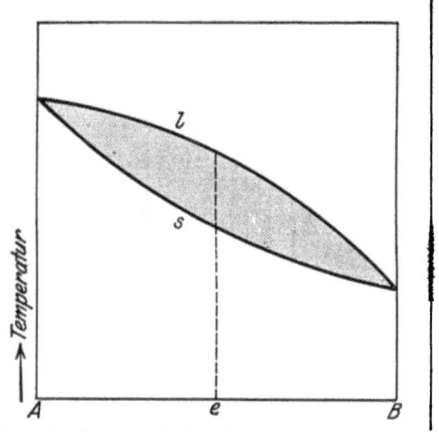

Abb. 5. Automatisches Diagramm zu Abb. 4.

für ansteigende Temperatur, durch Abwärtsbewegen die Änderung für sinkende Temperatur angezeigt. Der Durchschnittspunkt mit der oberen Kurve gibt die Zusammensetzung der flüssigen Phase, der Durchschnittspunkt mit der unteren Kurve die Zusammensetzung der festen Phase. Das Gefüge der Legierung besteht nach dem Erstarren aus einer in allen Teilen homogenen Kristallart (Mischkristallen).

Die Mengenverhältnisse zwischen Schmelze und Kristallen innerhalb des Zweiphasengebietes sind ferner aus der Diagrammkonstruktion ohne weiteres ersichtlich. Verbindet man nämlich die beiden Temperaturpunkte durch eine Senkrechte, beispielsweise für die Konzentration über dem Punkte e, so wird die

---

[1]) An der perforierten Stelle abzutrennen.

Schiebehorizontale durch sie zerlegt, und zwar gibt das Verhältnis $fs:fl$ der Linie unmittelbar das Verhältnis der beiden Mengen an. Der Hebelarm fl entspricht der Menge der flüssigen Phase, der Hebelarm fs der Menge der festen. Diese Beziehung ist von Ruer erkannt und von ihm „Hebelbeziehung" benannt worden.

Es kann auch vorkommen, daß beide Linien eine nach abwärts verlaufende Krümmung aufweisen, Abb. 6. Man sagt dann, die Erstarrungskurve hat ein Minimum.

Dieser Fall tritt ein, wenn die Schmelzpunkte der beiden Metalle durch Legieren erniedrigt werden. Die Erstarrungsvorgänge sind bis auf die Legierung, die der Zusammensetzung e entspricht, die gleichen wie in dem vorbehandelten Fall. Nur die ausgezeichnete Legierung schmilzt und erstarrt wie die reinen Stoffe bei einem bestimmten Temperaturpunkt. Das Vorhandensein eines solchen ausgezeichneten Wertes führt oft zu besonderen Eigentümlichkeiten der zugehörigen Legierung[1]). Legierungen der vorbeschriebenen Art sind z. B. die bekannten Nickel- und Goldmünzenlegierungen.

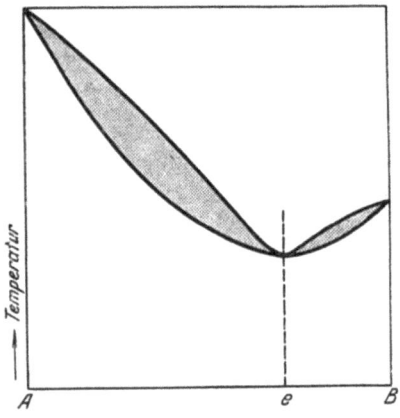

Abb. 6. Erstarrungsdiagramm einer metallischen Lösung mit einem Minimum (Typus III nach Roozeboom).

Beispiele dafür, daß beide Linien eine Krümmung nach der entgegengesetzten Seite aufweisen (Typus II nach Roozeboom), also ein Maximum haben, sind bei Metallegierungen nur selten. Ein solcher Fall liegt im System Mangan-Kohlenstoff vor.

Die Anwendung der Phasenregel auf diesen Typus von Legierungen ist die folgende: In Gebieten der festen Lösungen, also überall unterhalb des getönten Feldes (Abb. 4 bis 6, $P = 1$), ist, da die Anzahl der Bestandteile $B = 2$, mithin nach (6)

$$F = B + 1 - P = 3 - 1 = 2.$$

---

[1]) Borelius: Annalen d. Physik. Bd. 53, S. 615, 1917/18.

Daraus geht hervor, daß in diesen Gebieten Temperatur sowie Konzentration in weiten Grenzen verändert werden können, ohne daß neue Phasen auftreten. In allen Gebieten innerhalb des getönten Feldes (P = 2) ist, da die Zahl der Bestandteile B = 2, mithin nach (6)

$$F = B + 1 - P = 3 - 2 = 1.$$

Daraus geht hervor, daß in diesem Gebiet nur noch über eine Freiheit verfügt werden kann, entweder über Temperatur oder Konzentration. Jeder Temperatur ist eine bestimmte Zusammensetzung der Schmelze und der mit ihr im Gleichgewicht befindlichen Kristallart zugeordnet, die den Schnittpunkten der Temperaturachse mit den Liquidus- (Kurve vollständiger Verflüssigung) und Soliduskurven (Kurve vollständiger Erstarrung) entsprechen. Eine Veränderung der Gesamtkonzentration ist also auf die Zusammensetzung von Schmelze und Kristallart ohne Einfluß. Ihr Mengenverhältnis allein erfährt eine Veränderung. Soll das Mengenverhältnis erhalten bleiben, beispielsweise 1:1, so stehen Temperatur und Konzentration in einer bestimmten zwangsweisen Beziehung, derart, daß der Punkt, der dem Verhältnis der Phasen 1:1 entspricht, stets in der Mitte der Horizontalen liegen muß.

In allen Gebieten oberhalb des getönten Feldes bestehen die gleichen Beziehungen, wie sie für die Gebiete unterhalb des getönten Feldes angegeben wurden. Die Zahl der Freiheiten ist 2, Temperatur und Konzentration können also ohne Einfluß auf die Phasenzahl in weiten Grenzen verändert werden.

Es sei nun der Fall betrachtet, daß zwei Metalle im festen Zustand sich nur begrenzt lösen.

Fall begrenzter Löslichkeit im festen Zustande.

Legierungen mit einer Umwandlungshorizontalen. Als Ausgangspunkt seien die reinen Metalle A und B gewählt. Ein Zusatz von dem Bestandteil B wird von A zunächst gelöst, über einen bestimmten Betrag hinaus dagegen nicht mehr. Das gleiche gilt auch für den Bestandteil B, falls man ihm mehr und mehr von A hinzufügt. Zeichnet man (nach Ostwald) die Zusammensetzung der Lösungen auf eine Horizontale, Abb. 7, so wird es neben A einen Punkt a geben, der den größten Anteil von B ausdrückt, der in A aufgelöst werden kann. Das gleiche gilt für den Stoff B mit dem Sättigungspunkt b; die Sättigungsgrenzen hängen von der Natur der betreffenden beiden Stoffe ab. Alle zwischen diesen Punkten (a und b) liegenden Zusammensetzungen kommen als feste Lösungen nicht vor. Bringt man beide Bestandteile in einem Verhältnis zusammen, das innerhalb der Strecke $A\,a$ liegt, so entsteht beim Erstarren eine gleichteilige Lösung, die überwiegend A enthält, und innerhalb des Gebietes $b\,B$ eine mit vorherrschendem B-Gehalt. Wenn man nun beide Bestandteile in einem zwischenliegenden Verhältnis c zusammenbringt so entstehen, da sich ja eine feste Lösung nicht bilden kann, deren zwei, nämlich die feste Lösung a und die feste Lösung b. Je nachdem das Verhältnis der beiden Stoffe A und B näher an a oder b liegt, wird sich mehr von der entsprechenden gesättigten Lösung bilden, und zwar gibt das Verhältnis $ca:cb$ der Linie unmittelbar das Verhältnis der beiden Mengen an.

Die Sättigungsgrenze beider Bestandteile verschiebt sich nun allgemein mit der Temperatur. In dem Diagramm Abb. 8 ist diese Abhängigkeit dargestellt. Die Erstarrungsvorgänge sind in bezug auf Änderung der Zusammensetzung der flüssigen Schmelze und der ausgeschiedenen Mischkristalle sowie ihres Mengenverhältnisses die gleichen, wie bei Abb. 4 erläutert.

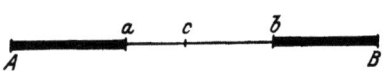

Abb. 7. Schema einer Mischungslücke.

Betrachtet man die Legierungen von der Zusammensetzung über dem Punkte e, so scheiden sich beim Beginn der Erstarrung unter vorübergehender Änderung der Zusammensetzung Mischkristalle α aus, während beim Erstarren der Legierung von der Zusammensetzung über dem Punkt e' Mischkristalle β zur Ausscheidung gelangen.

Besondere Erscheinungen treten ein bei den Legierungen von der Zusammensetzung über den Punkten f und f', bzw. bei allen Legierungen zwischen den Punkten a und b, bei denen die die Legierung darstellenden Vertikalen die Umwandlungshorizontale acb schneiden; sie zeigen wieder eine Verzögerung beim Erstarren und außerdem noch einen Haltepunkt beim Passieren der Umwandlungshorizontalen. Beide Legierungen f und f' beginnen unter Ausscheidung von Mischkristallen α und Änderung der Zusammensetzung von Schmelze und Kristallen zu

Fall begrenzter Löslichkeit im festen Zustande.

erstarren, so daß beim Berühren der Horizontalen die Legierungen aus den Mischkristallen α von der Zusammensetzung a und der Schmelze von der Zusammensetzung b bestehen. Ihre Mengen ergeben sich aus der bereits angeführten Hebelbeziehung.

Auf der Horizontalen $a\,b$ vollzieht sich eine Umwandlung bei gleichbleibender Temperatur. Es können nun zwei Fälle eintreten:

1. Fall f:

Die Restschmelze wandelt sich in Berührung mit dem festen Anteil α zu einem Gemenge der beiden festen Mischkristalle α und β um; Punkt a entspricht der Zusammensetzung der α-Kristalle, Punkt c der Zusammensetzung der β-Kristsalle.

Die Umwandlung drückt man aus durch die Schreibweise:

$$\text{Schmelze} + \alpha = \alpha + \beta.$$

Die Restschmelze wird hierbei verbraucht, die Legierung ist völlig erstarrt.

Bei noch weiterer Abkühlung ändert sich nun auch die Zusammensetzung der festen Mischkristalle. Die Zusammensetzung der beiden Kristallarten bei den einzelnen Temperaturen entspricht den Enden der einzelnen wagerechten Schraffierungslinien.

2. Fall f':

Die bereits ausgeschiedenen A-reichen Mischkristalle α verschwinden, indem sie sich in Berührung mit der Schmelze in ein Gemenge der B-reichen Mischkristalle β von der Zusammensetzung c und der Schmelze von der Zusammensetzung b umwandeln.

Auch hier kann man die Umwandlung ausdrücken durch die symbolische Schreibweise:

$$\text{Schmelze} + \alpha = \text{Schmelze} + \beta.$$

Nach dem völligen Erstarren ist auch der letzte Rest der Schmelze zu den gleichartigen Kristallen β, deren Zusammensetzung dem Punkte f' entspricht, erstarrt.

Nach dem Passieren des Feldes der homogenen β-Kristalle zerfällt die Legierung beim weiteren Abkühlen in ein Gemenge der jetzt beständigen beiden Kristallarten α und β. Ihre Zusammensetzung bei den einzelnen Temperaturen entspricht wie bei f den

Enden der einzelnen Schraffierungslinien. Das Gefüge besteht aus einem Gemenge zweier Kristallarten.

Diesen Typus von Legierungen bezeichnet man wegen der Eigentümlichkeit, umhüllte Kristalle zu bilden, auch als Legierungen mit einem Peritektikum oder mit peritektischen Geraden. Zu diesem Typus von Legierungen gehören die Systeme Zinn-Silber, Quecksilber-Kadmium. Anzuschließen ist eine große Anzahl technischer Legierungen, bei denen sich die Gebiete, in denen 2 Mischkristallarten auftreten, mehrmals wiederholen. In erster Linie sind die Kupfer-Zink-Legierungen, Kupfer-Zinn-Legierungen, Kupfer-Aluminium-Legierungen usw. zu nennen (vgl. Abschn. III, Abb. 18, 23, 24).

Die Anwendung der Phasenregel auf diese Art von Legierungen ist in bezug auf die Gebiete fester Lösungen (α oder β), die Gebiete von Schmelze und Kristallart (getönte Felder) und die Gebiete oberhalb des getönten Feldes (Schmelze) die gleiche wie in dem Falle unbegrenzter Löslichkeit.

Im Gebiete der beiden Kristallarten $\alpha + \beta$ gelten die gleichen Bedingungen wie in dem Gebiet, in dem Schmelze und Kristallart sich im Gleichgewicht befinden. In diesem Gebiet kann also nur noch über eine Freiheit verfügt werden. Jeder Temperatur ist eine bestimmte Zusammensetzung der beiden Kristallarten zugeordnet, die den Schnittpunkten der Temperaturachse und den Sättigungsgrenzen der beiden Kristallarten entsprechen. Eine Veränderung der Gesamtkonzentration ist auf die Zusammensetzung dieser beiden Kristallarten ohne Einfluß. Nur ihr Mengenverhältnis erleidet eine Veränderung. Ein bestimmtes Mengenverhältnis kann nur unter Einhaltung ganz bestimmter Temperaturen und Konzentrationen erhalten werden.

Bei diesem Typus von Diagrammen kann nun auch der Sonderfall auftreten, daß 3 Phasen sich miteinander im Gleichgewicht befinden. Dies ist auf der Linie $a\,c\,b$ der Fall (Abb. 8). In allen Punkten dieser Linie ist die Zahl der Phasen 3, die Zahl der Bestandteile 2, mithin nach (6)

$$F = B + 1 - P = 3 - 3 = 0.$$

Die 3 Phasen können also nur bei einer einzigen Temperatur und Zusammensetzung nebeneinander bestehen. Diese Temperatur und Konzentration entspricht den Punkten a, c und b. Auf der

Verbindungslinie zwischen a, c und b kann zwar noch die Gesamtkonzentration verändert werden, die Zusammensetzung von Schmelze und den beiden Kristallarten α und β bleibt dadurch unberührt, nur ihr Mengenverhältnis erfährt eine Verschiebung.

Legierungen mit einer eutektischen Geraden. Eine zweite Art von metallischen Stoffen, die sich im festen Zustand nur begrenzt lösen, sind die Legierungen mit einem Eutektikum. In diesen Fällen gibt es eine Schmelze, die wie die reinen Stoffe bei gleichbleibender Temperatur erstarrt; doch besteht sie nach

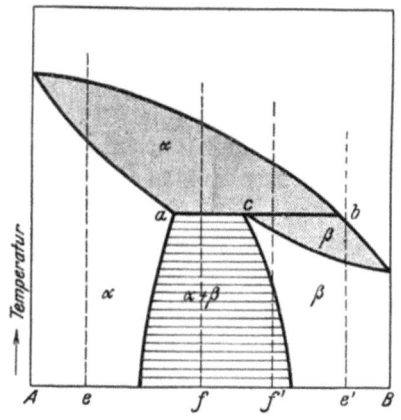

Abb. 8. Erstarrungsdiagramm einer Legierung mit einer Umwandlungshorizontalen (Typus IV nach Roozeboom).

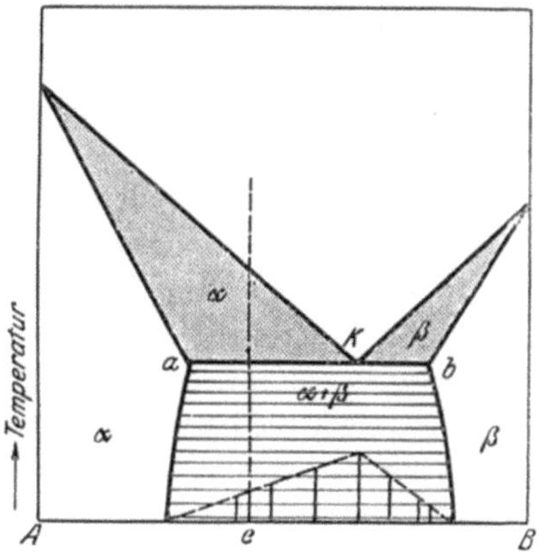

Abb. 9. Erstarrungsdiagramm einer Legierung mit einer eutektischen Geraden (Typus V nach Roozeboom).

dem Erstarren nicht aus einem, sondern aus zwei Gefügebestandteilen. Der ausgezeichnete Punkt wird eutektischer Punkt genannt, die ausgezeichnete Legierung eutektische Legierung oder Eutektikum. Gleichzeitig erkennt man, Abb. 9, daß die Temperatur die niedrigste ist, bei der Schmelze neben festen Bestandteilen bestehen kann; daher die Bezeichnung „Eutektikum" (gut fließend).

Betrachtet man zunächst Legierungen, die im festen Zustand homogen sind (exeutektische Legierungen), so scheiden sich beim Erstarren unter vorübergehender Änderung der Zusammensetzung von Schmelze und Kristallen die zugehörigen Mischkristalle aus, und zwar α-Kristalle in der Nähe von A und β-Kristalle in der Nähe von B. Im übrigen vollziehen sich in diesen Gebieten die Erstarrungsvorgänge genau so, wie bei Besprechung des Diagramms Abb. 4 ausführlich gezeigt wurde.

Besondere Erscheinungen treten nur auf bei allen Legierungen von zwischenliegender Zusammensetzung (eutektomeren Legierungen).

Es werde zunächst die eutektische Legierung (K) betrachtet. Hier ist die Schmelze für beide Bestandteile gesättigt, sie erstarrt bei der weiteren Abkühlung unter wechselweiser Ausscheidung beider Bestandteile bei gleichbleibender Temperatur zu einem Gemenge der Kristallarten α und β; die Zusammensetzung von Schmelze und Kristallen bleibt dabei unverändert. Die erstarrte Legierung besteht in der Regel aus sehr innig und gleichmäßig verteilten Kristallen. Die Kristalle sind nicht etwa die reinen Metalle A und B, sondern die gesättigten festen Lösungen von der Zusammensetzung a und b, deren Mengenverhältnis durch das Verhältnis $a K : K b$ gegeben ist.

Nur die Legierung, deren Konzentration dem ausgezeichneten Punkt entspricht, erstarrt bei gleichbleibender Temperatur, dagegen zeigen die Legierungen zu beiden Seiten der ausgezeichneten Konzentration eine Verzögerung beim Erstarren und einen Haltepunkt beim Überschreiten der eutektischen Geraden. Die Verzögerung deutet die Ausscheidung des einen Mischkristalles, die Haltepunkte die eutektische Erstarrung an.

Die Legierung von der Zusammensetzung über dem Punkt e beginnt unter der Ausscheidung von Mischkristallen zu erstarren, so daß beim Berühren der eutektischen Geraden die Legierung aus Mischkristallen von der Zusammensetzung a und aus der Schmelze von der Zusammensetzung K besteht. Hier ist die Restschmelze für beide Bestandteile gesättigt und erstarrt wie die eutektische Legierung. Die Schmelze läßt nach dem Erstarren innerhalb des eutektischen Gemenges primär ausgeschiedene Mischkristalle erkennen; ihre Menge wächst mit der Entfernung von der eutektischen Konzentration. Aus der Dauer der Haltezeiten beim Überschreiten der eutektischen Geraden kann man die Zusammensetzung des Eutektikums genau und die Punkte, bis zu denen homogene Mischkristalle in dem zu untersuchenden System auftreten, annähernd genau bestimmen; dabei muß für jede Abkühlungskurve dieselbe Gesamtmenge der Legierung zugrunde gelegt werden. Bei den Legierungen, deren Zusammensetzung den Punkten a und b entspricht, sind die Haltezeiten bei der eutektischen Temperatur gerade Null und haben bei der Konzentration des ausgezeichneten Punktes K ihren größten Wert. Graphisch stellt man dies dar, indem man die so erhaltenen Werte als Senkrechte zur Konzentrationsachse oder der eutektischen Geraden aufträgt und die Endpunkte verbindet (Abb. 9).

Ebenso wie die Schmelze e erstarren alle Schmelzen zwischen a und K unter Abscheidung von Mischkristallen α und alle Schmelzen zwischen K und b unter Ausscheidung von Mischkristallen β innerhalb eines mehr oder weniger großen Temperaturgebietes.

Je nach dem Mengenverhältnis beider Bestandteile der eutektomeren Legierungen spricht man von einer eutektischen bzw. von einer in Hinsicht auf Bestandteile A oder B unter- (hypo-) oder über-(hyper-) eutektischen Legierung.

Bei den Legierungen mit einer eutektischen Geraden können im Grenzfall die festen Phasen auch die

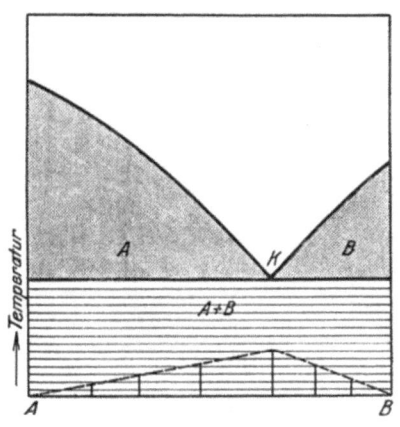

Abb. 10. Erstarrungsdiagramm einer Legierung mit einer eutektischen Geraden (Typus Va nach Rooze boom).

reinen Metalle selbst sein. Abb. 10 veranschaulicht diesen Legierungstypus (Typus Va nach Rooze boom). Praktisch muß aber stets eine, wenn auch noch so geringe Löslichkeit vorausgesetzt werden, wodurch die Einordnung dieses Sonderfalls an dieser Stelle gerechtfertigt sein mag.

Dieser Typus von Legierungen ist ziemlich häufig. Von den technischen Legierungen seien genannt: Kupfer-Kupferoxydul, Hartblei, Silizium-Aluminium u. a. (vgl. Abschn. III, Abb. 28 u. 31).

Die Anwendung der Phasenregel ist für alle Gebiete dieser Art von Legierungen die gleiche wie sie im Vorangehenden ausgeführt wurde. Das Gebiet der Schmelze und der Mischkristalle α oder β ist zweifachfrei, innerhalb der getönten Felder und des

22 Hauptarten der Erstarrungsdiagramme binärer Legierungen.

Gebietes der beiden Kristallarten $\alpha + \beta$ einfachfrei, in den Punkten a, K und b sowie auf deren Verbindungslinie unfrei.

Unterteilung der Legierungen mit einer Umwandlungshorizontalen und eutektischen Geraden. Die beiden vorbeschriebenen

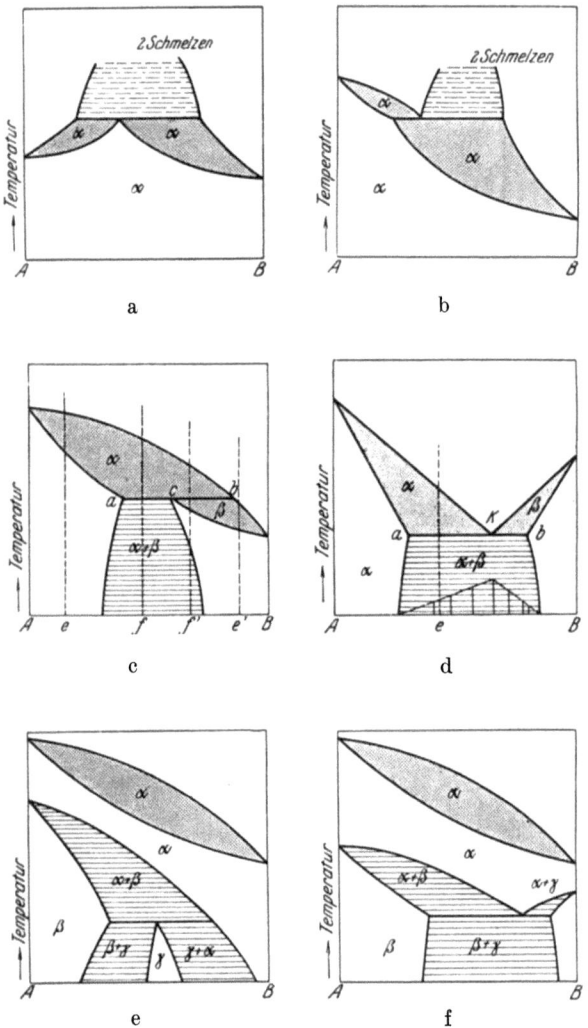

Abb. 11. a) Syntektikum, b) Monotektikum, c) Peritektikum, d) Eutektikum, e) Metatektikum, f) Dystektikum.

Hauptarten der Erstarrungsdiagramme mit einer peritektischen und eutektischen Geraden, die in Abb. 8 und 9 dargestellt worden sind, lassen sich nach Guertler wie folgt unterteilen Abb. 11.

In den Fällen *a* (Syntektikum) und *b* (Monotektikum) beteiligen sich an dem Gleichgewicht zwei flüssige und eine kristallisierte Phase. Diese treten also nur auf, wenn die Schmelze bei den Kristallisationstemperaturen des Systems in zwei Flüssigkeiten entmischt ist (in den Abbildungen durch unterbrochene Horizontalschraffierung angedeutet).

In den anfangs besprochenen Fällen *c* (Peritektikum) und *d* (Eutektikum) beteiligt sich nur eine Flüssigkeit neben zwei Kristallarten an dem Gleichgewicht. Sie treten nur auf, wenn die Legierungen eine Mischungslücke im kristallisierten Zustande aufweisen.

Die Fälle *e* (Metatektikum) und *f* (Dystektikum) beziehen sich auf Umsetzungen innerhalb des völlig kristallisierten Zustandes, die durch Umwandlung der reinen Komponenten selbst (Polymorphie, siehe diese) und durch das Auftreten und Verschwinden neuer Phasen verursacht werden können. Für die Anwendung der Phasenregel gelten die gleichen Gesichtspunkte, wie sie an den Diagrammen Abb. 6, 8, 9 besprochen wurden.

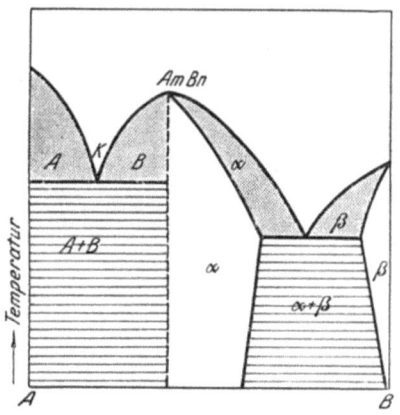

Abb. 12. Erstarrungsdiagramm einer Legierung mit einer chemischen Verbindung.

Die Unterteilung Guertlers umfaßt noch vier weitere Fälle, die zunächst aber ohne praktischen Belang sind.

Legierungen mit einer chemischen Verbindung. Eine weitere Art von metallischen Stoffen, die sich im festen Zustand nur begrenzt lösen, sind die Legierungen mit einer Verbindung. Sie sind gekennzeichnet durch ein Schmelzpunktmaximum oder durch das Auftreten eines Knickes in der Schmelzkurve (verdecktes Maximum). Nur Fall 1 soll an dieser Stelle besprochen werden.

24 Hauptarten der Erstarrungsdiagramme binärer Legierungen.

Teilt man das Diagramm Abb. 12 durch eine Senkrechte durch das Maximum hindurch in zwei Teile, so ergeben sich zwei Systeme, von denen jedes für sich nach einem anderen Typus erstarrt. Zwischen den beiden Systemen können alle vorbehandelten Erstarrungstypen auftreten, nur mit dem Unterschiede, daß jetzt die eine gemeinsame Komponente beider Systeme eine intermetallische Verbindung ($A_m B_n$) ist. In Abb. 12 ist eine Kombination des Erstarrungstypus V und Va nach Roozeboom dargestellt. Eine Legierung dieser Art liegt in dem System Aluminium-Magnesium vor.

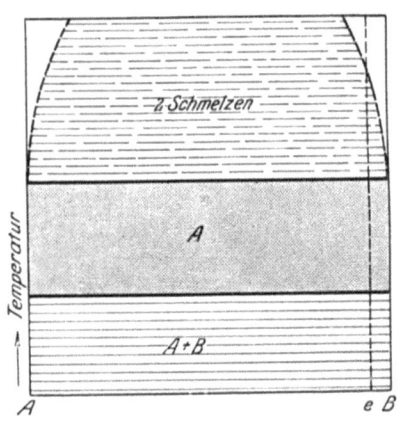 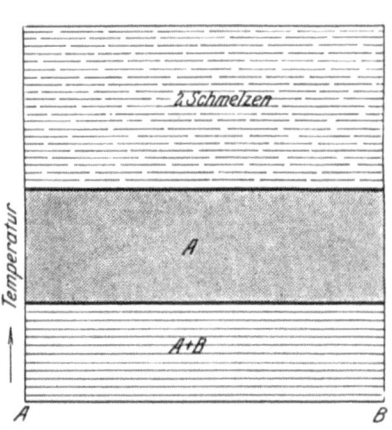

Abb. 13. Erstarrungsdiagramm mit 2 Geraden.   Abb. 14. Erstarrungsdiagramm mit 2 Geraden.

In dem System treten, wie in den bisher beschriebenen Fällen, zweifachfreie (Gebiete der Schmelze, α-Kristalle, β-Kristalle), einfachfreie (getönte Felder, Gebiete zweier Kristallarten) und unfreie (auf der eutektischen Geraden) Gleichgewichte auf.

Legierungen mit zwei Geraden. Es sei nun der Fall betrachtet, daß zwei Metalle sich auch im flüssigen Zustand nur begrenzt lösen.

Abb. 13 stellt das Erstarrungsdiagramm einer Legierung dar, bei der die beiden Bestandteile im flüssigen Zustande bei der Erstarrungstemperatur der höher schmelzenden Komponente praktisch überhaupt nicht ineinander löslich sind (etwa wie Öl und Wasser), obwohl weit oberhalb dieser Temperatur geringe Löslichkeit besteht. Beim Abkühlen einer Legierung von der Zusammensetzung über dem Punkte e beginnt beim Erreichen der Löslichkeitskurve eine Trennung der Schmelze in zwei flüssige Phasen. Die Zusammensetzung beider Schmelzen bei den einzelnen Temperaturen entspricht den Sättigungsgrenzen beider Schmelzen (gestrichelte Kurvenstücke). Beim Erreichen der Erstarrungstemperatur der höher schmelzenden Komponente A gelangt bei Legierungen beliebiger Zusammensetzungen zunächst die ganze Menge der höher schmelzenden Komponente zur Ausscheidung, worauf dann die Temperatur bis zum Schmelzpunkt der anderen Komponente sinkt und auch diese erstarrt.

Oberhalb des getönten Feldes besteht die Legierung aus zwei und jenseits der gestrichelten Löslichkeitskurve aus einer Schmelze; unterhalb des getönten Feldes ist alles fest, während jeder Punkt in dem getönten Zustandsfeld aus Schmelze der Komponente B und Kristallen der Komponente A besteht.

Die Abkühlungskurven sämtlicher Schmelzen weisen bei der Trennung der Schmelze in zwei Lösungen[1]) Verzögerungen (meist undeutliche) und bei den Erstarrungstemperaturen der reinen Metalle Haltepunkte auf.

Ein Grenzfall völliger Unlöslichkeit im flüssigen Zustande ist hier noch viel weniger wahrscheinlich als bei Typus Va in festem Zustande. In Abb. 14 ist dieser hypothetische Fall dargestellt.

Etwa 20% der bekannten binären Legierungen gehören diesem Typus an.

In allen Zweiphasengebieten sind die Systeme einfachfrei, und doppeltfrei in den Gebieten, in denen nur eine Schmelze auftritt.

Polymorphe Umwandlungen.

Auch in bereits erstarrten Systemen sind Umwandlungen möglich, sei es durch Polymorphie, d. i. durch die Fähigkeit vieler Stoffe in verschiedenen Kristallformen aufzutreten, sei es infolge chemischer Prozesse.

Treten beide Bestandteile in mehreren Kristallformen auf, die untereinander unbegrenzt löslich sind, so lassen sich die für die Erstarrungsvorgänge gefundenen Resultate ohne weiteres auch

---

[1]) In der Abbildung nur durch eine Stichkonzentration dargestellt.

auf diese Umwandlungen übertragen. Abb. 15 veranschaulicht eine stetige vom niedrigsten zum höchsten Umwandlungspunkt fortwährend ansteigende Umwandlungskurve. Wie in den Gebieten, in denen Schmelze und Kristalle sich im Gleichgewicht befinden (getöntes Feld), so erstreckt sich auch hier die Umwandlung der Legierung über ein bestimmtes Temperaturgebiet, innerhalb dessen die Zusammensetzung beider Kristallarten eine vorübergehende Änderung erfährt (schraffiertes Feld).

Tritt einer der beiden Bestandteile in mehreren Kristallformen auf, so muß bei Voraussetzung unbegrenzter Löslichkeit

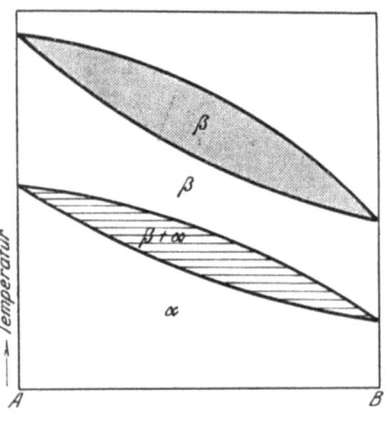 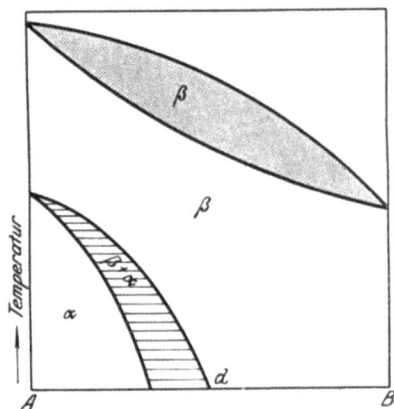

Abb. 15. Erstarrungsdiagramm einer metallischen Lösung mit zwei polymorphen Komponenten.

Abb. 16. Erstarrungsdiagramm einer metallischen Lösung mit einer polymorphen Komponente.

auch die andere Komponente in mehreren Kristallformen auftreten können. Diese Formen sind dann notwendigerweise unbeständig (metastabil). Der Zusammenhang der verschiedenen Formen wird durch das Diagramm Abb. 16 ausgedrückt. Eine Umwandlung der nicht polymorphen Komponente findet nur bis zu einem gewissen niedrigsten A-Gehalt (Punkt d) statt. Unterhalb dieser Grenze ist die α-Form der A-Kristalle nicht imstande, die gleiche Kristallform auch bei den B-Kristallen aufrechtzuerhalten.

Sind beide Bestandteile im festen Zustand ineinander völlig unlöslich, so scheidet sich je nach ihrer Zusammensetzung die eine oder die andere Komponente in reinem Zustande aus, und wenn eine derselben, etwa A, bei unterhalb der eutektischen Horizontalen gelegener Temperatur aus einer β-Form in eine α-Form übergeht, so erfolgt die ganze Umwandlung bei gleichbleibender Temperatur. Die Dauer der Haltezeiten hängt lediglich von dem A-Gehalt der Legierung ab; sie nimmt, wie Abb. 17 veranschau-

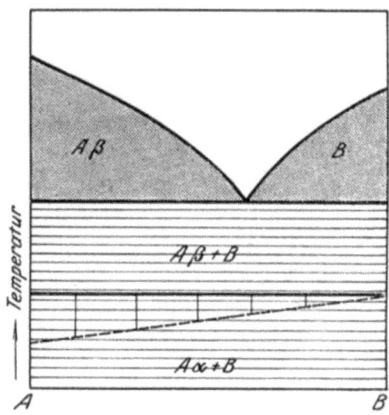

Abb. 17. Erstarrungsdiagramm einer Legierung mit einer eutektischen Geraden und einer polymorphen Komponente.

licht, vom Maximum für reines A bis zum Nullwert für reines B linear ab. Legierungen dieser Art liegen vor in den Systemen Nickel-Kobalt (Typ. Abb. 15), Nickel-Kupfer (Typ. Abb. 16), Kobalt-Kupfer (Typ. Abb. 17).

Die Gleichgewichte sind je nach den Systemen zweifachoder einfachfrei, Abb. 15 und 16, in Abb. 17 auch unfrei.

III. Erstarrungsdiagramme technischer Legierungen.

Die Diagramme der meisten technischen Legierungen haben in den letzten Jahren mehr oder weniger wesentliche Ergänzungen erfahren. Die Angaben sind in vielen in- und ausländischen Zeitschriften verstreut; sie haben in den meisten Lehr- und Handbüchern noch keine vollständige Aufnahme gefunden. Darum sollen an dieser Stelle die wichtigsten Ergebnisse dieser Arbeiten kurz zusammengefaßt werden.

Die Auswahl umfaßt nur die allerwichtigsten technischen Legierungen unter Ausschluß des Eisens.

Kupfer-Zinklegierungen (Messing).

In Abb. 18 ist das Diagramm der Kupfer-Zinklegierungen dargestellt auf Grund der Arbeiten von Shepherd[1]) und Tafel[2]). Das Diagramm ist ergänzt nach den letzten Untersuchungen dieses Systems von Carpenter und Edwards[3]). Diese Ergänzung bezieht sich auf die Gebiete, die β-Kristalle enthalten. Diese Autoren stellten nämlich fest, daß alle Legierungen in diesen Konzentrationsbereichen sich durch eine Umwandlungshorizontale auszeichnen, die bei 470° liegt. Auf dieser Horizontalen zerfällt die β-Kristallart in ein äußerst feinkörniges Gemenge von α- und γ-Kristallen, Abb. 19. Die Umwandlung läßt sich wahrscheinlich infolge großer Reaktionsverzögerungen nur äußerst schwierig nachweisen. Um diese Umwandlung zu bewirken, ist ein wochenlanges Glühen unterhalb der Umwandlungshorizontalen (470°) erforderlich. Legierungen, die diese Umwandlung erfahren haben, sind sehr spröde. Drähte von 1 mm Durchmesser brechen bereits bei einer Biegebeanspruchung von etwa 15°, wie dies die Abb. 20a veran

---

[1]) J. Phys. Chem. Bd. 8, S. 421, 1904.
[2]) Metallurgie. Bd. 5, S. 349, 1908.
[3]) Intern. Z. f. Metallographie. Bd. 1, S. 156, 1911 und Bd. 2, S. 138, 1912.

schaulicht. Durch Anlassen oberhalb der Umwandlungstemperatur wird die Sprödigkeit der Drähte wesentlich vermindert, so daß sie zu Spiralen gebogen werden können, Abb. 20b[1]). Eine weitere Ergänzung ist in diesem Diagramm hinsichtlich der Sättigungsgrenzen der Gebiete der α- und β-Kristalle

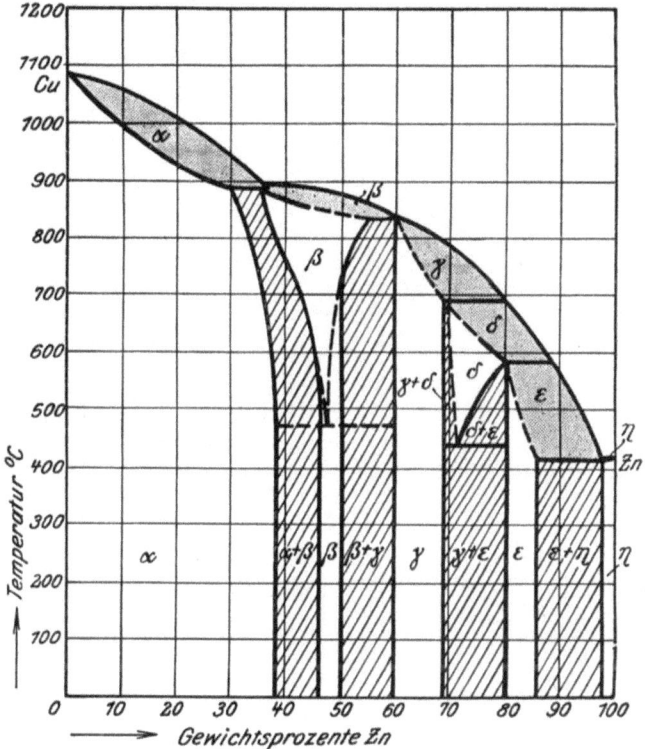

Abb. 18. Erstarrungsdiagramm der Kupfer-Zinklegierungen.

vorgenommen worden. Nach langjährigen Beobachtungen des Verfassers liegen diese Grenzen nicht, wie in den meisten Diagrammen angegeben, bei 63 bis 65 und 53 bis 54 % Kupfer, sondern wie dies in dem Diagramm dargestellt ist, bei 62,5 und 54 % Kupfer.

---

[1]) Vgl. dagegen die bemerkenswerten Ergebnisse von Masing: Wiss. Veröff. aus d. Siemenskonz. Bd. 3, S. 240, 1923.

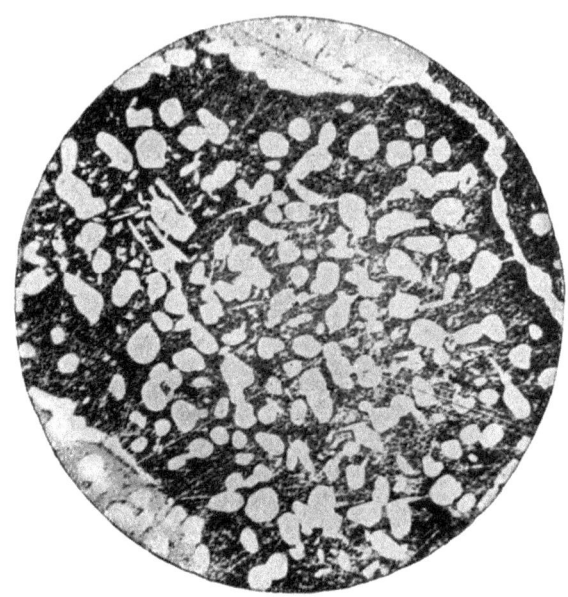

Abb. 19. β-Messing nach der Aufspaltung der β-Kristalle in $\alpha + \gamma$ durch dreiwöchiges Ausglühen bei 445⁰ C (nach Carpenter). (Lin. Vgr. 150.)

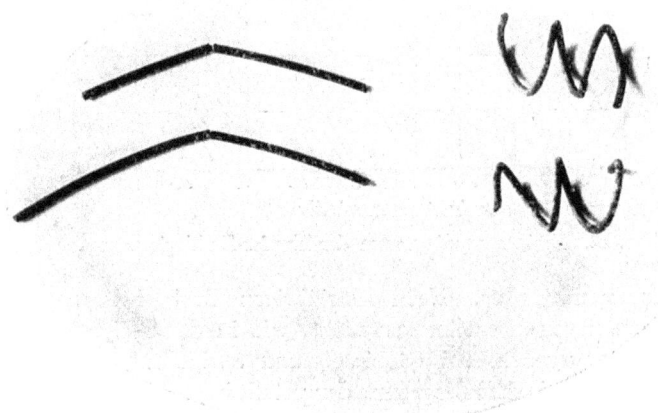

Abb. 20. a) α-β-Messingdraht, der infolge stattgehabter Umwandlung äußerst brüchig geworden ist.
b) Ähnlicher Draht, geglüht bei 650—700⁰ und danach gewickelt. (Nach Carpenter.)

Kupfer-Zinklegierungen (Messing).

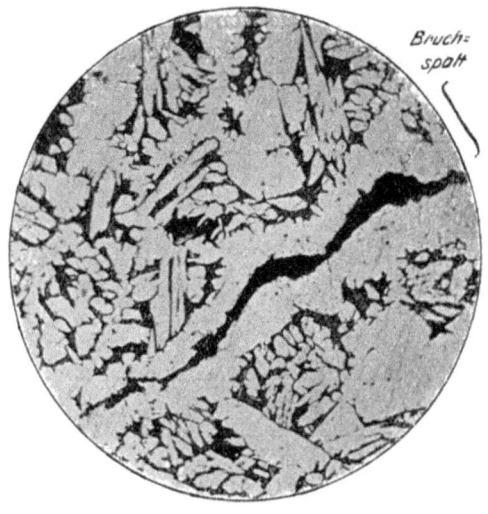

Abb. 21. Intergranularer α-Warmbruch in kupferreichem α-β-Messing.
Geätzt in warmer Schwefelsäure 1:1 rund 5 min. (Lin. Vgr. 200.)

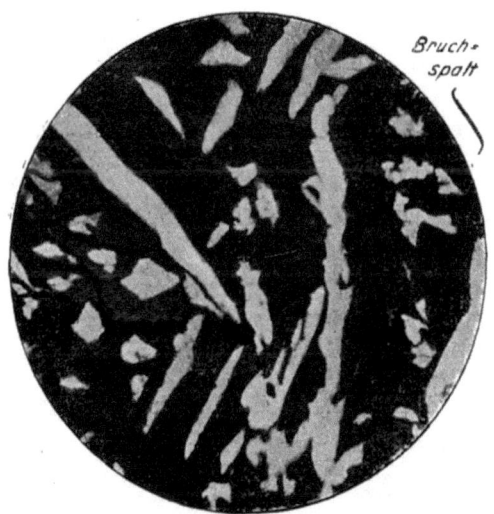

Abb. 22. Intragranularer β-Kaltbruch in α-β-Messing.
Geätzt in warmer Schwefelsäure 1:1 rund 5 min. (Lin. Vgr. 450.)

Eine wesentliche Rolle in technologischer Hinsicht kommt den β-Kristallen zu. Sie zeichnen sich im Gegensatz zu den α-Kristallen durch große Bildsamkeit bei hohen Temperaturen aus. Hierauf beruht die technische Unterteilung der Kupfer-Zinklegierungen in die warm- und kaltschmiedbaren Messingsorten. Legierungen, die irgend einen nennenswerten Gehalt an

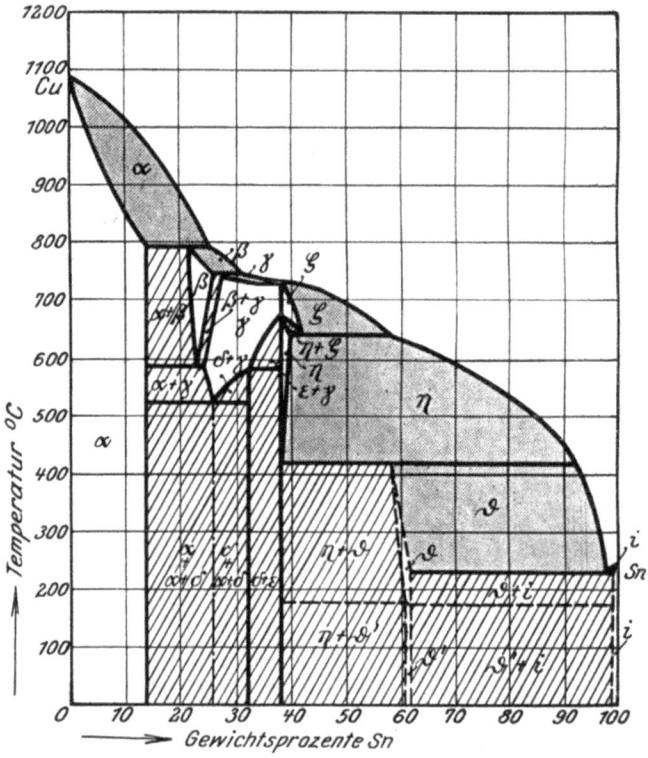

Abb. 23. Erstarrungsdiagramm der Kupfer-Zinnlegierungen.

α-Kristallen besitzen, führen beim Warmschmieden leicht zu Riß- und Bruchbildung. Dies veranschaulicht Abb. 21. Infolge α-Anreicherung ist durch die ungenügende Plastizität der α-Kristalle in der Wärme der metallische Zusammenhang gestört worden.

Abb. 22 zeigt dagegen in instruktiver Weise die Plastizität der α-Kristalle bei niedrigen Temperaturen. Die Probe wurde in der Kälte (Raumtemperatur) bis zum Bruch beansprucht. Der Bruch verläuft nur durch die β-Kristalle. Die α-Kristalle haben infolge ihrer hohen Plastizität zum größten Teil noch standgehalten. Sie überbrücken gewissermaßen noch die Bruchflächen.

Die Kupfer-Zinklegierungen aller Abstufungen (bis zu einem Gehalt von 50% Zink) finden sehr ausgedehnte technische Anwendung, und zwar in gegossenem Zustand sowie nach mannigfaltiger Knetbearbeitung; desgleichen zinkreiche Legierungen als Spritzguß.

Kupfer-Zinnlegierungen (Bronze).

In Abb. 23 ist das Kupfer-Zinndiagramm dargestellt, wie es Bauer und Vollenbruck nach ihren neuesten Untersuchungsergebnissen bekanntgegeben haben[1]). Neben anderen wesentlichen Ergänzungen ist auch von diesen Autoren die Sättigungsgrenze der α-Kristalle von etwa 12 auf 14% Zinn erweitert worden.

Die Kupfer-Zinnlegierungen finden bis zu einem Gehalt von 30% Zinn ausgedehnte Verwendung als Gußmetall; Legierungen bis etwa 8% Zinn können in der Wärme der Knetbearbeitung noch gut unterzogen werden.

Kupfer-Aluminiumlegierungen (Aluminiumbronzen).

In Schaubild 24 ist das Kupfer-Aluminiumdiagramm wiedergegeben nach den Untersuchungen von Carpenter und Edwards[2]), Curry[3]) und Gwyer[4]). Nach den Untersuchungsergebnissen von Curry dürfte die gefundene Umwandlung der β-Kristalle in α und γ als gesichert anzusehen sein. Die Umwandlung erfolgt bei diesen Legierungen wesentlich leichter als bei den Kupfer-Zinklegierungen.

Der Aluminiumgehalt der technischen Legierungen geht selten über 10% hinaus; sie werden meist als Gußmetall verwendet; in der Wärme vertragen sie auch starke Knetbearbeitung. Von technischem Interesse sind ferner die Gußlegierungen mit hohem Aluminiumgehalt und etwa 2 bis 20% Kupfer.

---

[1]) Mitt. Materialpr.-Amt. Bd. 40, S. 181, 1922.
[2]) Proc. Inst. mech. Eng. Bd. 1—2, S. 57, 1907.
[3]) J. Phys. Chem. Bd. 11, S. 425, 1907.
[4]) Z. anorg. Chem. Bd. 57, S. 113, 1908.

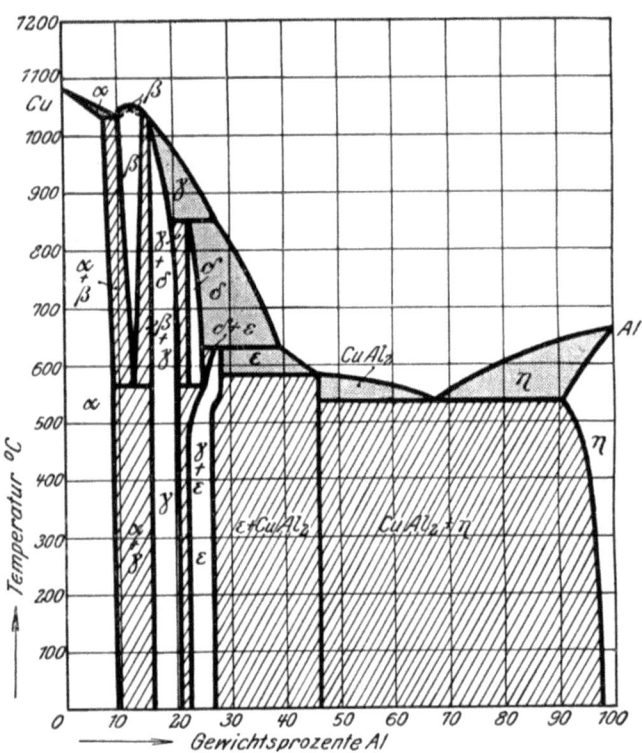

Abb. 24. Erstarrungsdiagramm der Kupfer-Aluminiumlegierungen.

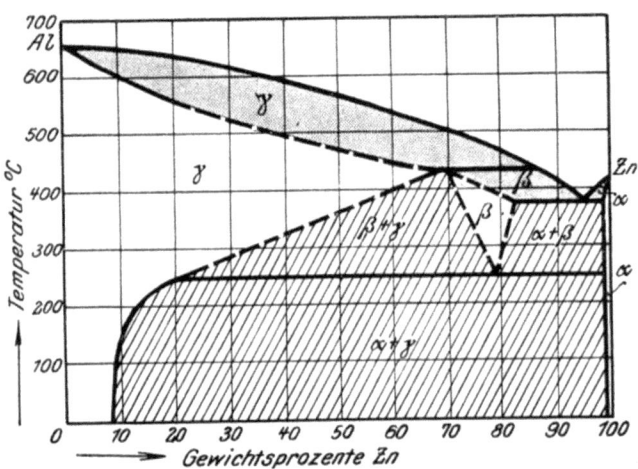

Abb. 25. Erstarrungsdiagramm der Aluminium-Zinklegierungen.

Aluminium-Zinklegierungen.

In Abb. 25 ist das Erstarrungsdiagramm der Aluminium-Zinklegierungen wiedergegeben. Es baut sich auf dem Diagramm von Shepherd[1]) sowie Bauer und Vogel[2]) auf und ist ergänzt nach den Untersuchungen von Hanson und Gayler[3]), Sander und Meisner[4]). Die Sättigungsgrenze der γ-Kristalle oberhalb 250^0 bedarf u. a. noch der Bestätigung; nach Bauer geht sie nicht über $40^0/_0$ Zink hinaus. Seine Angaben hält Bauer, gestützt auf umfangreiche neue Versuchsergebnisse, auch jetzt noch aufrecht[5]).

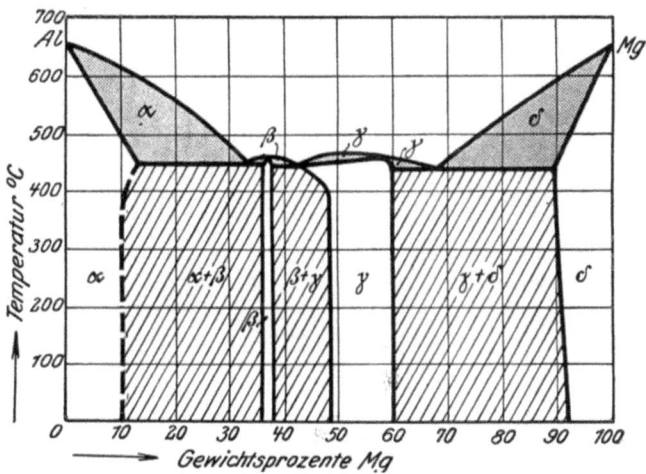

Abb. 26. Erstarrungsdiagramm der Aluminium-Magnesiumlegierungen.

Legierungen bis zu etwa $15^0/_0$ Zink finden für Gußzwecke ausgedehnte Verwendung, sie können aber auch kalt oder warm durch Kneten weitgehende Umformung erfahren.

Aluminium-Magnesiumlegierungen.

Das Diagramm, Abb. 26, ist aufgestellt nach den Arbeiten von Boudouard[6]) und Grube[7]) und ist ergänzt durch die ein-

---

[1]) J. Phys. Chem. Bd. 9, S. 504, 1905.
[2]) Intern. Z. f. Metallographie. 1916, S. 101.
[3]) J. Inst. of Metals. 1922 (ref. Engineering 1922, S. 538).
[4]) Z. Metallkunde. 1922, S. 385.
[5]) Gemäß freundlicher Privatmitteilung.
[6]) Compt. rend. Bd. 132, S. 1325, Bd. 133, S. 1003, 1901.
[7]) Z. anorg. Chem. Bd. 45, S. 225, 1905.

gehenden Untersuchungen von Hanson und Gayler[1]). Wesentlich an diesen Untersuchungen ist die Feststellung, daß auf beiden Seiten ausgedehnte Gebiete der festen Lösungen α und δ bestehen und daß außer der bereits bekannten festen Lösung γ, die früher als α bezeichnet wurde, auch noch eine weitere feste Lösung β aufgefunden wurde. Die Sättigungsgrenze der festen Lösung α wird mit etwa 10% angegeben. Nach Merica[2]) fällt sie bis auf etwa 2% Magnesium; dem widersprechen aber die zahlreichen Bestimmungen von Hanson und Gayler. Ein besonders empfindliches Agens für den Nachweis der β-Kristalle ist eine 5 bis 20%ige Chromsäurelösung.

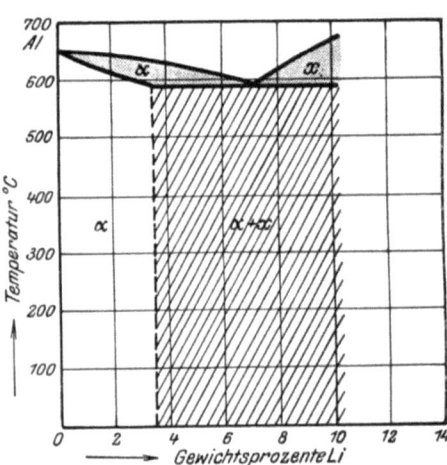

Abb. 27. Erstarrungsdiagramm der Aluminium-Lithiumlegierungen.

Die α-Kristallart bildet die Grundlage der bekannten härtbaren Al-Mg-Legierungen (Duralumin), die δ-Kristallart die der Mg-Al-Legierungen (Elektronmetall, Magnalium). Die Mg- und Al-armen Legierungen lassen sich warm und kalt durch Kneten bearbeiten.

Aluminium-Lithiumlegierungen.

Ganz neuerdings haben die Aluminium-Lithiumlegierungen an Interesse gewonnen. Das in Abb. 27 wiedergegebene Diagramm (bis zu 10% Lithium) ist vom Verfasser zusammen mit Rassow[3]) aufgestellt worden.

Die Sättigungsgrenze der α-Kristalle beträgt etwas über 3% Lithium. Diese Kristallart bildet ähnlich wie die α-Aluminium-Magnesiumkristalle die Grundlage von Legierungen, die auf

---

[1]) J. Inst. of Metals. Bd. 2, S. 201, 1920.
[2]) Chem. and Met. Eng. 1919, S. 552; vgl. auch Sander und Meißner, Z. Metallkunde 1924, S. 14.
[3]) Z. Metallkunde. 1924.

thermischem Wege veredelt werden können (Scleron-Metall). Auch diese Legierung ist kalt und warm durch Kneten gut bearbeitbar.

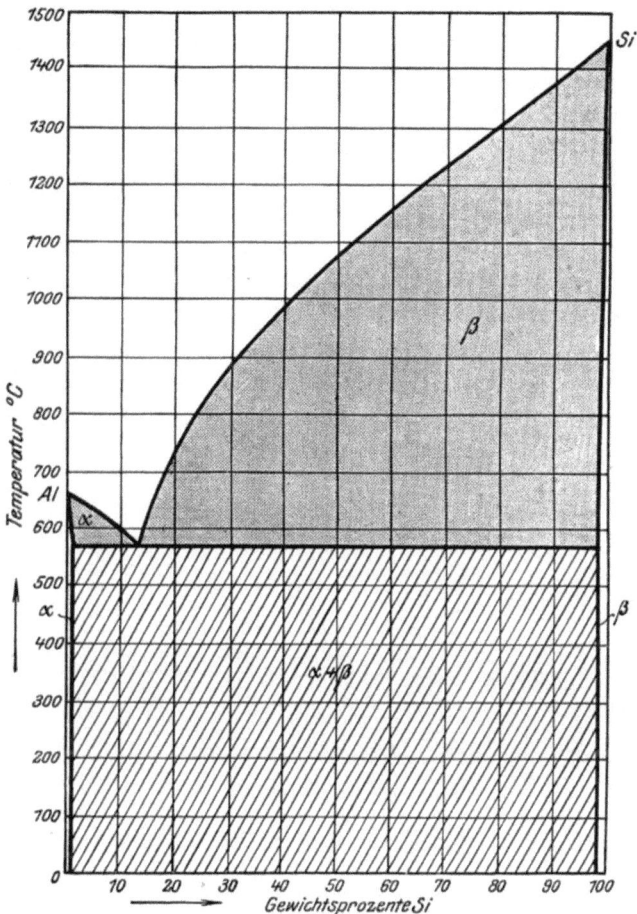

Abb. 28. Erstarrungsdiagramm der Aluminium-Siliziumlegierungen.

Aluminium-Siliziumlegierungen.

In Abb. 28 ist das Diagramm dieser Legierungen nach Fraenkel[1]) wiedergeben. Während Fraenkel die Existenz der festen Lösung α auf der Aluminiumseite feststellt, konnte

---

[1]) Z. anorg. Chem. Bd. 58, S. 154, 1908.

Roberts[1]) dies nicht bestätigen. Nach den Feststellungen des Verfassers[2]) ist die Sättigungsgrenze der α-Kristalle kleiner als 1%. Hanson und Gayler[3]) geben sie mit 1,5%, Guillet[4]) mit 0,7%, Wetzel und Konarsky[5]) mit 0,5%, bei 550⁰ mit 1% an; sie dürfte also bei niedrigen Temperaturen wohl 0,5% nicht übersteigen, dagegen bei hohen Temperaturen etwa auf das Doppelte anwachsen.

Eine weitere Korrektur ist durch Rassow[6]) erfolgt. Auf Grund reichhaltigen Versuchsmaterials wurde die eutektische Konzentration bei 13,8% festgestellt.

Legierungen bis zu 20% Silizium gewinnen, nach einem besonderen Verfahren veredelt (Silumin), als Gußmetall immer größere Bedeutung.

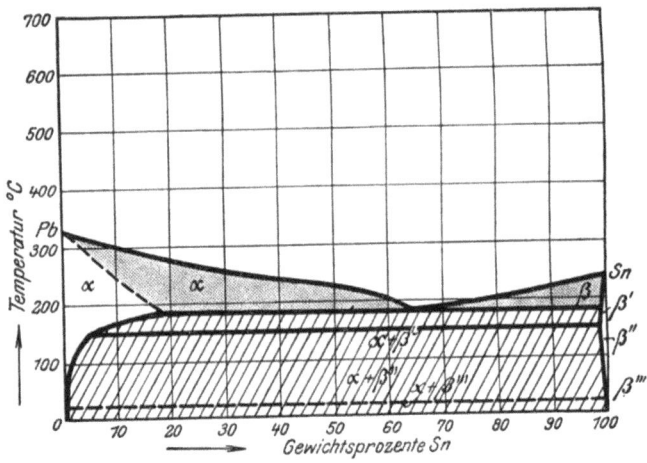

Abb. 29. Erstarrungsdiagramm der Zinn-Bleilegierungen.

Zinn-Bleilegierungen.

Das Diagramm nach Rosenhain und Tucker[7]) und nach Degens[8]), ergänzt durch eingehende Untersuchungen von

---

[1]) J. Chem. Soc. 1914, S. 1383. [2]) Z. angew. Chem. 1913, S. 494.
[3]) J. Inst. of Metals. 1921, S. 321. [4]) Rev. Met. 1922, S. 303.
[5]) Metallbörse. 1922, S. 2704.
[6]) Z. Metallkunde. 1923, S. 106 (siehe auch Guillet, Rev. Met. 1922, S. 303) und Welter, Z. Metallkunde. 1923, S. 107).
[7]) Philos. Trans. A. Bd. 209, S. 89, 1908.
[8]) Z. anorg. Chem. Bd. 63, S. 207, 1909.

Mazotto[1]), ist in Abb. 29 wiedergegeben. Die Zinn-Bleilegierungen bilden die Grundlage zahlreicher Weichlote.

Zinn-Antimonlegierungen.

Das Diagramm der Zinn-Antimonlegierungen nach Williams[2]) und Konstantinow und Smirow[3]) ist in Abb. 30 wiedergegeben. Die Legierungen bis zu 20 % Antimon bilden die Grundlage der bekannten Zinn-Lagermetalle (Regelmetall) und des Hartzinns.

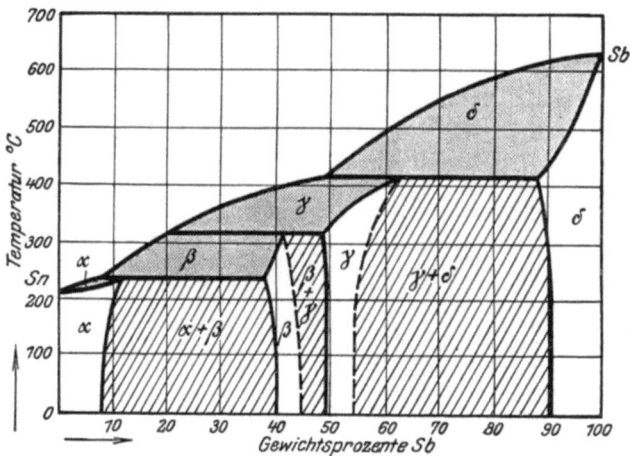

Abb. 30. Erstarrungsdiagramm der Zinn-Antimonlegierungen.

Blei-Antimonlegierungen.

Das Schmelzdiagramm nach Gontermann[4]) ist in Abb. 31 wiedergegeben[5]). Die Legierungen bis zu etwa 20 % Antimon bilden die Grundlage des Hartbleis, der Schriftmetalle und insbesondere der Blei-Lagermetalle.

---

[1]) Intern. Z. f. Metallographie 1911, S. 289. Vgl. Guertler, Metallographie 1912, S. 727.
[2]) Z. anorg. Chem. Bd. 55, S. 12, 1907.
[3]) Intern. Z. f. Metallographie 1912, S. 152 und Guertler, Metallographie 1912. S. 803.
[4]) Z. anorg. Chem. Bd. 55, S. 419, 1907.
[5]) Nach neueren Untersuchungen von Dean, J. of the Am. Chem. Soc. Bd. 45, S. 1683, 1923, wird u. a. eine feste Lösung von Antimon in Blei bis 3% angenommen.

Blei-Bariumlegierungen.

Die Legierungen bis zu etwa 5 % Barium bilden die Grundlage neuzeitlicher Lagermetalle. Das Diagramm bis zu 7 % Barium, Abb. 32, ist vom Verfasser zusammen mit Rassow[1]) ausgearbeitet

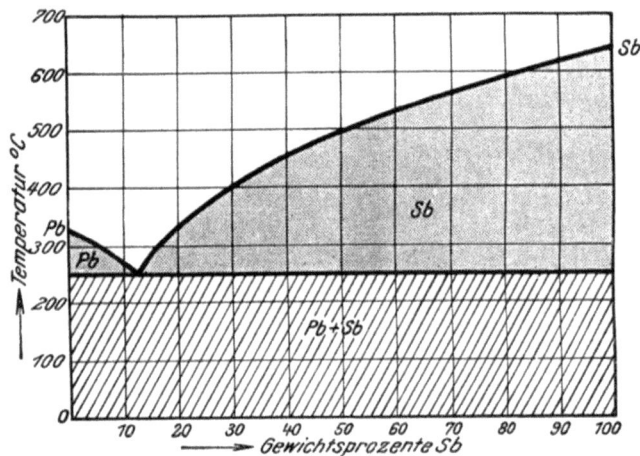

Abb. 31. Erstarrungsdiagramm der Blei-Antimonlegierungen.

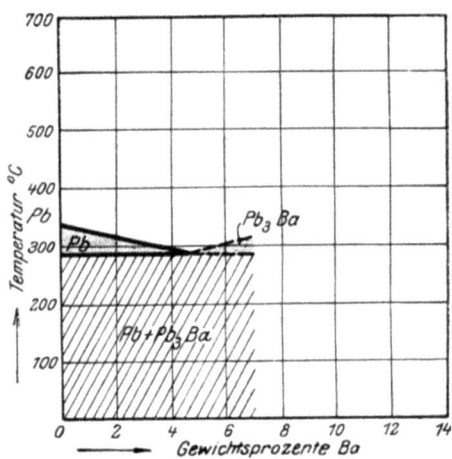

Abb. 32. Erstarrungsdiagramm der Blei-Bariumlegierungen.

---

[1]) Z. Metallkunde. 1920, S. 337.

worden. Es wurde später von Cowan, Simpkins und Hiers[1]) bestätigt. Es ist bemerkenswert, daß das Eutektikum der Blei-Bariumlegierungen sich erst nach sehr langem Glühen aufspaltet. Durch einen geringen Natriumzusatz kann dagegen sofortige Aufspaltung bewirkt werden, Abb. 33.

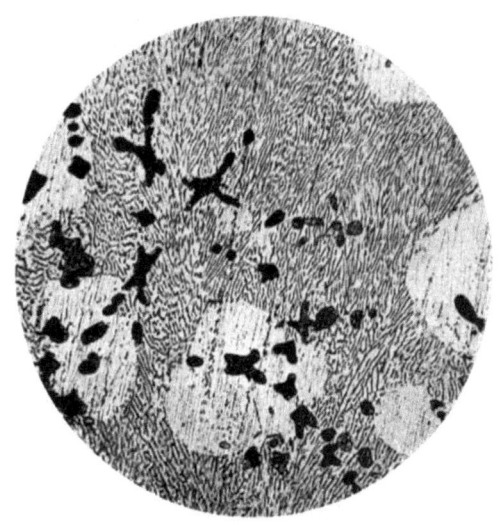

Abb. 33. Blei-Barium-Eutektikum (Grundmasse), feste Lösung Blei-Natrium (helle Kristalle), Verbindung Pb_3Ca (dunkle Kristalle), geätzt mit Salzsäure (5%). (Lin. Vgr. 220.)

Blei-Natriumlegierungen.

Das Diagramm Abb. 34 wurde von Mathewson[2]) aufgestellt. Durch einen geringfügigen Natriumzusatz erfährt die Härte des Weichbleis eine sehr beträchtliche Steigerung. Die reinen Blei-Natriumlegierungen finden technisch kaum Verwendung, dagegen weisen die meisten neuzeitlichen Blei-Lagermetalle einen geringen Natriumgehalt auf. Er beträgt in der Regel nur wenige Zehntel Prozent. Die Sättigungsgrenze der α-Blei-Natriumkristalle wird von Mathewson mit 0,8% angegeben,

---

[1]) Chem. and Met. Eng. 1921, S. 118.
[2]) Z. anorg. Chem. Bd. 50, S. 171, 1906.

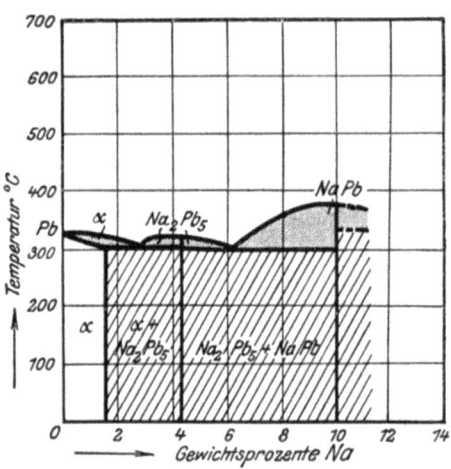

Abb. 34. Erstarrungsdiagramm der Blei-Natriumlegierungen.

was auch Göbel[1]) bestätigt. Nach den vom Verfasser gemeinsam mit Rassow gemachten Beobachtungen dürfte aber diese Sättigungsgrenze bei wesentlich höheren Natriumgehalten liegen. Das Gefügebild sorgfältig homogenisierter Proben ergibt nämlich bei einem Natriumgehalt von 1,28 bzw. 1,59 % noch völlig homogene Mischkristalle, Abb. 35 und 36.

1,28 % Na   1,59 % Na

Abb. 35 und 36. Kristalle der festen Lösung α-PbNa, geätzt mit Essigsäure-Wasserstoffsuperoxyd. (Lin. Vgr. 45.)

[1]) Z. Metallkunde. 1922, S. 425.

Erst bei einem Natriumgehalt von 2,9 % wurden in den homogenisierten Proben deutliche Mengen Eutektikum vorgefunden, Abb. 37. Die Homogenisierung der Proben erfolgte in evakuierten Glasröhren (60 Stunden bei einer Temperatur von 275 °). Vor und nach dem Ausglühen wurde der Natriumgehalt analytisch ermittelt. Die Abweichungen waren nur geringfügig. Die Sättigungsgrenze der α-Kristalle dürfte daher zwischen 1,59 und

Abb. 37. Blei-Natrium-Eutektikum (2,9 % Na).
Geätzt mit Essigsäure-Wasserstoffsuperoxyd. (Lin. Vgr. 220.)

2,9 % Natrium liegen; sie wurde dem Höchstwert von 1,59 % entsprechend in das Diagramm eingezeichnet.

Als Ätzmittel wurde verdünnte Essigsäure, die mit Wasserstoffsuperoxyd versetzt war, verwendet. Die Ätzung kann aber auch in getrennten Lösungen erfolgen (abwechselnd ohne zu spülen).

Blei-Kalziumlegierungen und Blei-Strontiumlegierungen.

Das Diagramm der Blei-Kalziumlegierungen bis zu 10 %, Abb. 38, wurde von Doński[1]), dasjenige der Blei-Strontium-

---

[1]) Z. anorg. Chem. Bd. 57, S. 210, 1908.

44 Erstarrungsdiagramme technischer Legierungen.

legierungen bis zu etwa 12%, Abb. 39, von Piwowarsky[1]) aufgestellt. Diese Legierungen bis zu etwa 3% Kalzium bezw.

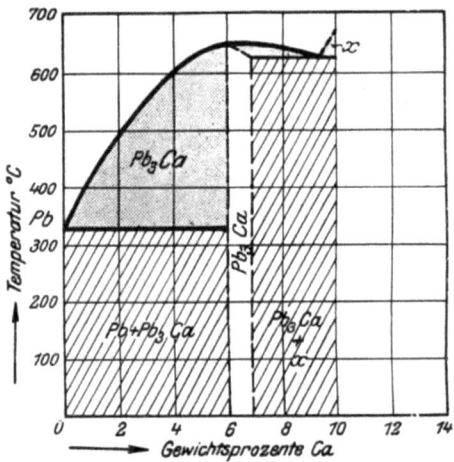

Abb. 38. Erstarrungsdiagramm der Blei-Kalziumlegierungen.

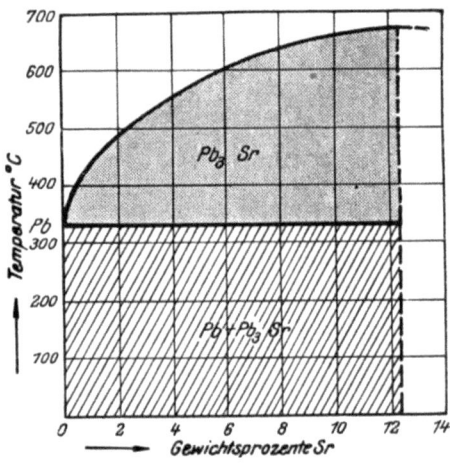

Abb. 39. Erstarrungsdiagramm der Blei-Strontiumlegierungen.

Strontium bilden ähnlich wie die Blei-Bariumlegierungen die Grundlage von neuartigen Lagermetallen.

[1]) Z. Metallkunde. 1922, S. 300.

IV. Hauptarten der Ätzerscheinungen und die metallographischen Ätzverfahren.

Hauptarten der Ätzerscheinungen.

Die gebräuchlichen metallographischen Ätzverfahren gehen im wesentlichen darauf aus, die Einzelkristalle auf Metallschliffen abzugrenzen, teils indem sie nur die Korngrenzen bloßlegen, teils indem sie die einzelnen Kristallfelder entweder verschieden färben, oder gemäß ihrer Neigung zu den Kristallachsen verschieden stark aufrauhen, oder auch wohlbegrenzte Gebilde, die sog. Ätzfiguren, auf den einzelnen Kristallen bloßlegen.

Man hat demnach zu unterscheiden zwischen:

1. Kristallgrenzenätzung,
2. Kristallfelderätzung,
3. Kristallfigurenätzung.

Die Kristallgrenzenätzung. In Abb. 40 erkennt man auf der Schliffebene eine polygonale Zeichnung, die durch ein Maschenwerk feiner Linien hervorgerufen wird. Die feinen Linien entsprechen den Schnittlinien der Schliffebene mit den Kristallbegrenzungsflächen. Die Grenzlinien erscheinen schon bei mäßiger Vergrößerung als Bänder von geringerer oder größerer Breite. Man hat bereits an Hand zahlreicher Hypothesen das Auftreten dieser Grenzschichten zu erklären versucht, ohne daß sich eine dieser Vorstellungen endgültig durchgesetzt hätte. Daß die Grenzlinien zwischen den Polygonen lediglich durch lamellenartige Lücken (Kapillarspalten) zustande kommen, ist ebenso wenig wahrscheinlich, wie die uneingeschränkte Annahme der Anwesenheit von Fremdstoffen zwischen den Berührungsflächen der Kristalle. Gelegentliche Anwesenheit von Kapillarlücken, unlöslichen Fremdstoffen oder neuen Phasen zwischen den Begrenzungsflächen der Kristalle kann natürlich eine zusätzliche Wirkung ausüben und eine Verbreiterung der natürlichen Grenzschichten hervorrufen.

46 Hauptarten der Ätzerscheinungen u. die metallograph. Ätzverfahren.

Auch die vielfach verbreitete Annahme, daß die Grenzschichten aus amorphem Metall bestehen, steht mit dem unverlierbaren Richtungssinn (Vektorialität) der Metallkristalle im Widerspruch. Am ungezwungensten lassen sich die Grenzschichten als Wände umgelagerter und in der Richtung der Spannungslinien der Oberflächenenergie und der Adsorptions-

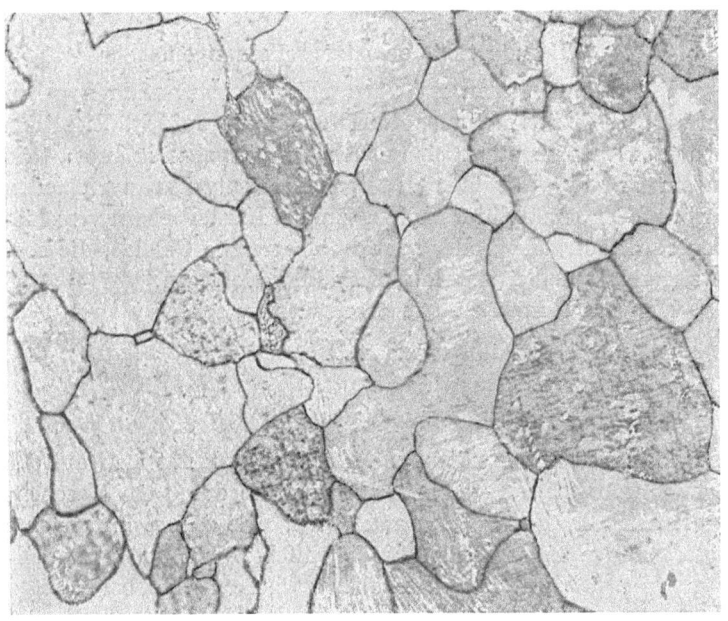

Abb. 40. Kristallgrenzenätzung; reines Eisen (nach Guertler).
(Lin. Vgr. 560.)

kraft abgelenkter Elementarteilchen auffassen, die eine zwangsweise Gleichlagerung der Moleküle bewirken (vgl. Abschn. VI, S. 109).

Die Kristallfelderätzung. Abb. 41 u. 42 geben zu erkennen, daß die Ätzung den Bereich jedes Kristalls durch Helligkeitsunterschiede klar anzeigt. Bei bestimmten Winkeln zwischen den Lichtstrahlen und seinen Achsen erreicht jeder Kristall ein Höchst- und Niedrigstmaß von Helligkeit; Relativbewegungen zwischen Schliff und Lichtquelle verändern die Helligkeitsverteilung auf dem Schliff.

Abb. 41. Kristallfelderätzung; Gußaluminium. Ätzung: Flußsäure-Salzsäure. (Etwa nat. Größe.)

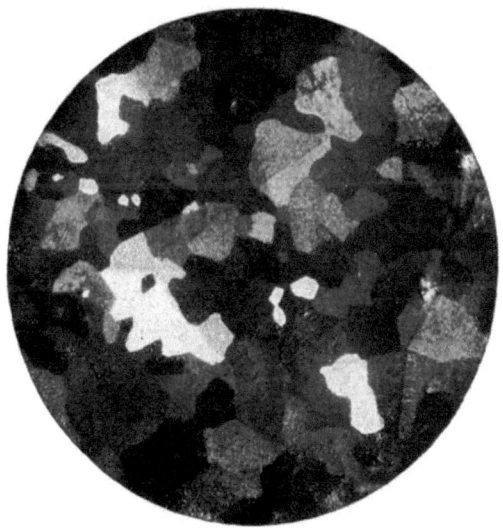

Abb. 42. Kristallfelderätzung; Gußblei. Geätzt in Essigsäure-Wasserstoffsuperoxyd. (Lin. Vgr. 4.)

48   Hauptarten der Ätzerscheinungen u. die metallograph. Ätzverfahren.

Diese Reflektionsart wurde vom Verfasser schon früher[1]) als disloziert (unterbrochen) bezeichnet; es ist dies das „Moiré métallique", das schon Behrens[2]) erwähnt und das an abgegriffenen Messingtürklinken häufig zu beobachten ist. Das Lichtspiel zeigt große Ähnlichkeit mit dem „Labradorisieren", das bekanntlich durch innere Reflexe an Interpositionen des Labradors hervorgebracht wird, Abb. 43.

Abb. 43. Glitzererscheinungen (Labradorisieren) am Labrador.
(Etwa nat. Größe.)

Die Helligkeitsunterschiede an geätzten Metallschliffen, wie sie Abb. 41 u. 42 veranschaulicht, werden dagegen hervorgerufen durch gesetzmäßige treppenartige Ausfressungen, die mit der Kristallstruktur in innigem Zusammenhang stehen und die, stark vergrößert, in der schematischen Abb. 44 wiedergegeben sind. Die Abbildung stellt einen Schnitt senkrecht zur Schlifffläche dar. Jeder Kristall wird entsprechend der Lage seiner Achsen zur Schlifffläche anders angeätzt. Der Kristall b wird z. B. infolge der günstigen Lage

---

[1]) Intern. Z. f. Metallographie. 1914, S. 289.
[2]) Das mikroskopische Gefüge der Metalle u. Legierungen 1894.

Hauptarten der Ätzerscheinungen.

der reflektierenden Flächen mehr Licht in der Richtung der optischen Achse (senkrecht zur Schlifffläche) zurückwerfen als die

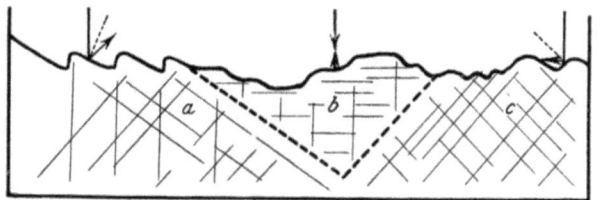

Abb. 44. Schematische Darstellung einer ungleich reflektierenden Schliffebene. Schnitt senkrecht zur Schliffebene.

Kristalle a und c, bei denen die reflektierenden Flächen ungünstiger gelegen sind. Infolgedessen wird bei einer Beleuchtung

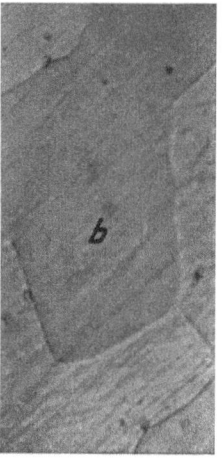

Abb. 45. Ungleichmäßig zusammengesetzter, dendritisch aufgebauter Kupfer-Zink-Mischkristall. (Lin. Vgr. 26.) Geätzt mit Ammoniak-Wattebausch.

Abb. 46. Gleichmäßig zusammengesetzter, homogen aufgebauter Kupfer-Zink-Mischkristall. (Lin. Vgr. 26.) Geätzt mit Ammoniak-Wattebausch.

senkrecht zur Schlifffläche der mittlere Kristall heller erscheinen, als die beiden übrigen.

Eine andere Ätzerscheinung, die bekanntlich beim Erstarren vieler Stoffe zu sogenannten gleichteiligen (homogenen)

50 Hauptarten der Ätzerscheinungen u. die metallograph. Ätzverfahren.

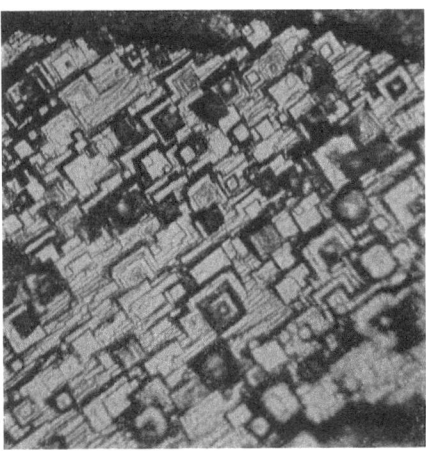

Abb. 47. Kristallfigurenätzung; Kupferkristall mit Ätzfiguren.
Geätzt mit Ammoniumpersulfat 10% 10—50 min. (Lin. Vgr. 200.)

Abb. 48. Kristallfigurenätzung; phosphorhaltiger Eisenkristall mit Ätzfiguren.
Geätzt mit Ammoniumpersulfat 10%. (Lin. Vgr. 790.) (Nach Harnecker und Rassow.)

Mischkristallen zu beobachten ist, ist die der Ausbildung von Wachstumskristallen, wie sie Abb. 45 veranschaulicht. Der Kristall ist nicht gleichmäßig zusammengesetzt; man erkennt es an dem Auftreten zweier unscharf voneinander abgegrenzter Bestandteile. Der zunächst ausgeschiedene dunkle Kernbestandteil a ist gemäß einer bekannten Erstarrungsregel stets reicher an dem den Schmelzpunkt erhöhenden Bestandteil, in unserm Fall also an Kupfer, als seine Umgebung, in der er gleichsam eingebettet ist. Nur wenn bei der Erstarrung oder beim späteren Glühen kräftige Diffusionsvorgänge stattgefunden haben, wird die Verteilung der kleinsten Teilchen im Kristall eine gleichmäßige sein, Abb. 46.

Die Kristallfigurenätzung. Durch Verwendung geeigneter Ätzmittel können auch auf den Kristallen Gebilde bloßgelegt werden, die den in der Mineralogie planmäßig durchforschten Ätzfiguren völlig ähneln. Solche Ätzfiguren zeigen Abb. 47 an einem Kupfer-

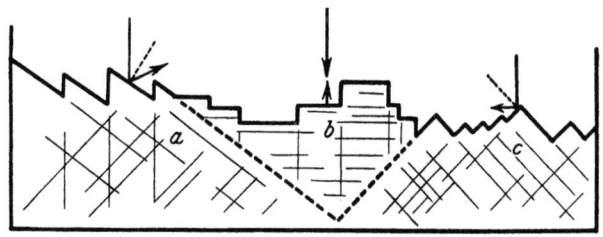

Abb. 49. Schematische Darstellung einer Schliffebene mit Ätzfiguren. Schnitt senkrecht zur Schlifffläche.

kristall und Abb. 48 an einem phosphorhaltigen Eisenkristall. Abb. 49 stellt einen schematischen Schnitt senkrecht zu einer Schlifffläche mit Ätzfiguren dar. Grundsätzliche Unterschiede zwischen Abb. 44 und 49 bestehen nicht; Abb. 49 unterscheidet sich nur durch die wesentlich größere Regelmäßigkeit und Gesetzmäßigkeit in der Ausbildung der Kanten und Ecken.

Erfahrungsgemäß sind die Ätzfiguren im Bereiche einer Kristallfläche kongruent gelegen, sie haben auch zur Fläche selbst die gleiche Lagerung. Auf kristallographisch gleichwertigen Flächen sind die Ätzfiguren gleichartig und auf kristallographisch verschiedenen Flächen verschiedenartig. Ihre Gestalt steht mit dem Symmetriegrad der Kristalle in innigstem Zusammenhang.

Die Größe der Ätzfiguren und unter Umständen auch ihre Gestalt ist von den verschiedenen Ätzmitteln sowie von der Ätzdauer abhängig, wie dies Abb. 50 und 51 an Kupfer veranschaulichen. Würde es sich bei den Ätzfiguren um Miniaturkristalle konstanten Volumens handeln, so wäre dieser Wechsel nicht möglich.

Bedecken die Ätzfiguren, wie in Abb. 47 und 48, ganze Kristallflächen, so spricht man wohl auch vom Ätzgefüge. In Abb. 52 ist das Ätzgefüge eines Gold-Magnesium-Mischkristalls wiedergegeben. Durch starkes Ätzen mittels Bromsalzsäure ist der eine Bestandteil teils oder völlig ausgelöst worden, der andere als Gerippe

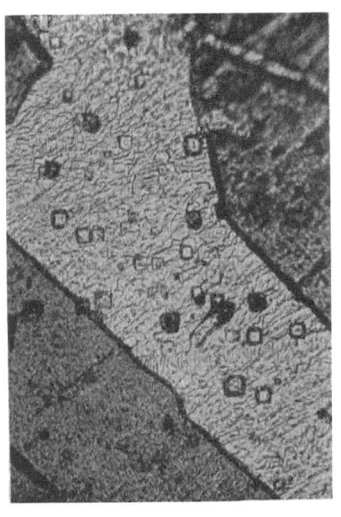
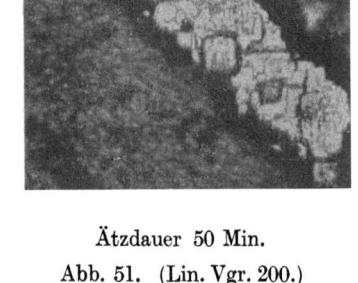

Ätzdauer 10 Min.   Ätzdauer 50 Min.

Abb. 50. (Lin. Vgr. 200.)   Abb. 51. (Lin. Vgr. 200.)

Ätzabbau eines Kupferkristalles in 10%iger Ammoniumpersulfatlösung.

zurückgeblieben. Ganz ähnliches Gefüge kann man auch bei den nichtdendritischen technischen Zinnbronzen mit etwa 10% Zinn nach kräftigem Ätzen mittels Ammoniak beobachten, Abb. 53 (der dunkle Querstreifen rührt von einem Zwilling her). Der Schliff wird nur zur Hälfte in die Ätzflüssigkeit eingetaucht. An der Berührungslinie Ammoniak—Luft ist der Angriff am stärksten. Die Ätzdauer beträgt eine bis mehrere Stunden. Auch hier bleibt der eine Bestandteil gewissermaßen als ein von dem Ätzmittel unangreifbares Fachwerk zurück. In Abb. 54 und 55 sind Gefügebilder von Rohzinkkristallen wiedergegeben. Abb. 54

Hauptarten der Ätzerscheinungen. 53

gibt aber nicht das wahre Ätzgefüge des Zinks wieder; die Erscheinung ist vielmehr auf die Anwesenheit von Zwillingsstreifen zurückzuführen, die durch Deformation entstanden sind. Be-

Abb. 52. Ätzgefüge eines Gold-Magnesium-Mischkristalls (nach Urasow). Geätzt mit Bromsalzsäure. (Lin. Vgr. 100.)

Abb. 53. Ätzgefüge eines Kupfer-Zinn-Mischkristalls. Geätzt mit Ammoniak. (Lin. Vgr. 465.)

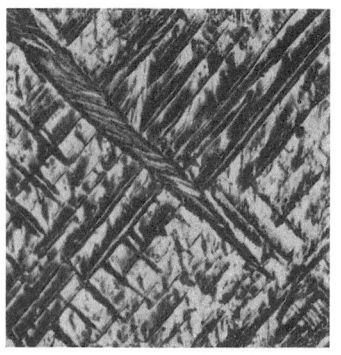

Abb. 54. Ätzgefüge eines Roh-Zinkkristalls. Geätzt in konz. Chromsäurelösung, 30 Min. (Lin. Vgr. 60.)

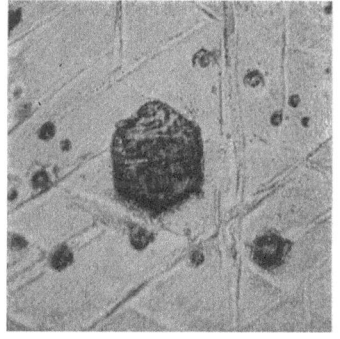

Abb. 55. Ätzfiguren auf einem Rohzinkkristall. Geätzt in konz. Chromsäurelösung, rd. 60 Min. (Lin. Vgr. 400.)

merkenswert sind in Abb. 55 die gut ausgebildeten Ätzfiguren von hexagonaler Form, die bei Zink nur schwierig bloßgelegt werden können.

Ätzfiguren an Zinn (die auch schon Behrens beobachtete) zeigt Abb. 56, solche an Aluminium Abb. 57. Es gelingt selten, sie in guter Ausbildung zu erhalten. Behrens[1] hat übrigens diese Gebilde als Kristallfiguren noch nicht angesprochen. Ihre allgemeine Auslegung im heutigen Sinne war durch die Untersuchungen Daniells, Leydolts und Baumhauers[2] aber bereits bekannt.

Die Kristallfigurenätzbarkeit ist, wie die dislozierte Reflexion, nur Stoffen eigen, die eine gesetzmäßige Anordnung der klein-

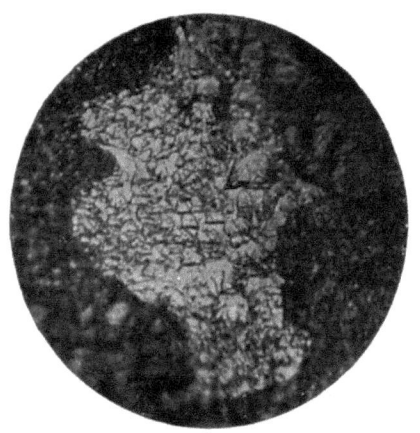 

Abb. 56. Zinnkristall mit Ätzfiguren.
Geätzt mit Salzsäure-Kaliumchlorat.
(Lin. Vgr. 210.)

Abb. 57. Aluminiumkristall mit Ätzfiguren.
Geätzt mit Flußsäure-Salzsäure.
(Lin. Vgr. 1000.)

sten Teilchen aufweisen. Sie bilden wichtige Hilfsmittel für das richtige Entziffern der Gefügebilder. Die Kristallgrenzen-Ätzung allein ist für diese Zwecke völlig unzureichend. Darum muß jeder, der sich mit dem Ätzgefüge der Metalle zu befassen hat, sich diese elementaren Ätzerscheinungen zu eigen machen.

Entnahme und Vorbereitung der Probestücke für das Ätzen.

Probeentnahme. Für die Gefügebeurteilung ist die genaue Kenntnis der Korngliederung von grundlegender Bedeutung. Eine einzelne örtliche Prüfung kann infolge der meistens vom Er-

---

[1] Siehe Anmerkung 2 S. 48.
[2] Die Resultate der Ätzmethode in der krist. Forschung. 1894.

starren herrührenden Gefügeungleichmäßigkeit zu ganz falschen Ergebnissen führen. Daher ist bei der Probeentnahme stets auf die Art des Untersuchungsgegenstandes Rücksicht zu nehmen.

Bei Formguß (Barren, Platten, Blöckchen, Maschinenteilen u. dgl.) ist das Gefüge der Randzonen in der Regel senkrecht zu den äußeren Abkühlungsflächen mehr oder weniger stark nadelig, da die Erstarrung von den kalten Formwänden nach dem Innern der Schmelze zu fortschreitet. Bei der Probeentnahme ist auf diese Art des Kristallisierens besonders zu achten, da strahliges Gefüge in seinen Hauptschnitten ungleich körnig (dispers) und ungleich gestaltet erscheint.

Bei der Untersuchung von Preß-, Zieh- und Walzgut auf Gefügemängel, Seigerungserscheinungen, Einschlüsse usw. werden zweckmäßig nicht zu schwere Scheiben parallel und quer zu den Hauptrichtungen der größten Querschnitte mit der Kaltsäge entnommen und nötigenfalls in mehrere kleine Stücke geteilt. Draht, feine Profile und dergleichen werden in Woods Metall eingeschmolzen und nach dem Erkalten in beliebige Teile zerlegt. Bei Brüchen werden in der Regel Schnitte senkrecht zur Bruchfläche gelegt. Das Gefüge der Fehlerstelle wird dann mit einwandfreien Stellen des Metalls verglichen. Die Probeentnahme bei spröden Metallen, wie Gußeisen, Eisenlegierungen und dergleichen, die sich nur schwer schneiden lassen, erfolgt am besten durch Abschlagen einer vorspringenden Ecke mit dem Hammer. Das Anschleifen einer Fläche geschieht an einer groben Schmirgelscheibe.

Es ist stets darauf zu achten, daß die zu prüfenden Teile bei der Probeentnahme und bei der weiteren Nachbehandlung keine bleibenden Formänderungen erleiden, weil dadurch das Gefüge verändert wird. Auch jede schädliche Erwärmung der Proben ist zu vermeiden. Gehärteter Stahl erleidet schon durch geringes Erwärmen Gefügeänderungen; das Gefüge kaltgestreckter Metalle wird leicht umgeformt und aufgebrochen.

Schleifen und Polieren. Die Verfahren des Schleifens und Polierens sind so allgemein bekannt, daß ihre Besprechung an dieser Stelle sich erübrigt. Nur das Schleifen und Polieren von Hand soll hier kurz berührt werden, da es wegen seiner allgemeinen Anwendbarkeit in größerem Umfange als bisher eingeführt zu werden verdient. Auch kommt die Beschaffung maschineller Einrichtungen in Wegfall.

Tabelle 3.
Übersicht der wichtigsten Ätzmittel und Ätzerscheinungen.

Material	Angriffsmittel[1] Es werden bloßgelegt:			Dauer der Einwirkung Min.	Eingeführt von
	a) Korngrenzen	b) Kornfelder	c) Ätzfiguren		
Aluminium	alkohol. Salzsäure; Natronlauge/Flußsäure[1])	Flußsäure/Salzsäure[2])	Flußsäure Salzsäure	1	[1]) Carpenter u. Elam, J. Inst. of Metals. 1920, S. 95. [2]) Czochralski, s. a. Mitt. d. KWI. Metallforsch. H. 1, S. 26.
Aluminiumzink (γ)	Flußsäure/verd. Salpetersäure	Flußsäure/Salpetersäure	—	1—10	
Aluminiumkupfer	dgl.	Salpetersäure 20% (70°)[3])	—	1—10	[3]) Hanson u. Archbutt, J. Inst. of Metals. 1919, S. 291.
Aluminiummagnesium (β)	—	Chromsäure[4])	—	1—10	[4]) Wolff u. Rassow. 1919.
Antimon	Salzsäure[1])	Salzsäure	—	1—10	[1]) Wüst, Metallurgie. 1909. S. 791.
Blei	Salzsäure[1])	alkohol. Salpetersäure[3])	—	1—10	[1]) Wüst, a. a. O., S. 791.
Einheitsmetall	dgl.	Essigsäure/Perhydrol[4])	—	1—10	[2]) Behrens, D. mikroskop. Gefüge d. Metalle. 1894. S. 52.
Hartblei	alkohol. Salzsäure; rauchende Salzsäure[2])	alkohol. Salzsäure	—	1—10	[3]) Baucke, Int. Z. f. Metallographie 1912, S. 243.

Säuren.

Letternmetall Bleinatrium-Leg. . . .	dgl.	dgl.	—	1—10	
	—	Essigsäure/Perhydrol[4]	—	1—10	[4]) Czochralski, 1920.
Eisen (Ferrit)	alkohol. Pikrinsäure[1]; alkohol. Salzsäure[2])	Persulfate[3])	Persulfate; Kupferammonchlorid	1—10	[1]) Ischewsky, Stahl u. Eisen. 1903, S. 120. [2]) Martens-Heyn.s. Heyn u. Bauer, Metallographie. Bd. 1, S. 22. [3]) Czochralski, 1911.
Schweiß- und Flußeisen . Schweiß- und Flußstahl .	dgl. —	dgl. alkoh. Pikrins.; alkoh.Salzsäure; alkohol. Salpetersäure[4]); alkohol. Jodlösung[5]); Persulfate; Elektrolyse	Persulfate —	1—10 10—60 10—60 1—10	[4]) Martens, s. Heyn u. Bauer, Metallographie. Bd. 1, S. 23. [5]) Le Chatelier, Etude des alliages. 1901. S. 421.
Sonderstahlsorten . .	—	alkohol. Salpetersäure nach Kurbatoff[6])	—	1—10 1—10 1—60	[6]) Kurbatoff, Rev. Mét. 1905, S. 169.
Austenit, Martensit . . Troostit, Osmondit, Sorbit . . . . Perlit	— — —	dgl. dgl. dgl. Ätzpolieren[7])	— — —	1—60 1—60 1—60 etwa 30	[7]) Osmond, Etude d. alliages. 1901 S. 277.

[1]) Der Bruchstrich (/) bedeutet in getrennten Lösungen.

Die Schliffseite der Probestücke wird mit der Vorfeile und Schlichtfeile sorgfältig glatt gefeilt. Das Schleifen erfolgt mit Schmirgelpapier auf einer überhobelten Metallplatte (Richtplatte) von etwa 30 bis 50 cm Größe. Man geht beim Schleifen allmählich von gröberen Schmirgelblättern bis zu den feinsten über, und zwar in der Reihenfolge: Schmirgelleinewand — mittelfein —, Schmirgelpapier — mittel, fein, staubfein. Erst nachdem die Schleifrisse von der vorhergehenden Schmirgelsorte völlig entfernt sind, geht man auf die nächstfolgende Schmirgelsorte über; dabei wird die Schleifrichtung jedesmal um 90° gedreht und der Schliff selbst von etwa anhaftenden Schmirgelkörnchen befreit. Das feinste Papier wird zum Schluß zweckmäßig mit einem Tropfen eines flüssigen Poliermittels oder Öl benetzt. Ist die Schlifffläche nahezu rißfrei, so wird das Schleifen unterbrochen; dann wird der Schliff poliert.

Das Polieren erfolgt mit Tuch auf einer Richtplatte. Velour, wie er zum Polieren von Gold- und Silbergegenständen verwendet wird, zeichnet sich durch große Polierfähigkeit aus. Auch werden weiche Tucharten, z. B. französisches Tuch empfohlen. Flüssige Poliermittel sind den trocknen vorzuziehen (Tonerde, Engl. Rot, Solarine, Geolin u. a. haben sich gut bewährt). Starkes Andrücken der Schliffe beim Schleifen und Polieren ist zu vermeiden. Zeigt der Schliff eine vollständig spiegelglatte Oberfläche, so wird das Polieren unterbrochen und der Schliff an einer sauberen Stelle des Tuches sorgfältig fettfrei gerieben, so daß eine nachträgliche Entfettung der Schlifffläche mit Alkohol unterlassen werden kann. Zu langes Polieren verdirbt den Schliff infolge Reliefbildung. Die Herstellung von Schliffen bis etwa 5 qcm Schlifffläche nimmt rund 15 Minuten in Anspruch.

Bei Materialien, deren Gefügebestandteile verschieden hart sind, ist die Ausbildung eines Reliefs in einigen Fällen sogar erwünscht. Der Schliff wird dann auf einer Unterlage von weichem Gummi ohne starken Druck weiter poliert. Durch den verschiedenen Widerstand, den die Bestandteile dem Abschleifen entgegensetzen, entsteht schließlich eines deutliches Flachrelief. Unterstützt wird noch der Angriff, wenn man zum Polieren gleichzeitig chemisch wirkende Flüssigkeiten verwendet; 2%ige Ammonium-Nitratlösung ist am gebräuchlichsten. Einzelne Bestandteile können sogar bei geeigneter Wahl der Polierflüssigkeit an ihrer Oberfläche gefärbt erscheinen. Die Anwendbarkeit des Verfahrens ist nur auf Sonderfälle begrenzt.

Bei Weichblei und Zinn ist es nicht möglich, eine Schlifffläche herzustellen, ohne die oberste Schliffhaut beim Schleifen und Polieren stark zu verändern (siehe Abschn. VII, S. 126).

Metallographische Ätzverfahren.

Ungeätzt sind die Metallschliffe der mikroskopischen Untersuchung nur in Ausnahmefällen zugänglich. In der Regel muß das Gefüge noch durch Ätzen bloßgelegt werden. Von den technischen Ätzmitteln und Beizen sind nur wenige zum Ätzen von Schliffen verwendbar. Salzsäure und Salpetersäure dürften die gebräuchlichsten sein. Von der großen Zahl der vorgeschlagenen und empfohlenen metallographischen Ätzmittel und Ätzverfahren sind mit fortschreitender Erforschung der Ätzerscheinungen nur wenige als zuverlässig in bezug auf Wirksamkeit und einfache Handhabung erkannt worden. Die bewährtesten sollen hier kurz behandelt werden. Eine Übersicht der wichtigsten Ätzmittel und Ätzerscheinungen ist in der Tabelle 3 (siehe Seite 56/57 und 60/61) zusammengefaßt. Auch die ungefähren Einwirkungszeiten sind in dieser Tabelle vermerkt. Sie haben jedoch in den meisten Fällen nur wenig Wert; allenfalls bieten sie dem Anfänger einigen Anhalt. Für die Beurteilung des Ätzfortschrittes ist das Aussehen der Schlifffläche allein maßgebend. Die Proben werden beim Ätzen in der Regel mit der polierten Fläche senkrecht aufgestellt. Konzentrationsänderungen der Ätzlösung werden auf diese Weise leicht ausgeglichen. Anhaftende Luft- und Gasbläschen müssen auf die eine oder die andere Weise von der Schlifffläche entfernt werden, da sie stets fehlerhafte und ungleichmäßige Ätzung verursachen.

Säuren.

Salzsäure. Konzentrierte Salzsäure (1,12) findet Verwendung für Blei, Zinn, Antimon, Wismut und deren Legierungen. Man hat hier zwei Wirkungsweisen zu unterscheiden, einerseits die rein lösende, beispielsweise bei den reinen Metallen, anderseits die bei vielen Legierungen auftretende elektrolytische.

Der Lösungsvorgang bei den zweiwertigen reinen Metallen (Zinn und Blei) vollzieht sich nach der Formel

$$Me + 2\, HCl,\ aq = MeCl_2,\ aq + H_2;$$

Fortsetzung zu Tabelle 3.

Material	Angriffsmittel — Es werden bloßgelegt:			Dauer der Einwirkung Min.	Eingeführt von
	a) Korngrenzen	b) Kornfelder	c) Ätzfiguren		
Zementit	—	Natriumpikrat[8]; Anlassen b. 280°[9]	—	5—30 5—10	[8]) Ischewsky, a. a. O. [9]) Martens, s. Heyn u. Bauer, Metallographie. 1909, S. 17.
Phosphideutektikum. Weißes und graues Roheisen	—	,, b. 280°	—	15—20	
Seigerungen	—	Persulfate; Salpetersäure[10] Kupferammoniumchlorid[11]; Zinnchlorür/Kupferchlorid[12]	—	1—10 1—5	[10]) Stead, Metallographist. Bd. 3, S. 220 [11]) Heyn, Mitt. d. Kgl. Materialprüfungsamtes. 1906, S. 253. [12]) Stead-Oberhoffer, Stahl und Eisen. 1916, S. 798.
Gold Goldlegierung.	Brom-Salzsäure[1] dgl.	Brom-Salzsäure dgl.	— —	1—30 1—30	[1]) Urasow, Z. anorg. Chem. Bd. 64, S. 375.
Kadmium Kadmiumlote	Chromsäure[1] dgl.	Chromsäure dgl.	Chromsäure —	1—10 1—10	[1]) Czochralski, 1910.
Kupfer	Ammoniak-Wattebausch[1]; Chromsäure[2]	Persulfate[3]; Kupferammoniumchlorid (ammoniakal.[4]); Salpetersäure[5]; Eisenchlorid[6]	Persulfate	1—30 1—10 1—5 Sek.	[1]) Czochralski, 1910[*]). [2]) 1912[**]). [3]) 1911. [4]) Heyn, s. Heyn u. Bauer, Metallographie. S. 25. [5]) Behrens, s. a. a. O. S. 68. [6]) Heycocku. Neville, Philos. Trans. 1903, 202 A.

Entnahme und Vorbereitung der Probestücke für das Ätzen.

Messing α	—	(wie bei Kupfer)	Persulfate	1—10
„ α-β		Schwefelsäure[7]); Ammoniak-Wattebausch; (wie bei Kupfer)		1—5
„ β	Ammoniak-Wattebausch; Chromsäure	Schwefelsäure; Ammoniak-Wattebausch	Persulfate	1—10
„ β-γ				
Manganmessing	Chromsäure	Anlassen[8]	Persulfate	10—20
Bronze α	—	(wie bei Kupfer)	—	5—10
„ α-δ		Anlassen b. 280°[9]		
Magnesium	alkoh. Flußsäure	Chromsäure	—	1—10
Nickel Neusilber	Salzsäure	(wie bei Kupfer)	—	10—20
Platin	Brom-Salzsäure; Königswasser	—	—	10—30
Silber Silberlegierung	Salpetersäure[1] dgl.	Salpetersäure dgl.	—	1—10 / 1—10
Zink Hartzink	Salzsäure[1] dgl.	Chromsäure[2] —	Chromsäure	5—60 / 1—5
Zinn	Salzsäure[1]	Salzsäure-Kaliumchlorat[2] Salzsäure[3]	—	5—10
Weißmetall	—			
Wismut	Salzsäure[1]	Salzsäure	—	5—10

[7]) Czochralski, 1911.

[8]) Czochralski, 1910.

[9]) Martens, s. Heyn u. Bauer, a. a. O. S. 17.

[1]) Behrens, a. a. O. S. 40.

[1]) Wüst, a. a. O. S. 791.
[2]) Czochralski, 1911.

[1]) Wüst, a. a. O. S. 791.
[2]) Czochralski, Int. Z. f. Metallographie 1916, S. 1.
[3]) Behrens, a. a. O. S. 49.

[1]) Wüst, a. a. O. S. 791.

*) Ammoniak benutzte schon Behrens; das Verfahren war aber sehr unvollkommen.
**) In schwefelsaurer Lösung auch von Behrens angewandt.

entsprechend ist der Lösungsvorgang bei den dreiwertigen Metallen (Antimon und Wismut):

$$2\,\text{Me} + 6\,\text{HCl, aq} = 2\,\text{MeCl}_3,\ \text{aq} + 3\,\text{H}_2.$$

Durch das Ätzmittel werden hauptsächlich die Kornfelder bloßgelegt. Geätzt wird in einem Schälchen und erforderlichenfalls in der Wärme.

Legierungen der vorgenannten Metalle werden zweckmäßig durch Verdunstenlassen eines Tropfens konzentrierter Salzsäure auf der polierten Schlifffläche geätzt. Die Wirkungsweise des Ätzmittels ist auch hier zunächst, wie bei den reinen Metallen, eine lösende, später eine elektrolytische, indem beispielsweise bei Zinn-Antimonlegierungen das gelöste Antimon auf der stärker elektropositiven Grundmasse, nach der allgemeinen Formel:

$$2\,\text{Sb}^{\cdots} + 3\,\text{Sn} = 3\,\text{Sn}^{\cdot\cdot} + 2\,\text{Sb},$$

metallisch niedergeschlagen wird. Die Reaktion gelangt in dieser Stufe freiwillig zum Stillstand oder wird durch Abspülen der Ätzlösungen unterbrochen. Die kräftigste Ätzwirkung erfolgt an den äußeren Zonen des Ätzfeldes, und sie wird nach der Mitte zu schwächer. Man bekommt auf diese Weise eine größere Reihe Ätzstufen, was besonders für die Herstellung von Lichtbildern von Nutzen ist.

Als Ätzlösung für Zinn bewährt sich am besten eine Salzsäure-Kaliumchlorat-Lösung von der Zusammensetzung 1 g Kaliumchlorat auf 1000 ccm Salzsäure 1,12; Ätzdauer 10 bis 30 Minuten. Solange die Lösung freies Chlor enthält, macht sich dieses durch die gelbe Farbe bemerkbar. Bleibt die Gelbfärbung aus, so muß Kaliumchlorat ersetzt werden.

Verdünnte Salzsäure. Um die Säure in ihrer Wirkung abzuschwächen, verdünnt man sie auch vielfach mit 1 bis 10fachen Mengen Wasser. Besonders stark abgeschwächt wird ihre Ätzwirkung durch Zusatz von Stoffen, die den Dissoziationsgrad der Säuren stark herabsetzen, wie Äthylalkohol, Amylalkohol, u. dgl. Martens-Heyn geben folgende Zusammensetzung an: 1 ccm Salzsäure (1,19), 100 ccm absoluten Alkohol, doch ist es oft vorteilhaft, den Salzsäurezusatz auf 5 bis $10^0/_0$ zu erhöhen. Die alkoholische Salzsäure eignet sich auch als Ätzmittel für weiches Eisen, Stahl, Aluminium, Magnesium, Zink und für einige Legierungen dieser Metalle. Bei Stahl kann man u. a.

aus der Dauer der Ätzung auf den Grad der Härtung schließen. Bei sehr hartem Stahl nimmt die Ätzung vielfach eine Stunde und darüber in Anspruch.

Sehr reines Zink wird von verdünnter Säure kaum angegriffen. Bringt man das Zink aber mit einem edleren Metall, beispielsweise Kupfer in Berührung, so tritt Lösung ein, da das Fremdmetall mit dem Zink ein kurzgeschlossenes galvanisches Element bildet. Der Wasserstoff entweicht an dem edleren Metall. Das fremde Metall kann auch im Zink selbst enthalten sein. Die Lösung erfolgt dann durch Bildung von elektrischen Lokalströmen, die vom reinen Metall durch den Elektrolyten zum fremden, edleren Metall gehen.

Flußsäure. Flußsäure wird nur zum Ätzen von Aluminium und seinen Legierungen verwendet. Der Lösungsvorgang vollzieht sich nach der Gleichung:

$$2\,Me + 6\,HF,\ aq = 2\,MeF_3,\ aq + 3\,H_2.$$

Durch konzentrierte Lösungen werden die Kornfelder kristallographisch gesetzmäßig angegriffen; sie zeigen nach dem Ätzen gesetzmäßig ausgebildete Ätzfiguren. Die Schliffe zeigen aber nur geringe Brillanz. Kurzes Nachätzen in konzentrierter Salzsäure verstärkt die Wirkung. Im laufenden Betriebe hat sich das Verfahren recht gut bewährt und ist von vielen anderen Forschern[1]) erfolgreich verwendet worden. In vieljähriger Anwendung hat sich die folgende Arbeitsweise ausgebildet: die Schliffe werden in 10 bis 20%iger wäßriger Flußsäurelösung in einer geräumigen Bleischale längere Zeit geätzt, bis sie eine feine matte Oberfläche aufweisen. Sie werden daraufhin in konzentrierter Salzsäure durch kurzes Eintauchen (einige Sekunden Dauer) nachgeätzt. Weist die Ätzung keine Brillanz auf, so kann der Prozeß mehrmals wiederholt werden.

Salpetersäure. Konzentrierte Salpetersäure (1,18 bis 1,40) wird zum Ätzen von Guß- und Schmiedeeisen, Kupfer, Silber, Kadmium und einigen Legierungen dieser Metalle verwendet. Die Wirkungsweise ist in der Regel eine rein lösende; elektrolytische Umsetzungen sind selten. Eine allgemeine Reaktionsgleichung läßt sich für Salpetersäure nicht angeben, da die Wir-

---

[1]) Heyn u. Wetzel, Mitt. aus d. KWI. f. Metallforschung. Bd. 1, S. 26, 1922.

kungsweise der Salpetersäure von ihrer Konzentration, der Einwirkungstemperatur und der Reaktionsfähigkeit der Metalle mit Sauerstoff abhängt.

Die unedlen Metalle reduzieren die Salpetersäure nicht selten bis zum Stickoxydul und Stickstoff; es findet sogar unter Umständen, beispielsweise bei Zink, noch eine weitere Reduktion des Stickstoffs bis zum Ammoniak statt. Die edleren Metalle, wie Kupfer und Blei, werden bei erhöhter Temperatur in der Regel unter Bildung rotbrauner Stickstoffdioxyddämpfe und in verdünnten Säuren und bei niedrigen Temperaturen unter Bildung von farblosem Stickoxydgas, das aber durch den Luftsauerstoff rasch zu rotbraunem Stickstoffdioxyd oxydiert wird, gelöst.

Durch das Ätzmittel werden teils die Kristallfelder verschieden stark aufgerauht (Ferrit, Kupfer und seine Mischkristalle) oder einzelne Bestandteile an der Oberfläche in ihrer Grundfarbe verändert (Perlit), sei es durch Zurücklassen eines Lösungsrückstandes, sei es durch chemische Veränderung der äußersten Oberflächenschichten oder durch elektrolytische Einflüsse.

Das Ätzen erfolgt am zweckmäßigsten, indem man einen Tropfen Säure auf der schräggestellten Schlifffläche abfließen läßt und die Säure sofort unter einem ruhig laufenden Wasserstrahl gründlich abspült. Man erhält auf diese Weise eine Reihe Ätzstufen und vermeidet am wirksamsten ein Überätzen der Schliffe. Bei sehr kurzer Einwirkungsdauer werden in der Regel nur die Korngrenzen angegriffen, die Kornfelder erscheinen unangegriffen und je nach der Heftigkeit des Angriffes mehr oder weniger stark glänzend.

Verdünnte Salpetersäure. In einigen Fällen empfiehlt sich auch die Anwendung alkoholischer Salpetersäure; Blei, Gußeisen, Mehrstoff- und stark gehärtete Stähle werden schneller angegriffen als durch alkoholische Salzsäure. Zusammensetzung nach Martens: 4 ccm Salpetersäure (1,14) 100 ccm absoluter Alkohol. Zusatz anderer Alkohole bewährt sich ganz besonders bei harten Stahlsorten. Zusammensetzung der Ätzlösung nach Kurbatoff: 4 ccm Salpetersäure (1,14) auf 100 ccm eines gleichteiligen Gemisches von Amyl-, Äthyl- und Methylalkohol.

Unter besonderen Umständen kann Eisen der Einwirkung konzentrierter Salpetersäure anscheinend völlig widerstehen. Diese Unangreifbarkeit oder Passivität beruht darauf, daß das Eisen sich in der Salpetersäure unter bestimmten Temperatur-Konzentrationsbedingungen mit einem Häutchen eines unlöslichen Oxyds bedeckt. Wird das schützende Oxydhäutchen entfernt, so steht der weiteren Auflösung des Metalls kein Hindernis mehr entgegen. Beim Aluminium wird durch diese Erscheinung der Angriff fast völlig verhindert.

Schwefelsäure. Schwefelsäure mittlerer Konzentration ist zum Ätzen von warm schmiedbaren Messingsorten, dendritischen Kupfermischkristallen und Zinn sehr geeignet. Beim Zinn ist die Wirkungsweise eine rein lösende, bei den Kupferlegierungen eine teils lösende, teils elektrolytische. Die Ätzwirkung bei den Messinglegierungen, die den β-Bestandteil enthalten, beruht in erster Linie darauf, daß dem β-Bestandteil durch das Ätzmittel zunächst Zink entzogen wird.

Die Auslaugbarkeit einzelner Bestandteile wurde schon früher an Mischkristallen beobachtet und ist nur diesen eigentümlich[1]). Wird beispielsweise ein Stück α-Messing teilweise in Salpetersäure gelöst und darauf aus der Lösung entfernt, so wird das Verhältnis von Kupfer zu Zink in der Lösung kleiner sein als das der Legierung. Das Verhalten kann vielleicht gelegentlich zur Erkennung von Mischkristallen und Verbindungen herangezogen werden.

Zusammensetzung der Säure: Ein Raumteil Schwefelsäure (1,84) auf ein Raumteil kaltes Wasser. Die günstigste Ätztemperatur beträgt 60 bis 80°. Die Schliffe werden an dünnen Kupferdrähten eingehängt und verbleiben in der Säure, bis die Schlifffläche einen Stich ins Rötliche angenommen hat. Da beim Verdünnen starke Erwärmung auftritt, kann man das Säuregemisch ohne es weiter zu erhitzen benutzen.

Unterstützt wird der Lösungsvorgang dadurch, daß der β-Bestandteil in Berührung mit den edleren α-Kristallen infolge Bildung von Lokalelementen gegen Korrosion beträchtlich empfindlicher wird. Wenn zuviel Zink entfernt worden ist, kehrt sich die Polarität um, indem die äußersten zinkarmen Schichten des β-Bestandteils zu Niederschlagselektroden werden, während die unteren unveränderten Schichten des β-Bestandteils weiter als Lösungselektroden wirken. Dies erklärt auch die bekannte

---
[1]) Czochralski, Stahl und Eisen 1915, S. 1131.

„Tiefenkorrosion" des β-Bestandteils. Es kommt nicht selten vor, daß Messinglegierungen, die den β-Bestandteil enthalten, bis zu mehreren Zentimetern Tiefe durchkorrodieren und in ihrem Gefüge derart gelockert werden, daß sie bei der geringsten Beanspruchung zerbröckeln oder zu Pulver zerfallen. Sowohl durch den Verlust an Zink, als auch durch die Zufuhr von Kupfer wird der β-Bestandteil an seiner Oberfläche rot, während der α-Bestandteil seine ursprüngliche messinggelbe Farbe beibehält.

In Abb. 58 ist das Gefüge einer α-β-Messinglegierung nach dem Ätzen in Schwefelsäure wiedergegeben. Der α-Bestandteil ist fast unverändert geblieben, während die β-Grundmasse sich infolge elektrolytischer Selbstkorrosion stark verändert hat.

Die Ätzvorgänge bei den ungleichmäßig zusammengesetzten (dendritischen) Mischkristallen des Kupfers gleichen in allen Punkten denen der β-haltigen Messinglegierungen, die Lokalströme verlaufen in dem durch das Potential gegebenen Sinne.

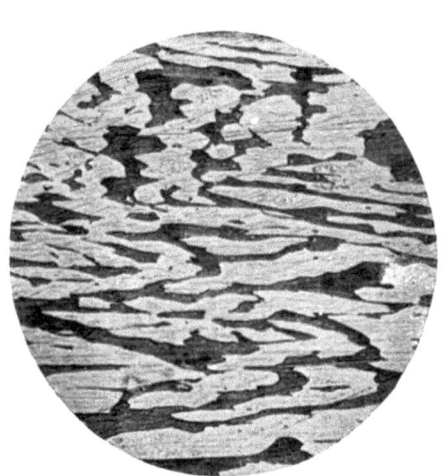

Abb. 58. α-β-Messing, geätzt in warmer Schwefelsäure 1:1, α-Kristalle fast unverändert, β-Kristalle infolge elektrolytischer Selbstkorrosion gerötet. (Lin. Vgr. 210.)

Der Lösungsvorgang bei Zinn vollzieht sich hauptsächlich nach der Gleichung:

$$Sn + H_2SO_4, \text{ aq} = SnSO_4, \text{ aq} + H_2.$$

Der freiwerdende Wasserstoff kann die überschüssige Schwefelsäure zu schwefliger Säure oder sogar zu Schwefelwasserstoff reduzieren. Durch das Ätzmittel werden die Kristallfelder verschieden stark aufgerauht und zeigen schwache dislozierte Reflexion.

Chromsäure. Ein sehr geeignetes Ätzmittel für Kupfer, Zink, Kadmium und viele Legierungen dieser Metalle ist die

Chromsäure. Über die Lösungsvorgänge ist nur wenig bekannt; am wahrscheinlichsten werden die Metalle unter Bildung von chromsauren Salzen und unter Sauerstoffentwicklung gelöst. Durch das Ätzmittel werden bei Kupfer und Kupferlegierungen hauptsächlich die Korngrenzen bloßgelegt; die Kristallfelder werden in der Regel nicht kristallographisch gesetzmäßig angegriffen, sondern nur verschieden stark mattiert. „Glanzätzung" wird nur durch sehr konzentrierte Lösungen erzielt. Messing nimmt durch das Ätzmittel ein eigentümliches hochhelles Gelb an, das namentlich an Ornamenten und anderen kunstgewerblichen Gegenständen häufig beobachtet werden kann. Reines β-Messing wird intensiv zitronengelb.

Bei Zink ist die Wirkungsweise des Ätzmittels kristallographisch gesetzmäßig; sie äußert sich in der starken dislozierten Reflexion und in der Ausbildung regelmäßiger Ätzfiguren. Zusammensetzung der Säure: 10 g Chromsäure (kristallisiert) auf 100 ccm Wasser. Für Kristallfigurenätzung auf Zink verwendet man stark konzentrierte Säure, etwa 1,4 spez. Gewicht, rund 100 g Chromsäure auf 100 ccm Wasser. Für reines Zink ist Chromsäure das beste Ätzmittel. Die Ätzung zeichnet sich durch besondere Brillanz aus. Beim Ätzen entsteht auf den Zinkschliffen eine ziemlich festhaftende gelbe Oxydhaut, die offenbar aus Chromsuboxyden besteht. Durch Abreiben läßt sich diese Haut nicht ganz leicht entfernen, leicht dagegen durch Eintauchen in verdünnte Kalilauge.

Ferner bildet die Chromsäurelösung ein vorzügliches Ätzmittel für den Nachweis der β-Kristalle in Aluminium-Magnesiumlegierungen (siehe Abschn. III, S. 36).

Pikrinsäure. Alkoholische Pikrinsäure verwendet man zum Ätzen von weichem Eisen, Stahl, insbesondere aber zum Ätzen schwer angreifbarer Sonderstähle. Das Metall wird unter Bildung von pikrinsaurem Eisen gelöst; das Salz ist in Alkohol löslich. Durch das Ätzmittel werden teils die Korngrenzen bloßgelegt (Ferrit), teils die Kornfelder in ihrer Grundfarbe verändert (Perlit, Martensit). Zusammensetzung der Säure nach Ischewsky: 5 g Pikrinsäure auf 100 ccm absoluten Alkohol. Geätzt wird in einem Schälchen und erforderlichenfalls unter Erwärmung.

Schwere Teile, bei denen Probestücke aus den einen oder anderen Gründen nicht entnommen werden können, ätzt man, indem man einige Tropfen der Ätzflüssigkeit auf die Prüfstelle bringt und unter Umständen das ganze Stück mäßig erwärmt. Um ein Auseinanderlaufen der alkoholischen Lösung zu verhindern (infolge geringer Oberflächenspannung), wird die Schliffstelle mit etwas Talg (Fettstift) eingegrenzt.

Einige Salze der Pikrinsäure, wie pikrinsaures Natrium und Ammonium, besitzen die Fähigkeit, den Zementit in der Wärme anzugreifen und dunkel zu färben, während sie den Ferrit kaum merklich verändern. Eine 50%ige, mit einer gesättigten Lösung von Pikrinsäure in Wasser versetzte Natriumhydratlauge ist als Reagenz auf Zementit am gebräuchlichsten. Die Schliffe werden in die kochende Lösung eingetaucht.

Essigsäure. Verdünnte Essigsäure ist für Blei und Bleilegierungen wiederholt für Ätzzwecke verwendet worden (u. a. Behrens[1]) und Bauke[2])). Brauchbare Ergebnisse wurden aber nur in den seltensten Fällen erzielt, wahrscheinlich infolge ihrer geringfügigen Einwirkungskraft.

Nach Feststellungen des Verfassers kann die Wirksamkeit der Essigsäure dadurch in hohem Maße gesteigert werden, daß man sie mit Agenzien mischt, die leicht Sauerstoff abgeben. Die nach Bedarf verdünnte Säure wird mit wenig Perhydrol versetzt. Die Schliffe werden von dieser Lösung energisch angegriffen, die Ätzflächen sind anfangs fast silberweiß, dunkeln aber beim Abtrocknen etwas nach. Die Schliffbilder von Blei-Natriumlegierungen, die auf diese Weise geätzt wurden, sind bereits in den Abb. 35 bis 37 gezeigt worden. Die Ätzflüssigkeit greift Blei und Bleilegierungen so energisch an, daß sie auch sonst als Lösungsmittel für diese Metalle gut verwendbar sein dürfte.

Basen.

Ammoniak. Ein vorzügliches und für die Technik wohl das bequemste Ätzmittel für Kupfer und Kupferlegierungen ist das Ammoniak (0,91 spez. Gew.). Der Angriff erfolgt rasch unter Luftzutritt. Dabei bilden sich zunächst Kupferoxyde, die von dem überschüssigen Ammoniak leicht unter Bildung von Kupferoxydammoniak gelöst werden.

---

[1]) Siehe Anmerkung 2, S. 48.
[2]) Intern. Z. f. Metallographie 1912 S. 243.

Das Ätzen erfolgt mit einem ammoniakgetränkten Wattebausch. Die Ätzflüssigkeit wird möglichst gleichmäßig auf der Schlifffläche verrieben. Die dunkel bis schwarz angelaufenen Stellen werden mit dem Wattebausch leicht nachpoliert, um die Schlifffläche metallisch rein zu erhalten. Zum Schluß benetzt man die Schlifffläche, ohne das Polieren zu unterbrechen, zunächst mit einigen Tropfen, dann mit mehr und mehr Wasser, bis schließlich die Ätzflüssigkeit aus dem Wattebausch verdrängt ist. Das Ätzpolieren dauert in der Regel nur einige Sekunden. Verwendet man beim Ätzen zuviel Ammoniak, so wird die Oxydation hintangehalten und der Angriff verlangsamt; wird zu wenig verwendet, so bleibt auf der Schlifffläche eine Zellulosehaut zurück, die sich nur durch frische Ätzflüssigkeit entfernen läßt.

Durch das Ätzmittel werden hauptsächlich die Korngrenzen bloßgelegt (Kupfer, α-Legierungen) oder auch einzelne Bestandteile in ihrer Grundfarbe verändert (β-Messing); die Kornfelder bleiben in der Regel glänzend.

Salze.

Eisenchlorid. In besonderen Fällen kann auch eine konzentrierte Eisenchloridlösung zum Ätzen von Kupfer und Kupferlegierungen verwendet werden; auch stark verdünnte salzsaure Lösungen werden häufig gebraucht. Die Ätzwirkung ist eine rein lösende und vollzieht sich nach der Gleichung:

$$2\,FeCl_3 + Cu = 2\,FeCl_2 + CuCl_2.$$

Durch Eisenchlorid werden die Kornfelder kristallographisch gesetzmäßig angegriffen und zeigen starke dislozierte Reflexion. Oxyde des Kupfers werden von der Ätzflüssigkeit kaum angegriffen.

Kupferammoniumchlorid. Kupferammoniumchlorid ist für die makroskopische Gefügeuntersuchung des weichen Eisens von großer Bedeutung. Die Wirkung der Kupferammoniumchloridlösung auf Eisen ist eine elektrolytische. Das Kupfer wird auf dem Eisen niedergeschlagen, dafür geht ein äquivalenter Teil Eisen in Lösung unter Zurücklassen eines fest anhaftenden dunklen Lösungsrückstandes, der aus Kohlenstoff, Phosphiden und anderem bestehen kann.

Stellenweise Kohlenstoffanreicherungen in Eisen, örtlich angereicherter Posphorgehalt, Schichtbildung, Seigerungen sowie bleibende Formänderungen durch Kaltbearbeitung können durch die Kupferammoniumchloridätzung leicht makroskopisch sichtbar gemacht werden. Der Schliff wird mit der polierten Fläche nach oben in die Ätzflüssigkeit getaucht und die Flüssigkeit durch Heben und Senken der Schale ununterbrochen in Bewegung erhalten. Für gleichmäßige Benetzung der Schlifffläche ist Sorge zu tragen. Der schwammige Kupferbeschlag wird darauf unter einem ruhig laufenden Wasserstrahl mit einem Wattebausch entfernt. Die Ätzdauer beträgt etwa 1 Minute. Zusammensetzung der Ätzflüssigkeit nach Heyn: 10 g Kupferammoniumchlorid (käuflich) in 120 ccm Wasser.

Zum Ätzen von Kupfer und Kupferlegierungen wird auch vielfach eine ammoniakalische Kupferammoniumchloridlösung empfohlen. Die Ätzflüssigkeit besteht aus 10 g Kupferammoniumchlorid (käuflich) in 120 ccm Wasser und 25 ccm Ammoniak (0,91 spez. Gew.). In der Regel zeigen die Kornfelder starke dislozierte Reflexion; Ätzfiguren sind nur selten. Gegenüber der Ätzung mit Ammoniumpersulfat bietet das Verfahren keinerlei Vorzüge.

Ammoniumpersulfat. Ein hervorragendes Ätzmittel für Eisen, Kupfer und die meisten Legierungen dieser Metalle ist das Ammoniumpersulfat. Die Persulfate zerfallen in wäßriger Lösung schon bei Zimmertemperatur nach und nach in Sulfat, Schwefelsäure und Sauerstoff:

$$2\,K_2S_2O_8 + 2\,H_2O = 4\,KHSO_4 + O_2.$$

Ein Teil des Sauerstoffes entweicht als Ozon. Die Ätzwirkung beruht darauf, daß die Metalle zunächst oxydiert und darauf in ihre Sulfate übergeführt werden. Bei Ammoniumpersulfat wird ein Teil des Sauerstoffs auch zur Oxydation des Stickstoffs zu Salpetersäure verwendet:

$$8\,(NH_4)_2S_2O_8 + 6\,H_2O = 14\,(NH_4)\,HSO_4 + 2\,H_2SO_4 + 2\,HNO_3.$$

Die Wirkungsweise des Ätzmittels ist eine rein lösende. Durch das Ätzmittel werden die Kornfelder kristallographisch gesetzmäßig angegriffen; sie zeigen nach dem Ätzen starke dislozierte Reflexion und Scharen gesetzmäßig ausgebildeter Ätzfiguren. Zusammensetzung der Ätzflüssigkeit: 10 g Ammoniumpersulfat (käuflich) in 100 ccm Wasser.

Schmiedeeisen sowie weißes und graues Gußeisen, Kupfer und Kupferlegierungen werden von dem Ätzmittel leicht angegriffen. Bei einigen schwer angreifbaren Kupferlegierungen leistet eine ammoniakalische Ammoniumpersulfatlösung vielfach gute Dienste.

Das Ätzen durch Elektrolyse und Anlassen.

Elektrolyse. Beim Ätzen unter Zuhilfenahme des elektrischen Stromes wird der Schliff als Lösungselektrode geschaltet, und mit einer Stromstärke von etwa 0,5 Amp./qcm Schlifffläche geätzt. Als Ätzflüssigkeit für schwer angreifbare Sonderstähle wird verdünnte Salzsäure 1:100 empfohlen. Das Verfahren wird aber nur selten angewendet.

Anlassen. In einigen Fällen leistet auch das Anlassen gute Dienste, indem entweder kennzeichnende Oxydationserscheinungen auftreten (Manganmessing) oder einzelne Gefügebestandteile rascher als andere oxydieren (Kupfer-Zinn, Kupfer-Phosphor, Gußeisen, Stahl).

Das Auftreten der Anlauffarben ist an die nachstehende Reihenfolge gebunden und wiederholt sich periodisch einige Male; als maßgebend gilt in der Regel der erste kontrastreiche Farbenübergang. Der Farbwechsel wird bekanntlich hervorgebracht durch Interferenzwirkung an den anfänglich äußerst dünnen und noch durchsichtigen Oxydhäutchen.

Anlauffarbe	Zugeordnete Temperatur etwa °C
Grau	bis 220
Gelblich	220
Bräunlich	240
Rauchbraun	250
Braunviolett bis Rotviolett	270
Violett	280
Indigo	290
Blau	310
Bläulich	320

Der Schliff wird in der Regel auf einer Unterlage mit der polierten Seite nach oben, durch einen Bunsenbrenner langsam erwärmt, bis die gewünschte Anlauffarbe eben aufzutreten beginnt, und hierauf durch Eintauchen in kaltes Wasser schnell abgekühlt, ohne daß die angelassene Schlifffläche benetzt wird.

In Abb. 59 ist das Gefüge von stark angelassenem Manganmessing wiedergegeben. Das Mangan scheint in den α- und β-Kristallen, und zwar zum größten Teil im β-Korn, vorhanden zu sein. Die β-Phase wird daher beim Anlassen leichter durch den Luftsauerstoff oxydiert als α und überzieht sich an ihrer Oberfläche mit einem dichten braunen Überzug von Manganoxyduloxyd;

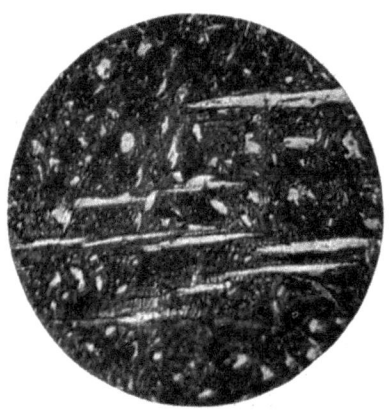

Abb. 59. Mangan-Messing, stark angelassen, α-Kristalle fast unverändert, β-Kristalle charakteristisch oxydiert. (Lin. Vgr. 210.)

$0,5\%$ Mangan können auf diese Weise im Messing leicht nachgewiesen werden. Direktes Ätzen führt hier nicht zum Ziele.

Auch bei Eisen werden einige Gefügebestandteile durch kennzeichnende Färbungen angezeigt. Bei einer Anlaßtemperatur von 280° wird das Phosphideutektikum erst gelblich, dann rot und schließlich ausgeprägt indigoblau; der Zementit wird dagegen rötlich braun.

Beide Verfahren sind Hilfswege, die nur dann zu beschreiten sind, wenn die beschriebenen einfachen Ätzmittel zu keinem befriedigenden Ergebnis führen oder besondere Umstände dies erfordern.

Widersprechende Deutungen der elementaren Ätzerscheinungen sind in der älteren und auch noch in der neueren Literatur vielfach anzutreffen. Umformen des Gefüges beim Ätzen, Zerfall und Vergröberung der Kristalle, Bildung pseudomorpher Modifikationen und dergleichen wurden schon oft auf die Vorgänge beim Ätzen zurückgeführt. Dem Verfasser ist eine Bestätigung dieser Beobachtungen nie gelungen, vielmehr konnte er sie regelmäßig auf fehlerhafte Ätzung zurückführen. Dem Ätzen fällt in der Metallographie etwa eine ähnliche Aufgabe zu wie den analytischen Verfahren in der Chemie: Die verschiedensten Wege müssen zu einheitlichen Ergebnissen führen. Die Auswahl der Mittel ist auch hier begrenzt und wird einerseits durch die Natur des Ätzmittels, anderseits durch den mehr oder weniger kristallographisch gesetzmäßigen Angriff der Ätzmittel vorgeschrieben. Wenn der Ätzlehre in der Metallographie auch nur eine dienende Rolle zukommt, so erschien dem Verfasser es doch geboten, sie in einer für die Praxis geeigneten Form kritisch gesichtet und ergänzt zusammenzufassen.

V. Der Gefügeaufbau und seine Bedeutung für den Gießereibetrieb.

Die Betrachtungsweise der Metallkunde war bisher meist so eingestellt, daß man aus bestimmten metallographischen Schulbeispielen durch Analogieschlüsse Folgerungen für das Wirkungsfeld des Betriebes zu ziehen versuchte. Mittlerweile sind aber auf den verschiedenen Gebieten der Metallkunde so bedeutende Fortschritte erzielt worden, daß man die Ergebnisse der metallographischen Forschung über diese Sonderfälle hinaus gegenwärtig schon weitgehend verallgemeinern kann. Neuere Forschungen haben gezeigt, daß auch bei den gegossenen Metallen die physikalischen und mechanischen Eigenschaften in innigem Zusammenhange mit der Korngröße stehen und daß diese wiederum durch die Kristallisationsvorgänge ausschlaggebend beeinflußt werden kann. Die Bestrebungen der modernen Technologie gehen auf immer stärkere Kornverfeinerung hinaus. Zugleich mit dieser Erkenntnis setzte auch eine rationelle Bekämpfung von Gußfehlern ein. An Hand der ausgewählten Beispiele wird versucht, die Wechselbeziehungen zwischen Theorie und Praxis eingehend darzutun. Es handelt sich dabei fast durchweg um Fragen, die den Gießereifachmann auf Schritt und Tritt verfolgen und die technologisch von gleich großer Wichtigkeit sind.

Wie im Vorangehenden gezeigt werden konnte, bestehen alle Gußmetalle aus Kristallkörnern, die im Schliffbild durch ein Maschenwerk von feinen Linien sichtbar werden, Abb. 60. Diese Linien entsprechen den Schnittlinien der die Körner begrenzenden Flächen mit der Schliffebene.

Es muß nun gefragt werden, auf welche Weise die Kornbildung zustande kommt. Die Beantwortung dieser Frage vermittelt zunächst eine tiefere Erkenntnis der Zusammenhänge des inneren Kristallaufbaues. Weit wichtiger aber ist der weitere Umstand, daß man durch die sich daraus ergebenden Folgerungen unmittelbar in die Lage versetzt wird, die Verfahren zur Kornverfeinerung direkt abzuleiten.

Vorgänge bei der Kernbildung.

Kristallisationsgeschwindigkeit. Beim Übergang vom flüssigen in den festen Zustand bilden sich aus der flüssigen Phase als neue Phase die Kristalle. Über die Bedingungen, unter denen sich die Kristallisation vollzieht, war nur wenig bekannt; erst durch die Forschungsergebnisse Tammanns wurden die wissenschaftlichen Grundlagen geschaffen. Die Geschwindigkeit, mit der die Kristallbildung erfolgt, ist außerordentlich groß. Man findet in der ganzen Natur wohl kein ähnliches Beispiel des gedeihlichen Wachsens. Während die am raschesten wachsenden Pflanzengattungen in der Sommerperiode Längenzunahmen von höchstens einigen Metern erfahren, erreichen viele Kristalle dieselben Beträge in einer Zeitdauer von wenigen Minuten. Am Butylphenol können nach Tammann[1]) beispielsweise Kristallisationsgeschwindigkeiten von einem Meter in der Minute beobachtet werden. Aus diesen Zahlen geht hervor, daß die Wachstumsgeschwindigkeit der Kristalle die in der organischen Welt üblichen Wachstumsgeschwindigkeiten um das tausend- ja millionenfache übertrifft.

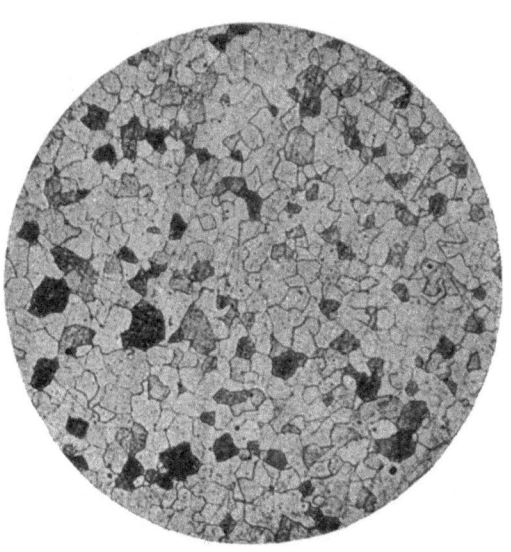

Abb. 60. Gefüge von β-Messing. Geätzt mit Ammoniak-Wattebausch. (Lin. Vgr. 45.)

---

[1]) Kristallisieren und Schmelzen. 1903, S. 147.

Ein Verfahren zur Messung der Kristallisationsgeschwindigkeit, das man auch für Metalle anwenden konnte, war bisher nicht bekannt. Untersuchungen des Verfassers führten jedoch auf einen Weg, der unmittelbar zur Messung der Kristallisationsgeschwindigkeit verwendet werden konnte[1]). Das Verfahren beruht auf der Messung der Höchstgeschwindigkeit, mit der man einen dünnen Kristallfaden des betreffenden Metalles aus seiner Schmelze stetig herausziehen kann, ohne daß er abreißt. Man kann auf diese Weise Kristallfäden von ziemlicher Länge mit Leichtigkeit herstellen. Die Vorrichtung ist in Abb. 61 wiedergegeben. Im wesentlichen besteht der Apparat aus einem Stativ S, der Führungsscheibe F'' mit den beiden Führungen F', einem Faden F, der mit einem Uhrwerk U in Verbindung steht, und einem Mitnehmer M aus Glas, der in ein Schälchen H, in dem sich die Schmelze Sch befindet, eintaucht. Zur Messung der Geschwindigkeit dient der Zeiger Z und die Millimeterskala MS. Für die Versuchsausführung wird der Mitnehmer, dessen Spitze a durch Reiben in dem halberstarrten, breiigen Metall mit einem dünnen Metallüberzug versehen wird, in das flüssige, etwas überhitzte Metall getaucht und der Apparat, nachdem sich die

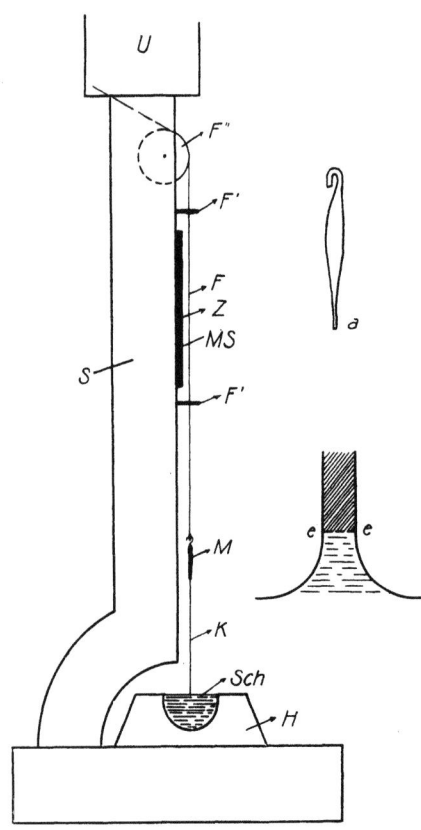

Abb. 61. Vorrichtung zur Messung der Kristallisationsgeschwindigkeit von Metallen.

---

[1]) Z. physik. Chem. Bd. 92, S. 219, 1917.

Erstarrungstemperatur eingestellt hat, in Tätigkeit gesetzt. Infolge der Kapillarkraft zieht der Mitnehmer zunächst eine kleine Menge des flüssigen Metalls empor, das beim Passieren einer gewissen Abkühlungsgrenze $e-e$ erstarrt und neue Mengen des flüssigen Metalls nach sich zieht (Abb. 61, Nebenfigur). Als Maßstab der Kristallisationsgeschwindigkeit dient die Strecke, um die sich in der Zeiteinheit die anfängliche Grenze zwischen dem

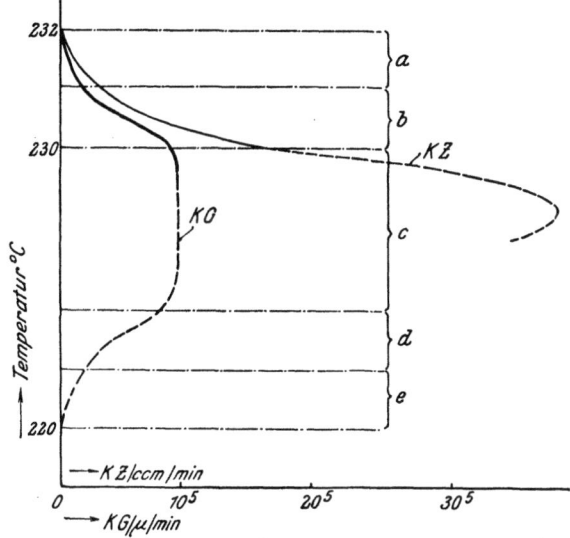

Abb. 62. Abhängigkeit der Kristallisationsgeschwindigkeit und Kernzahl von der Unterküblungstemperatur.

wachsenden Kristall und der Schmelze verschiebt; sie wird in mm/min ausgedrückt.

Die Kristallisationsgeschwindigkeit ist nicht bei allen Unterkühlungstemperaturen die gleiche. Bekanntlich gibt es Stoffe, die um mehrere Grade unter ihren Schmelzpunkt abgekühlt werden können, ohne daß eine Kristallisation einsetzt. Bei diesen Stoffen kann eine Abhängigkeit der Kristallisationsgeschwindigkeit[1]) von der Temperatur, gemäß Abb. 62 (Kurve KG) beobachtet werden. Beim Schmelzpunkt ist die Kristallisationsgeschwindigkeit unendlich klein, dann steigt sie schnell mit wachsender Unterkühlung bis zu einem Höchstwert und schreitet

---

[1]) Tammann: Kristallisieren und Schmelzen 1903, S 133.

dann mit gleichbleibender Geschwindigkeit fort. Bei sehr starken Unterkühlungen sinkt die Kristallisationsgeschwindigkeit allmählich wieder zu kleineren und kleinsten Beträgen herab. Solche weitgehenden Unterkühlungen konnten aber bisher bei Metallen nicht realisiert werden, so daß dem gestrichelten Verlauf der Kurve bei Metallen mehr hypothetischer Charakter zukommt.

Die in dem Diagramm Abb. 62 wiedergegebenen Verhältnisse (ausgezogener Teil der Kurve) wurden am Zinn gewonnen, aber auch Zink und Blei verhalten sich ähnlich, wie dies durch frühere Untersuchungen des Verfassers gezeigt werden konnte.

Kernzahl. Die auffälligste Erscheinung beim Übergang aus dem einen in den anderen Zustand ist das Vermögen der Stoffe, aus sich selbst heraus oder, wie man es wissenschaftlich nennt, „spontan" zu kristallisieren. Die Kristallbildung geht von kleinen Zentren aus, die man als Kristallisationszentren bezeichnet. In Abb. 63 ist die Bildung derartiger Kristallisationszentren an Hand einer Photographie nach Tammann[1]) wiedergegeben, und zwar an Betol. Neben ganz winzigen Kernen kann man bereits auch größere beobachten. Die stärker ausgebildeten Kerne haben schon eine längere Wachstumsperiode hinter sich. Ganz ähnlich liegen die Verhältnisse bei den Metallen. Die Vorgänge entziehen sich aber der Beobachtung infolge der Undurchsichtigkeit der Schmelze.

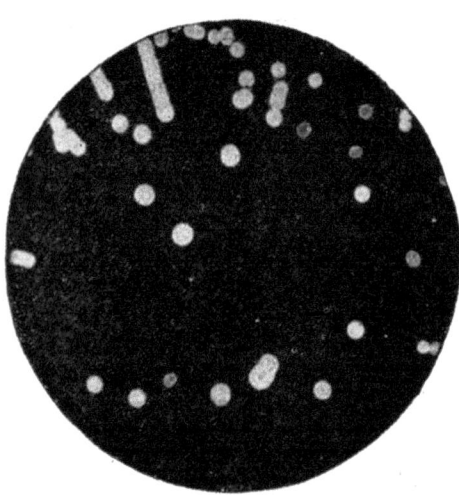

Abb. 63. Kristallisationskerne in Betol (nach Tammann).

Die Zahl der in der Raumeinheit während der Zeiteinheit bei gleichbleibender Temperatur sich bildenden Kerne ist eben-

---

[1]) Kristallisieren und Schmelzen 1903, S. 150.

falls von dem Grade der Unterkühlung abhängig. Die Zahl, die dieses Verhältnis ausdrückt, wird als Kernzahl bezeichnet. Sie ist bei der Erstarrungstemperatur, Abb. 62 (Kurve KZ), zunächst unendlich klein, dann steigt sie schnell mit wachsender Unterkühlung. Bei sehr starken Unterkühlungen fällt sie dann ähnlich wie die Kristallisationsgeschwindigkeit zu kleineren und kleinsten Beträgen herab. Bei Metallen ist nur der allererste Teil der Kurve (ähnlich wie bei der Kristallisationsgeschwindigkeit) realisierbar, ihr weiterer Verlauf hypothetisch.

Auch über die Kernzahl der Metalle war man bis jetzt völlig im Unklaren. Neuerdings hat der Verfasser einen Weg angegeben[1]), der auch die erste zahlenmäßige Schätzung der Kernzahl bei den drei Metallen Zinn, Zink und Blei gestattete. Der Berechnung liegt zugrunde, daß man aus der Kristallisationsgeschwindigkeit und der Korngröße die Kernzahl ableiten kann, sofern die Erstarrung bei einer konstanten Temperatur erfolgt. Man kann dann nämlich die Überlegung anstellen: beispielsweise bei Zink erfordert ein Kristall von 100 mm Länge zu seinem Wachstum die Zeitdauer von 1 Minute; dann wird ein Kristall von 10 mm in 0,1 Minute ausgebildet sein müssen. Da die maximal erreichbare Korngröße des Zinks praktisch etwa 1 qcm beträgt, so müssen bei einem Volumen der Schmelze von 1000 ccm etwa 1000 Kristalle in dem erstarrten Metallkörper enthalten sein. Daraus ergibt sich die Zahl der Kerne zu 10000 je Liter/min. Da die Kernzahl in der Regel auf 1 ccm/min bezogen wird, so ergibt sich daraus eine Kernzahl von 10 je ccm/min. Die Kernzahl der beiden anderen Metalle ist von der gleichen Größenordnung; in der Tabelle 4 sind einige Umrechnungsbeispiele gegeben.

Beziehungen von Kristallisationsgeschwindigkeit und Kernzahl zur Korngröße. Die Korngröße ist gewissermaßen das Produkt all dieser verwickelten Beziehungen, die zwischen der KG und KZ bestehen.

Setzt man die Kristallisationsgeschwindigkeit als konstant voraus, so werden, da bei Metallen nennenswerte Unterkühlungen nicht beobachtet werden können, zwischen der Kernzahl und der Korngröße zunächst die folgenden Beziehungen sich ergeben. In Abb. 64a gibt die senkrechte Achse die Korngröße (φ) an,

---

[1]) Gieß.-Zg. 1921, S. 85.

Tabelle 4.

Volumen dm³	Anzahl der beob. Kristalle	φ cm	Dauer der Erstarrung min	K. G. cm/min	K. Z. dm³/min
1	8	5	5	1	1,6
	1000	1	1	1	1000
	8000	0,5	$^{1}/_{2}$	1	16000

Metall	K. G. mm/min	K. Z. cm³/min
Sn	90	9
Zn	100	10
Pb	140	3,8

$$\frac{V}{\sqrt[3]{\frac{\text{Vol.}}{Z}}} \cdot Z = K$$

Z = Anzahl der Kristalle in der Volumeneinheit
V = Kristallisationsgeschwindigkeit
K = Kernzahl
φ = mittlere Korngröße

die wagerechte die Kernzahl. Die Korngröße verhält sich zur Kernzahl umgekehrt proportional. Dies ist auch ohne weiteres verständlich, denn je mehr Kristalle in der Volumeneinheit vorhanden sind, um so geringer wird die mittlere Korngröße sein. Mit anderen Worten: bei kleineren Kernzahlen wird im Mittel ein großes Korn, bei größeren Kernzahlen ein kleineres Korn resultieren. Setzt man dagegen die Kernzahl als konstant voraus, so ergibt sich weiter eine Gleichsinnigkeit zwischen Korngröße und Kristallisationsgeschwindigkeit, da die Korngröße der Kristallisationsgeschwindigkeit direkt proportional ist. Abb. 64b zeigt diese Verhältnisse in gleich vereinfachter Weise wie dies auch bei Abb. 64a geschehen ist.

Verbindet man die beiden Teildiagramme, so gelangt man zu einem Raumdiagramm entsprechend Abb. 64c, das die gesamten Verhältnisse geschlossen wiedergibt. Auf der Senkrechten sind die Korngrößen abgetragen, während die beiden Horizontalen wachsenden Werten der Kristallisationsgeschwindigkeit und der Kernzahl entsprechen. Die Fläche, die die Körnigkeitszahlen miteinander verbindet, wird also gemäß den bisherigen Schlußfolgerungen um so steileren Verlauf annehmen, je größer die Kristallisationsgeschwindigkeit und je kleiner die Kernzahl ist[1]).

---

[1]) Czochralski, Z. V. d. I. 1917, S. 345.

Vorgänge bei der Kernbildung. 81

Um demnach einem Metall eine bestimmte Korngröße zu verleihen, z. B. entsprechend dem Punkte c, müßte die Erstarrung bei der zwangsweise einander zugeordneten Kristallisationsgeschwindigkeit (a) und Kernzahl (b) erfolgen. Diese Werte der Kristallisationsgeschwindigkeit und Kernzahl entsprechen gleichzeitig auch einer bestimmten Unterkühlungstemperatur. Diese bildet indes kein eindeutiges Kriterium für die Bemessung der Korngröße, da bei der Unterkühlung die Kernbildung häufig

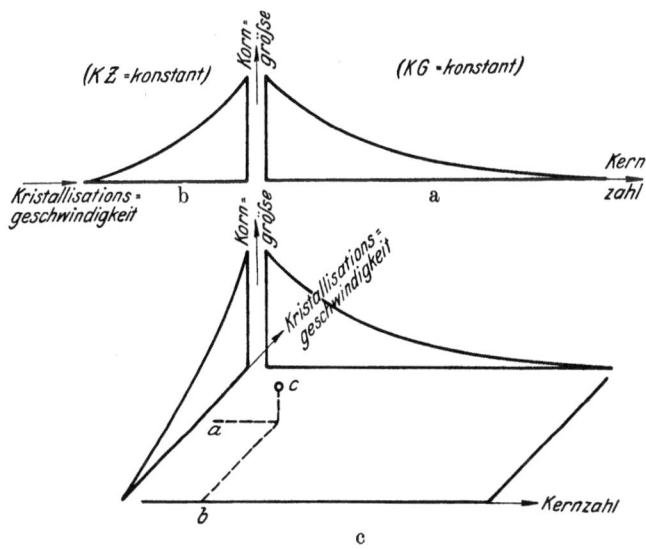

Abb. 64. Beziehungen von Kristallisationsgeschwindigkeit und Kernzahl zur Korngröße.

auch völlig ausbleiben kann. Als primäre Faktoren für die Kristallisationsvorgänge sind die Kristallisationsgeschwindigkeit und die Kernzahl anzusehen. Sie sind aus diesem Grunde auch für die Aufstellung des Diagramms verwendet worden. Sofern jedoch Verzögerung in der Kernbildung nicht berücksichtigt zu werden braucht, könnte auch die Unterkühlungstemperatur als Kriterium für die resultierende Korngröße benutzt werden, da jeder Unterkühlungstemperatur eine bestimmte Kristallisationsgeschwindigkeit und eine bestimmte Kernzahl zugeordnet ist. Sind diese Beziehungen bekannt, so würde das Innehalten eines bestimmten

82 Der Gefügeaufbau und seine Bedeutung für den Gießereibetrieb.

Unterkühlungsgrades genügen, um den Gußmaterialien die gewünschte Korngröße zu verleihen.

Das in Abb. 64 räumlich dargestellte Kristallisationsdiagramm ist freilich nicht auf konkreten Zahlen aufgebaut, es drückt vielmehr nur die grundsätzlichen Verhältnisse aus. Der Gießereifachmann kann dennoch aus ihm alle Einzelheiten herauslesen, die für ihn von Bedeutung sind. Wenn auch nicht verlangt werden kann, daß ihm alle Zusammenhänge, auf denen sich das Diagramm aufbaut, stets gegenwärtig sind, so muß er

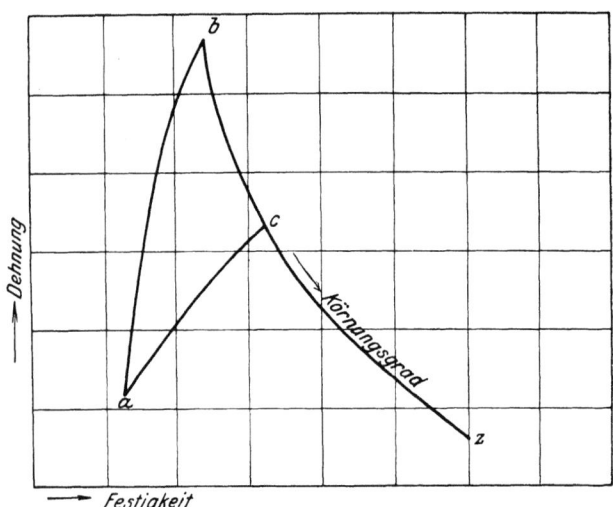

Abb. 65. Abhängigkeit der Festigkeits- u. Dehnungseigenschaften der Gußmetalle von der Korngröße.

mindestens die in ihm zum Ausdruck gebrachten grundsätzlichen Verhältnisse völlig beherrschen. Es ist dies die Grundlage, auf der der an planmäßige Arbeit gewöhnte Gießereifachmann aufbauen muß.

Korngröße und Eigenschaften.

Einfluß auf Festigkeit und Dehnung. Die technologische Bedeutung, die der Bemessung der Korngröße für die Industrie und Technik zukommt, ist durch erfolgreiche Forschungen auf kolloidchemischem Gebiete zur Genüge dargetan worden. Auch in der Metallographie begegnet man ähnlichen Verhältnissen. Die Korngröße spielt in der Technologie der Metalle insofern eine wichtige Rolle, als sie die Eigenschaften der Metalle in hohem Maße zu beeinflussen vermag.

Abb. 65 gibt die Abhängigkeit der Festigkeits- und Dehnungseigenschaften der Gußmetalle von der Korngröße wieder[1]). In ihrem grundsätzlichen Verlauf ist die Abhängigkeit in der Schaulinie $c-z$ wiedergegeben. Die Festigkeit erreicht in Punkt z, d. h. bei größter Kornfeinheit ihren Höchstwert, zugleich aber auch die Dehnung ihren Niedrigstwert, umgekehrt im Punkt c. Die wiedergegebene Schaulinie ist nur unter der Voraussetzung gleichförmigen mechanischen Verhaltens des Materials gültig. Bei den feinkörnigen Metallen ist diese Voraussetzung erfüllt, dagegen nicht bei den grobkörnigen Metallen. Man spricht im letzten Falle von mangelnder Quasi-Isotropie. Hier ist ungleichförmiges Verhalten die Regel. Am größten sind die Einflüsse innerhalb eines Kristallkornes selbst, da ja bekanntlich die Festigkeits- und Dehnungswerte in den verschiedenen Achsenrichtungen der Kristalle in weiten Grenzen schwanken (vgl. Abschn. X).

Der Grenzfall, daß der Körper nur aus einem einzigen Kristall bestehe, ist durch die Punkte a und b veranschaulicht. In diesem Fall kann seine Festigkeit und Dehnung zwischen den Punkten a und b schwanken, entsprechend den Achsenrichtungen. Besteht der Querschnitt des Körpers aus mehreren Kristallen, so wird der Abstand dieser äußersten Punkte mit wachsender Kornzahl immer mehr abnehmen, bis er endlich im Punkte c ganz zusammenschrumpft. Verbindet man die Höchst- und Niedrigstpunkte a und b der Festigkeit und Dehnung, so erhält man unter Einschluß des Punktes c eine dreiseitig begrenzte Fläche, die für ein Versuchsstück von bestimmter Größe alle möglichen Gebiete mangelnder Quasi-Isotropie umfaßt. Der Einfluß der mangelnden Quasi-Isotropie kann beseitigt werden, wenn man den Querschnitt sehr reichlich bemißt. Etwa 10 Körner auf eine Linie des Querschnittes bilden die Mindestzahl.

Einfluß auf die Oberflächenbeschaffenheit. Wenn man auf diese Weise die mechanischen Mängel des Arbeitsgutes beseitigen kann, so verlangen wohlbegründete Forderungen, die von der

---

[1]) Czochralski: Stahl und Eisen. 1916, S. 863.

84 Der Gefügeaufbau und seine Bedeutung für den Gießereibetrieb.

Technik an das Verhalten der Materialien bei Beanspruchung gestellt werden, dennoch eine obere Begrenzung der wirklichen Korngröße. Diese kritische Grenze ist äußerst scharf gezogen und darf in der Regel 0,001 mm³ = 0,1 mm Durchmesser nicht übersteigen. Es beginnen sich sonst beim Strecken des Materials Erscheinungen bemerkbar zu machen, die man unter der Bezeichnung „krispelig, knitterig, narbig" und dergleichen zusammenfaßt. Die

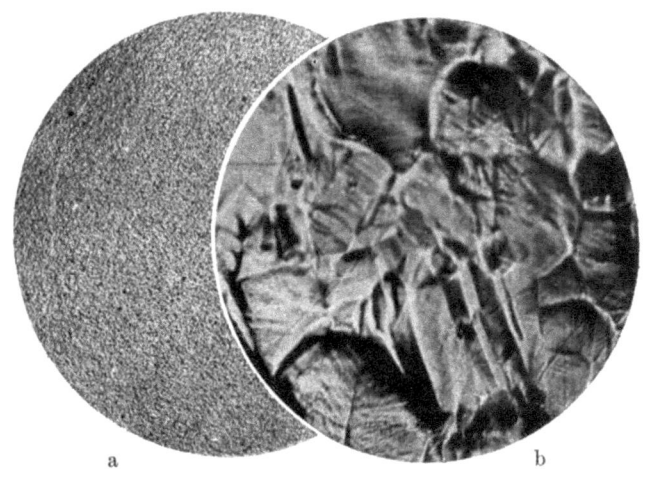

Abb. 66a. Druckblech aus Messing-α-Kristallen. Die Ebenheit der polierten Oberfläche hat infolge genügender Kornfeinheit ($\varphi_m = 0{,}001$ cmm) beim Zerreißversuch nur wenig gelitten. Ungeätzt. (Lin. Vgr. 4.)

Abb. 66b. Druckblech aus Messing-α-Kristallen, das infolge groben Kornes ($\varphi_m = 25$ cmm) beim Zerreißversuch grobnarbig wurde. Ungeätzt. (Lin. Vgr. 4.)

Abb. 66 veranschaulicht dieses Verhalten[1]). Rechts ist ein grobkörniges, links ein feinkörniges Metall nach dem Streckvorgang wiedergegeben. Während das rechts wiedergegebene Metall grobnarbig wurde, zeichnet sich die zweite Probe durch einwandfreie Oberflächenbeschaffenheit aus. Die Abbildungen geben die unbehandelten Oberflächen wieder. Wenn es sich hierbei um eine Forderung rein äußerlicher Art handelt, so muß ihr schon deswegen Rechnung getragen werden, weil der Verbraucher die Abnahme ge-

---

[1]) Czochralski: Stahl und Eisen. 1916, S. 863.

triebener Hohlkörper und dergleichen, die diese Fehler aufweisen, verweigert. Dem Hersteller entstehen aber durch die Beseitigung dieses Übels durch Schleifen, sofern dies überhaupt noch möglich ist, große Mehrkosten.

Kornverfeinerungsverfahren.

Welche Handhabe besitzt nun der Gießereifachmann, um die Korngröße bewußt in die angemessenen Grenzen zu zwingen? Eine rein zahlenmäßige Lösung dieser Frage ist heute noch nicht möglich. Die Untersuchungen sind eben bis an die Grenze gelangt, wo an eine praktische Auswertung der Ergebnisse vielleicht herangegangen werden könnte, wofür diese Ausführungen die erste Handhabe geben mögen. Zurzeit ist es üblich, nur durch mehr oder weniger schnelle Abkühlung die Korngröße der Metalle zu beeinflussen.

Mit gutem Erfolg kann auch die Erstarrungszeit als Wertmesser für die Korngröße benutzt werden[1]). Das ist die Zeit vom Ausguß bis zum völligen Festwerden des Metalles. Sie ist geeignet, über die Angemessenheit der Wärmebehandlung, von der die Korngröße im wesentlichen beeinflußt wird, Aufschluß zu geben. Allgemein gültige Zahlenangaben lassen sich indes auch für dieses Verfahren nicht angeben, da die Abmessungen der Gußformen und des jeweiligen Gußteiles sowie die Zusammensetzung und die Temperatur der Legierung auf das Ergebnis von Einfluß sind. Hat man aber für ein bestimmtes Metall und ein bestimmtes Konstruktionsstück einmal die günstigste Erstarrungszeit ermittelt, so hat man damit ein durch den Wärmeinhalt gegebenes Wertmaß der Korngröße. In bestimmten Grenzen kann die Erstarrungszeit auch noch künstlich beeinflußt werden, indem die Gießform von außen oder bei Verwendung eines metallischen Hohlkernes dieser durch einen Wasserstrahl abgekühlt wird. Bei Sandguß kann von diesen Maßnahmen nur bei Verwendung von Hohlkernen Gebrauch gemacht werden.

Der systematische Ausbau dieses Gebietes gehört zu den dringendsten Aufgaben des modernen Gießereifachmannes.

---

[1]) Czochralski u. Welter: Lagermetalle und ihre technologische Bewertung. 1920, S. 27.

86 Der Gefügeaufbau und seine Bedeutung für den Gießereibetrieb.

Korngliederung.

Etwa von gleich großer Bedeutung wie die Kristallisationsvorgänge sind für den Gießereifachmann die Gesetze, die den Gefügeaufbau der Metalle beherrschen, ein Umstand, der immer noch nicht genügende Beachtung findet. Vielerlei mechanische Schwächen des Gusses lassen sich auf Grund des Gefügeaufbaues erklären. Eine Auswahl von Beispielen, die die wichtigsten Fälle in ihren Grundzügen umfaßt, sei in folgendem gegeben.

Allotriomorphie.

Es ist bekannt, daß die Metallkristalle nach dem Erstarren in der Regel durch unregelmäßige Flächen begrenzt sind, wie dies Abb. 67 zeigt. In der Mineralogie werden derartige Kristalle als allotriomorph bezeichnet. Zur Erklärung dieser Erscheinung diene ein Beispiel aus der Pflanzenwelt. Es ist allgemein bekannt, daß die Wurzelknollen bei allen Pflanzen sich den Widerständen anzupassen versuchen, und zwar in der Art, daß sie die Form der den Widerstand bildenden Fläche annehmen. Genau so liegen die Verhältnisse beim Kristallisationsvorgang. An irgendeiner Stelle wird der im Wachstum befindliche Kristall mit seinem Nachbar zusammenstoßen, und damit wird die Wachstumsmöglichkeit an dieser Stelle erschöpft sein. Nur da, wo der Kristall keinen Widerständen begegnet, wird seine weitere Ausbildung ungestört erfolgen. Dies erklärt, warum die einzelnen Körner nicht durch ebenmäßige Kristallflächen begrenzt, sondern mehr oder weniger unregelmäßig gestaltet sind. Es könnten vielleicht deshalb

Abb. 67. Allotriomorphe Haufwerkskristalle von Kupfer in uneingeformtem Guß. Ätzpoliert mit ammoniakgetränktem Wattebausch. (Lin. Vgr. 40.)

Zweifel erhoben werden, ob die Kristalle, die von keinen ebenmäßigen Flächen begrenzt sind, einen gesetzmäßigen Kristallaufbau besitzen.

Kristallaufbau. Dies läßt sich aber leicht beantworten. Der Kristallaufbau kann nämlich, wie bereits im Abschn. IV gezeigt wurde, durch die sogenannten Ätzfiguren leicht erkannt werden. Dazu diene Abb. 68. Über die ganze Fläche des allotriomorphen Korns sind sehr zahlreiche kongruente quadratische Ätzfiguren aus-

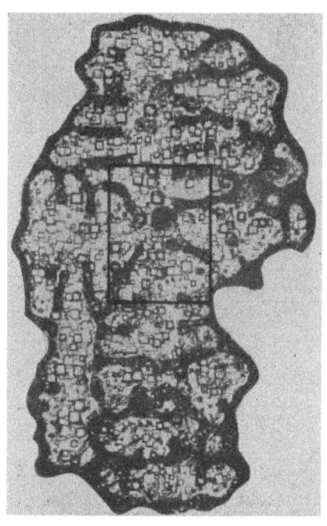

Abb. 68. Kupferkristall mit Ätzfiguren. Geätzt mit Ammoniumpersulfat 1 : 10. (Lin. Vgr. 55.)

Abb. 69. Detail aus Abbildung 68. (Lin. Vgr. 185.)

gebreitet, die den gesetzmäßigen Aufbau anzeigen. Bemerkenswert sind an der Abbildung noch die dunkleren Adern, die den Kristall durchziehen. Es könnte vermutet werden, daß wenigstens an diesen Stellen der gesetzmäßige Aufbau der Metallkristalle gestört sei. Ein Detail der Abbildung in stärkerer Vergrößerung, Abb. 69, zeigt aber, daß auch diese Adern genau den gleichen Gefügeaufbau aufweisen wie die hellen Partien. Die Ursache der Bildung von derartigen Adern wird noch erörtert werden.

Idiomorphie. Wie aus den Betrachtungen hervorgeht, wird die Ausbildung der ebenmäßigen Kristallflächen nur durch die

88 Der Gefügeaufbau und seine Bedeutung für den Gießereibetrieb.

Abb. 70. Idiomorphe Kristalle in einer Zink-Zinn-Magnesiumlegierung. Geätzt durch Verdunsten eines Tropfens Salzsäure auf der Schlifffläche. (Lin. Vgr. 180.)

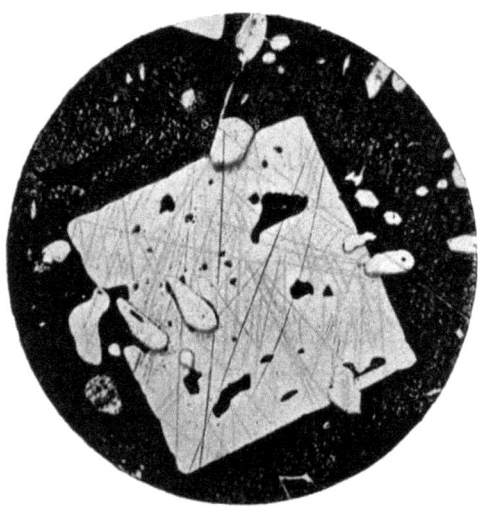

Abb. 71. Idiomorphe Kristalle in einer Zinn-Antimon-Kupferlegierung. Geätzt durch Verdunsten eines Tropfens Salzsäure auf der Schlifffläche. (Lin. Vgr. 180.)

besonderen Kristallisationsbedingungen verhindert. Gelangen in einer Schmelze mehrere Kristallarten nacheinander zur Ausscheidung, so daß die anfänglich ausgeschiedenen Kristalle sich in der Schmelze frei entwickeln können, so erhält man, wie Abb. 70 und 71 zeigen auch Kristalle, die eine ebenmäßige Ausbildung der Oberfläche aufweisen. Die durch solche Flächen begrenzten Kristalle bezeichnet man nach dem Vorgehen der Mineralogie als idiomorph.

Kristalle mit ganz ebenmäßigen Begrenzungen werden aber nur unter ganz besonderen Bedingungen in erster Linie bei geringer Erstarrungsgeschwindigkeit erhalten. Meist erhält man die sog. Wachstumsformen. Abb. 72 veranschaulicht eine Gruppe von Wachstumskristallen einer Blei-Zinnlegierung, Abb. 73 eine Gruppe

Korngliederung. 89

Abb. 72. Wachstumskristalle einer Blei-Zinnlegierung, durch unterbrochene Kristallisation erhalten. Ungeätzt. (Lin. Vgr. 1,8.)

Abb. 73. Wachstumskristalle von Wismut, durch unterbrochene Kristallisation erhalten. Ungeätzt. (Lin. Vgr. 1.)

von Wachstumskristallen von reinem Wismut. Während die in Abb. 72 wiedergegebenen Formen einzelnen Kristallen entsprechen, gehören in Abb. 73 zahlreiche der mäanderartigen Gebilde ein und demselben Kristallindividuum an. Die ganze

90 Der Gefügeaufbau und seine Bedeutung für den Gießereibetrieb.

Gruppe läßt sich in etwa 3 oder 4 Kristallindividuen aufteilen. Bei sehr vollkommener Kristallisation werden bei der Blei-Zinn-Legierung Oktaeder und bei Wismut Kristalle von rhomboedrischem Habitus erhalten.

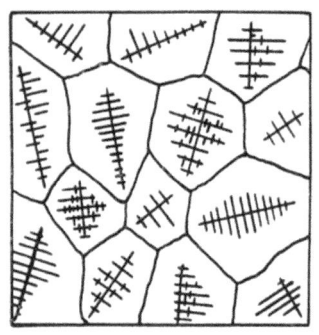

Abb. 74. Dendritischer Kristallaufbau (schematische Zeichnung nach Desch).

Dendriten. Eine Erscheinung, die fast bei allen Gußkristallen auftritt und die bereits in Abschnitt IV kurz behandelt wurde, ist in den folgenden Abbildungen wiedergegeben. In der Abb. 74 nach Desch[1]) ist sie schematisch gezeigt, während die beiden anderen Bilder die Erscheinungen an geätzten Schliffen wiedergeben, und zwar Abb. 75 in stärkerem Maße als Abb. 76. In allen

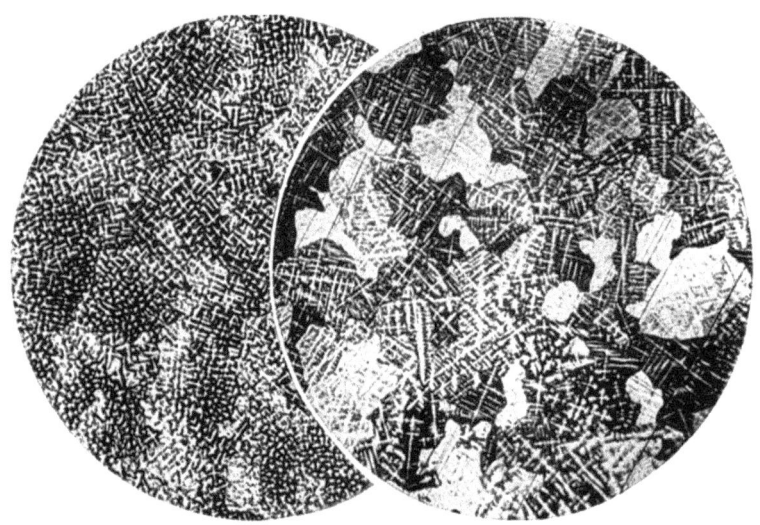

Abb. 75. Abb. 76.
Ungleichmäßig zusammengesetzte (dendritische) Mischkristalle. Geätzt mit ammoniakgetränktem Wattebausch. (Lin. Vgr. 100.)

drei Bildern sind farnkraut- oder grätenartige Gebilde zu beobachten, die sich in den Schliffbildern als dunkle bzw. helle Bestandteile

---

[1]) Metallographie. 1914, S. 104.

von dem anders gefärbten Untergrund abheben. Sie rühren daher, daß bei Mischkristallen gemäß einer bekannten Regel sich zunächst Kerne der höherschmelzenden Komponenten ausscheiden bzw. der Komponente, die den Schmelzpunkt erhöht. Das System befindet sich nicht im Gleichgewicht. Durch Glühen kann ein Ausgleich in der Zusammensetzung der Legierung erfolgen, wie dies an Hand der Abb. 45 und 46 (Abschn. IV) gezeigt worden ist. Die Anordnung des einen Bestandteils weist eine gewisse Regelmäßigkeit auf. Dies kommt daher, daß rasch wachsende Kristalle nicht sogleich ihre volle Gestalt annehmen, sondern an Ecken und Kanten infolge besserer Ableitung der Kristallisationswärme und größerer Dichte des Diffusionsstromes in ihrem Wachstum begünstigt werden. Diese voreilig erstarrten Gerippe bezeichnet man allgemein als Wachstumskristalle, Kristallskelette oder Dendriten und Kristalle mit entmischten Skelettkernen als geschichtet oder dendritisch.

Ähnliche Gefügeausbildung kann auch bei reinen Metallen mit geringfügigen Verunreinigungen beobachtet werden. So enthält das Kupfer stets etwas Kupferoxydul, mit dem es ein Eutektikum bildet. Dieses erstarrt, nachdem bereits die Kupferkristalle abgeschieden sind. Auch in diesem Falle besteht die Möglichkeit zur dendritischen Ausscheidung der Kupferkristalle. Die dunklen Adern des in Abb. 68 wiedergegebenen Kristalles sind auf diese Weise entstanden.

Der farnkrautartige Aufbau des Gefüges kann in einzelnen Fällen erwünscht, in anderen Fällen dagegen sehr störend sein[1]). Beispielsweise sollen Rotgußlager stets einen dendritischen Aufbau aufweisen. Das in Abb. 46 wiedergegebene homogenisierte Metall ist für Lagerzwecke unbrauchbar. Abb. 77 veranschaulicht dagegen den Fall, in dem die Ausbildung farnkrautartiger Kristalle sich als außerordentlich schädlich erweist. Wie aus der Abbildung hervorgeht, handelt es sich um einen Suppenlöffel. Infolge der mechanischen Widerstandsunterschiede des Gefüges hat sich im Gebrauch an der Oberfläche des Löffels ein Flachrelief ausgebildet. Der Gegenstand hat dadurch an Ansehnlichkeit stark verloren. Diese Erscheinung kann an Neusilberbestecken oder dergleichen häufig beobachtet werden.

---

[1]) Czochralski: Gieß.-Zg. 1921, S. 104.

92 Der Gefügeaufbau und seine Bedeutung für den Gießereibetrieb.

Lunker. Eine weitere Erscheinung, die mit der Dendritenbildung im Zusammenhang steht, ist die Ausbildung von dendritischen Hohlräumen. In Abb. 78 ist diese Erscheinung am Rotguß wiedergegeben. Die Hohlräume zeigen eine farnkrautartige Ausbildung der Begrenzungsflächen. Nehmen Lunkerbildungen dieser Art nur sehr geringen Umfang an, so kann es vorkommen, daß man im Gefüge nur fadenartige Hohlräume findet, wie sie Abb. 79

Abb. 77. Dendritische Kristallausbildung an der Oberfläche eines Löffels, ungeätzt. ($^1/_2$ nat. Gr.)

zeigt. Sie können leicht mit Zinnsäureeinschlüssen (Zinnsäurefäden) verwechselt werden[1]. Bei der Auswertung von Schliffbildern muß daher diesem Umstand stets Rechnung getragen werden.

In diesem Zusammenhange soll auch die Frage der Lunkerbildung noch von allgemeinem Gesichtspunkte kurz gestreift werden. Die Lunkerbildung ist stets auf die Volumenverminderung der Schmelze beim Erstarren zurückzuführen. Man wird also bestrebt sein müssen, die Lunkerräume möglichst aus dem

---

[1] Czochralski, Gieß.-Zg. 1921, S. 105.

Innern nach der Peripherie der Gußblöcke zu verpflanzen. Dies wird auf verschiedene Art zu erreichen versucht. Abb. 80 gibt einige instruktive Beispiele dieser Art wieder. Längsschnitt 1 zeigt die Ausbildung der ersten Erstarrungsschichten im Gußblock; kurz nach Beginn der Erstarrung war die noch flüssige Schmelze ausgegossen worden. In dem unteren Teil ist infolge immer neuer Wärmezufuhr durch das einströmende heiße Metall die Kristallisation zurückgeblieben, so daß der Hohlraum an dieser Stelle eine Ausbauchung aufweist. Um die Lunkerbildung in das Kopfende zu verpflanzen, mußte die Erstarrung des Gußblockes so geregelt werden, daß sie, von dem Fußende beginnend, allmählich nach dem Kopfende fortschritt. Bei Probe 3 ist dies dadurch erreicht worden, daß die Form im unteren Teil durch einen kräftigen Wasserstrahl ge-

Abb. 78. Dendritische Hohlräume in Rotguß. Geätzt mit Ammoniak-Wattebausch. (Lin. Vgr. 150.)

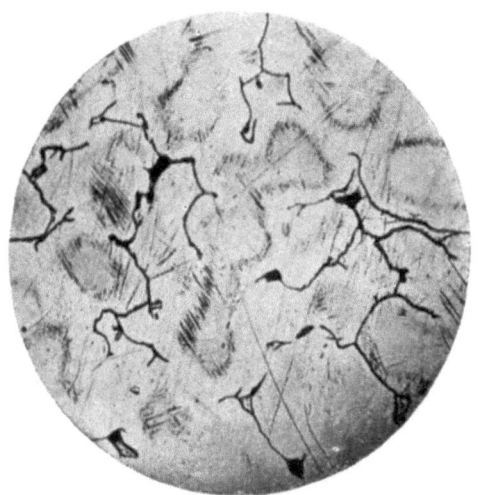

Abb. 79. Fadenartige Hohlräume in Rotguß. Geätzt mit Ammoniak-Wattebausch. (Lin. Vgr. 150.)

94 Der Gefügeaufbau und seine Bedeutung für den Gießereibetrieb.

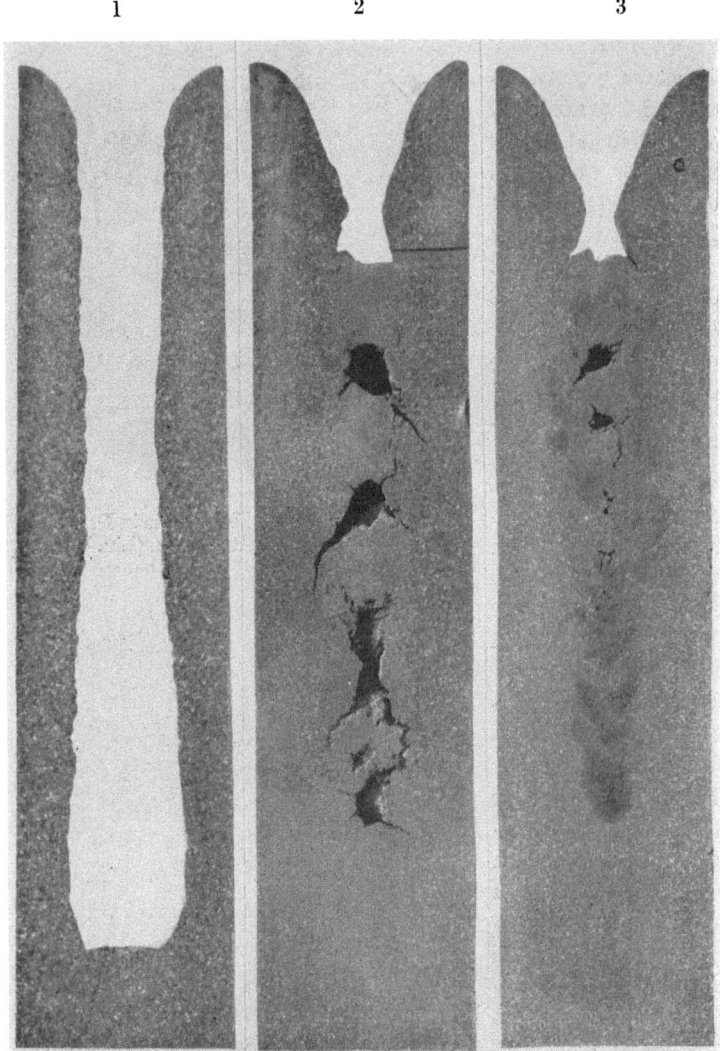

Abb. 80. Lunkerräume in Aluminiumgußblöcken.
Flußsäure-, Salzsäure-Ätzung. (Ca. $1/4$ nat. Gr.)

kühlt wurde. Die Lunkerbildung konnte dadurch in der Tat auf den oberen Teil beschränkt werden. Wird diese Maß-

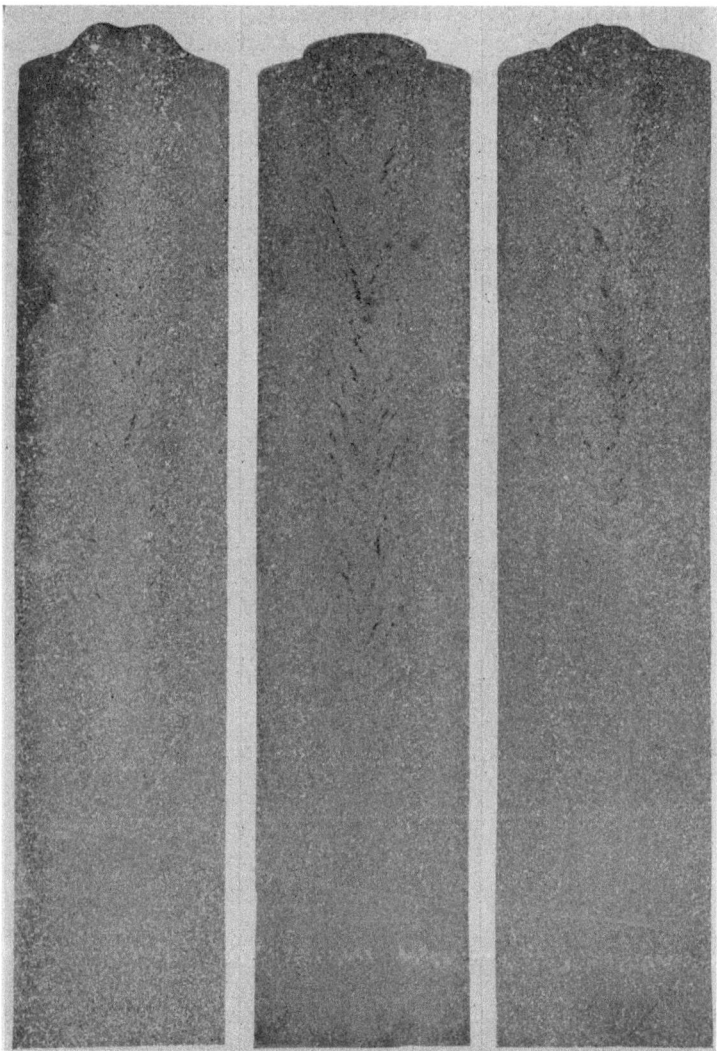

Abb. 81. Zweckmäßig gegossene, fast lunkerfreie Aluminium-Gußblöcke, Flußsäure-, Salzsäure-Ätzung. (Ca. $1/4$ nat. Gr.)

nahme nicht befolgt, so kann die Lunkerbildung sich bis in die unteren Teile, wie dies die Probe 2 veranschaulicht, hinziehen.

96 Der Gefügeaufbau und seine Bedeutung für den Gießereibetrieb.

In Abb. 81 sind Gußblöcke wiedergegeben, die unter Einhaltung dieser Bedingungen hergestellt wurden. Sie zeigen in eindeutiger Weise, welche Vorteile durch Beachtung dieser gießtechnischen Maßnahmen für die Praxis sich ergeben.

Ähnliche Wirkungen können bekanntlich dadurch hervorgerufen werden, daß die äußere Wandung der Kokille verschieden dick ausgebildet wird.

Ein weiterer Weg zur Bekämpfung der Lunkerbildung ergibt sich aus den Vorgängen bei der Kristallisation. Wäre es möglich, die Metalle so weit zu unterkühlen, daß die maximale

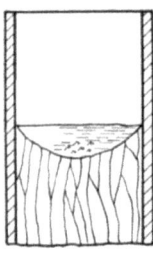 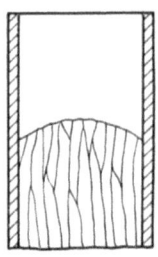

a   Abb. 82.   b

a) Kristallisationsgrenze im Gebiet zunehmender Kristallisationsgeschwindigkeit. b) Kristallisationsgrenze im Gebiet abnehmender Kristallisationsgeschwindigkeit.

Abb. 83. Innerkristalline Kaltbrüche in Rohzink. Geätzt rd. 30 Min. in Chromsäurelösung 1 : 10. (Lin. Vgr. 1,8.)

Kristallisationsgeschwindigkeit überschritten werden könnte (vgl. Abschn. V), so würde die Erstarrung an den Stellen beginnen, die sich durch die höchste Temperatur auszeichnen[1], also in den Mittelzonen, weil dann an den kälteren Stellen des Gusses die Kristallisationsgeschwindigkeit mit dem Grade der Unterkühlung eine Ver-

---

[1] Tammann: Kristallisieren und Schmelzen, 1903, S. 134.

Korngliederung. 97

Abb. 84. Zwischenkristalliner Warmbruch in Weichblei. Ungeätzt.
(Lin. Vgr. 1,8.)

Abb. 85. Innerkristalliner Kaltbruch in Weichblei. Ungeätzt.
(Lin. Vgr. 1,8.)

minderung erfahren würde. In Abb. 82a ist dies veranschaulicht, und zwar an einer Salzschmelze. Abb. 82b gibt dagegen die Kri-

98 Der Gefügeaufbau und seine Bedeutung für den Gießereibetrieb.

stallisationsgrenze im Gebiete zunehmender Kristallisationsgeschwindigkeit wieder. Infolge der geringen Unterkühlbarkeit der Metalle dürfte jedoch kaum die Möglichkeit bestehen, diese

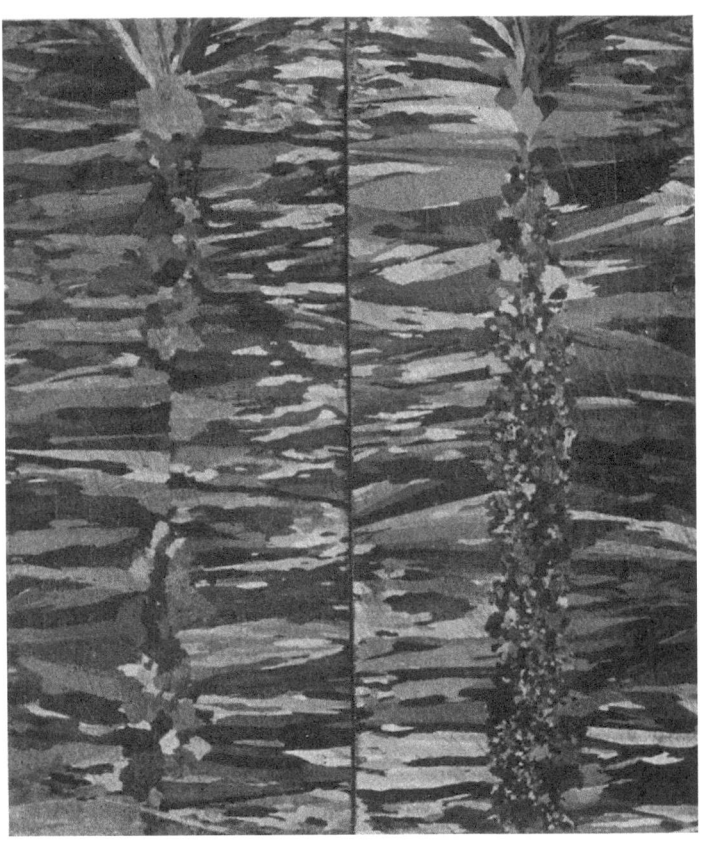

Abb. 86. Nadliges, uneingeformtes Gußgefüge von Aluminiumbronze. Geätzt mit Ammoniumpersulfat 1 : 10. (Lin. Vgr. 0,75.)

Verhältnisse auch bei ihnen je zu verwirklichen. Versuche des Verfassers in dieser Richtung waren ohne Erfolg[1]).

Kalt- und Warmbruch. Von besonderer Bedeutung für den Gießereifachmann ist auch die Kenntnis der Kalt- und Warm-

---

[1]) Z. V. d. I. 1917, S. 345.

Korngliederung. 99

brüchigkeit der Metalle[1]). Wird ein Metall bei gewöhnlicher Temperatur beansprucht, so kann stets beobachtet werden, daß die Bruchflächen nicht den Kristallkonturen folgen, sondern die einzelnen Kristalle durchqueren. In Abb. 83 ist dies an Zink veranschaulicht.

Beim Warmbruch verläuft dagegen die Bruchfläche stets entlang den Begrenzungsflächen der Kristalle, wie dies in Abb. 84

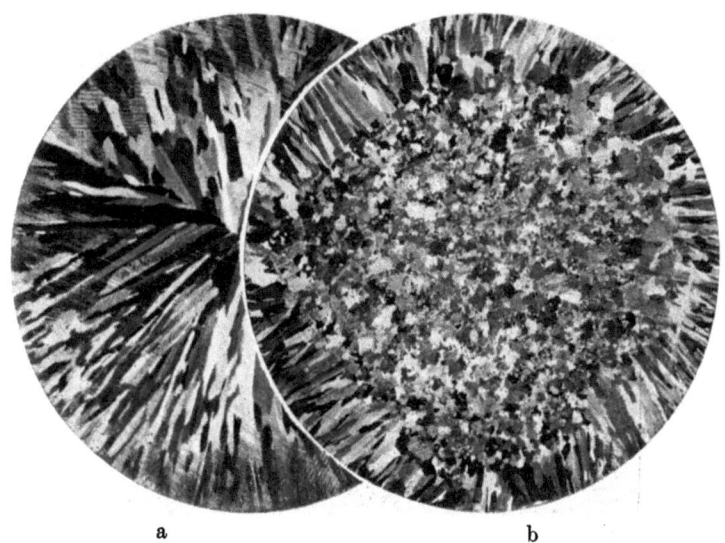

a   b

Abb. 87. Gefügeanordnung von zwei infolge ungleichförmiger Wärmeverteilung nadelig kristallisierten Aluminiumbronzebarren.
a) Hohe Abkühlungsgeschwindigkeit: Nadeliges Gefüge bis ins Zentrum.
b) Mittlere Abkühlungsgeschwindigkeit: Nadeliges Gefüge nur in den Randschichten. Geätzt mit Ammoniumpersulfat 1 : 10. (Lin. Vgr. 0,75.)

zu sehen ist. Zum Vergleich ist an derselben Probe auch ein Kaltbruch erzeugt worden, gemäß Abb. 85. Beide Versuche wurden an Weichblei ausgeführt.

Strahliges Gefüge. Eine andere Erscheinung, die sich bei Weiterverarbeitung der Metalle unter Umständen als sehr schädlich erweisen kann, ist die Ausbildung nadliger Kristalle, wie sie Abb. 86 veranschaulicht. Nach einer bekannten Regel nehmen die Nadeln stets eine zu den Abkühlungsflächen senkrechte Lage

---

[1]) Moellendorff u. Czochralski: Z. V. d. I. 1913, S. 931.

100 Der Gefügeaufbau und seine Bedeutung für den Gießereibetrieb.

ein. Abb. 87 zeigt diese Erscheinung an Rundbarren aus Aluminiumbronze. In der linken Abbildung reichen die nadeligen Kristalle bis zu der Mitte des Barrens, während rechts nur ein Kranz nadeliger Kristalle zu sehen ist. Durch schnelles Abkühlen ist es allgemein möglich, die Neigung der Metalle, Kristallnadeln auszubilden, zu verringern, doch kommt es im allgemeinen darauf

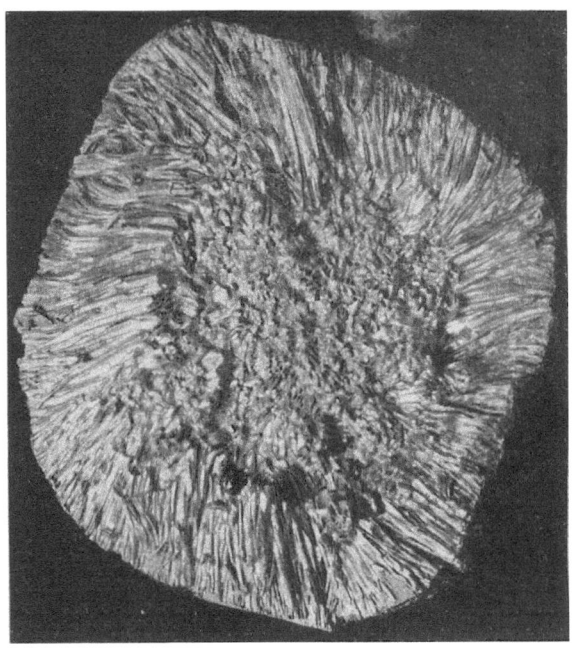

Abb. 88. Zwischenkristalliner Warmbruch an einem Aluminiumbronzebarren mit nadeligem Gefügeaufbau. Ungeätzt. (Nat. Gr.)

an, welche Lage die Kurven, die die Abhängigkeit der Kernzahl und der Kristallisationsgeschwindigkeit von der Unterkühlung ausdrücken, in jedem einzelnen Fall einnehmen. Es kann eintreten, daß gerade durch Abschrecken das Gegenteil erreicht wird. Offenbar scheint dies bei Hartguß der Fall zu sein. In welchem Maße sich der nadelige Aufbau des Gefüges als schädlich erweisen kann, veranschaulicht die Abb. 88 an einem Aluminiumbronzebarren. Barren, die diesen Gefügeaufbau zeigten, ließen sich infolge starker Kantenrissigkeit nicht walzen. Es kann leicht vorkommen, daß

Korngliederung.

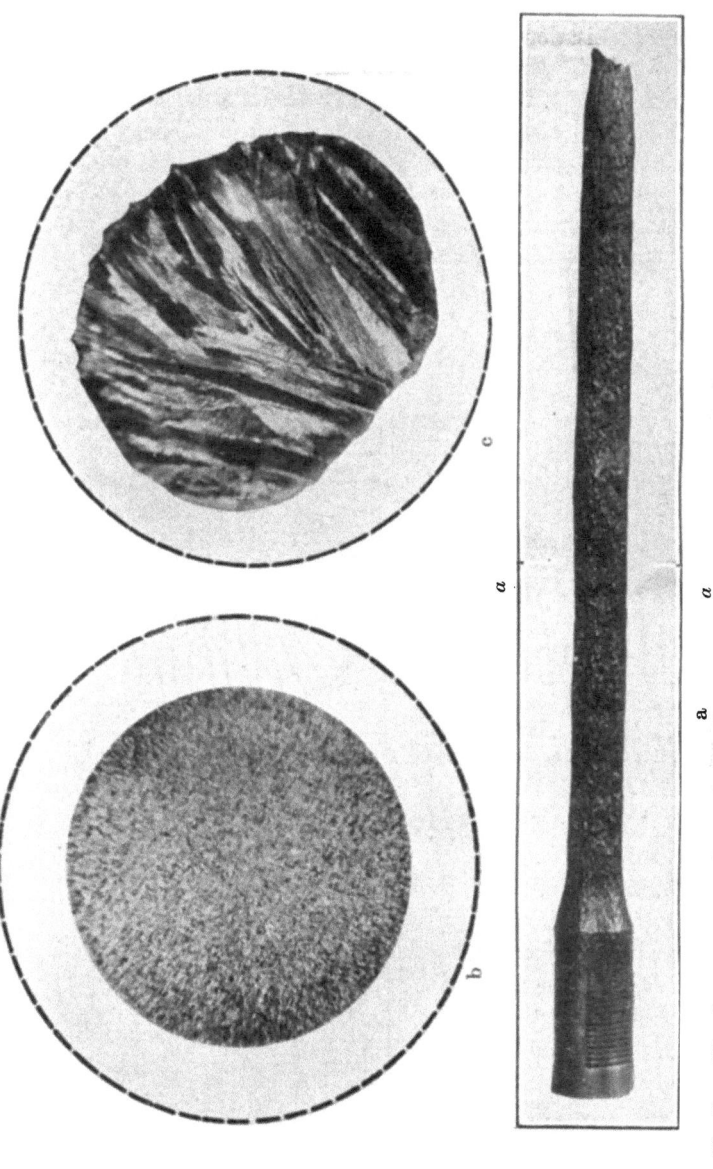

Abb. 89. Zerreißstäbe von normaler und anormaler Querschnittsverjüngung (8%ige Aluminiumbronze). a) Zerreißstab mit elliptischem Querschnitt (Lin. Vgr. 0,3). b) Feinkörniger Stab mit kreisrundem Querschnitt (Querschnitt vor dem Strecken gestrichelt) (Lin. Vgr. 2,4). Geätzt mit Ammoniumpersulfat 1:10. c) Querschnitt a—a des Zerreißstabes Abb. 89a, elliptisch verjüngt (Querschnitt vor dem Strecken gestrichelt) (Lin.-Vgr. 2,4). Geätzt mit Ammoniumpersulfat 1:10.

102 Der Gefügeaufbau und seine Bedeutung für den Gießereibetrieb.

ganze Schmelzen derartigen Metalls bei dem Verarbeiten verworfen werden müssen[1]).

Transkristallisation. Eine weitere Erscheinung, die auf der Fähigkeit der Kristalle, kristallographisch ähnliche Orientierung anzunehmen, beruht und mineralogisch Transkristallisation genannt wird, kann ebenfalls häufig beobachtet werden[2]). Derartige Kristallaggregate pflegen sich in der Regel ähnlich wie Einzelkristalle zu verhalten. Abb. 89 veranschaulicht dies an Hand von Zerreißproben. Während der Zerreißstab links, bei dem das Gefüge normalen Aufbau zeigt, seinen kreisrunden Querschnitt

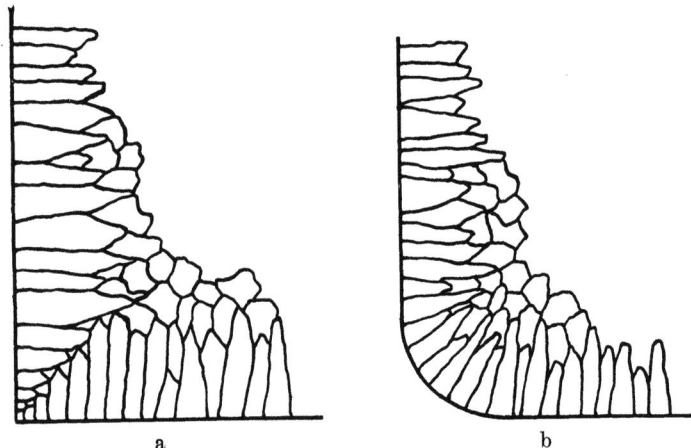

a   b

Abb. 90. Nadel-Anordnung der Kristalle in Gußstücken (nach Desch).
a) Gußstück mit rechteckigem Querschnitt. b) Gußstück mit abgerundeten Kanten.

beibehielt, hat der Zerreißstab rechts einen elliptischen Querschnitt angenommen. Dies rührt daher, daß der ganze Probestab, Abb. 89 unten, sich wie ein einheitlicher Kristall verhält und daher in der Hauptachsenrichtung einen anderen Druckwiderstand besitzt als in der Querrichtung. Dies kann besonders bei Gußblöcken mit rechteckigem Querschnitt, wie Abb. 90a zeigt[3]), insofern zu Störungserscheinungen führen, als an den Flächen, die den Winkel halbieren, leicht Bruchbildungen eintreten können. Man versucht dies bekanntlich dadurch zu

---
[1]) Czochralski: Z. V. d. I. 1917, S. 345.
[2]) Czochralski: Stahl u. Eisen 1916, S. 864.
[3]) Desch: Metallographie 1914, S. 104.

bekämpfen, daß man die scharfen Kanten abrundet und dadurch eine andere Anordnung der Kristalle, gemäß Abb. 90b erhält. Daß diese theoretisch abgeleiteten Verhältnisse auch in Wirklichkeit zutreffen, zeigt Abb. 91 an einem Aluminiumbronzebarren mit einem Aluminiumgehalt von $8^0/_0$.

Aus den gegebenen Beispielen dürfte hervorgehen, welche Vorteile der Gießereifachmann aus der Betrachtungsweise der Metallkunde schon heute ziehen kann. In Anbetracht der Erstlingserfolge ist zu erwarten, daß in Zukunft noch weitere Beziehungen dieser Art aufgedeckt werden, um nutzbringende Verwertung zu finden.

Abb. 91. Nadel-Anordnung der Kristalle in einem Aluminiumbronzebarren mit abgerundeten Kanten. Geätzt mit Ammoniumpersulfat 1:10. (Lin. Vgr. 0,75.)

Es wird häufig zu zeigen versucht, welchen Wert theoretische Betrachtungen für die Praxis besitzen. Aber nur selten gelingt es, den Anschluß zwischen den beiden Gebieten zu schaffen. Es beginnt sich in neuerer Zeit eine nicht unberechtigte Skepsis gegenüber allzu weit schweifenden theoretischen Abstraktionen bemerkbar zu machen. Eine gewisse Gemeinschaft wird aber zwischen den beiden Gedankenrichtungen stets erhalten bleiben müssen. Es könnte sonst leicht geschehen, daß sich beide ihre lebenswichtigsten Quellen verschließen würden. In der Regel pflegt dann die Weiterentwicklung an denjenigen Stellen rückwirkend einzusetzen, an denen sie durch zweckwidrigen Geschäftseifer zu frühzeitig unterbrochen wurde.

B. Gefügeaufbau und Technologie der gekneteten Metalle.

VI. Kristallographische Erscheinungen an kaltgestreckten Metallen.

Anfangs- und Endzustand.

Dislozierte und homogene Reflexion. Die Ätzerscheinungen an Gußmetallen sind in Abschnitt IV bereits eingehend beschrieben worden. Bei gestreckten Metallen sind die Ätzerscheinungen von denen an Gußmetallen wesentlich verschieden. Alle Merkmale,

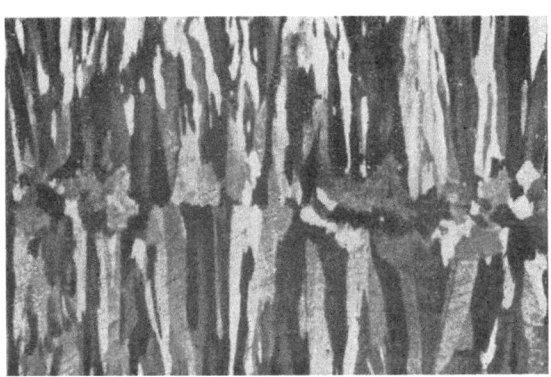

Abb. 92. Aluminiumbronze, Gußgefüge. Die einzelnen Kristalle werden durch Helligkeitsunterschiede angezeigt. Geätzt mit Ammoniumpersulfat 1 : 10. (Lin. Vgr. 0,9.)

die an eine nur den kristallisierten Stoffen eigentümliche gesetzmäßige Verkettung der kleinsten Teilchen (Atome) gebunden sind, verschwinden gesetzmäßig mit steigendem Grad der Streckung. Das Gefüge von ungestreckten Metallen, also in gegossenem Zustand, veranschaulicht Abb. 92. Das Bild entspricht dem Gefüge von α-Aluminiumbronze mit 8% Aluminium. Die einzelnen Kristallkörner sind an den Helligkeitsunterschieden (dislozierte Reflexion) deutlich zu erkennen. Wie Abb. 93 zeigt, gehen diese Helligkeitsunterschiede bei starker Kaltbearbeitung völlig verloren. Auch die

Abb. 93. Dieselbe Probe nach starker Kaltbearbeitung (Höhenabnahme beim Walzen 95%). Die Helligkeitsunterschiede der einzelnen Kristalle sind völlig verwischt. Geätzt mit Ammoniumpersulfat 1 : 10. (Lin. Vgr. 0,9.)

Abb. 94. α-Messing, rekristallisiert. Die einzelnen Kristalle sind an den Helligkeitsunterschieden erkennbar. Geätzt mit Ammoniumpersulfat 1 : 10. (Lin. Vgr. 0,9.)

Korngrenzen der Kristalle sind nicht mehr sichtbar. Die Dickenabnahme der Probe beim Walzen betrug 95%. Abb. 94 gibt das Gefüge von α-Messing mit 30% Zink wieder. Das Bild entspricht aber nicht dem Gefüge des Gußmetalls, sondern dem Gefüge einer

106 Kristallographische Erscheinungen an kaltgestreckten Metallen.

rekristallisierten Probe. Wie Abb. 95 zeigt, sind auch bei dieser Probe durch Kaltwalzen die Helligkeitsunterschiede verschwunden, während im Gegensatz zu der Abb. 93 der Kornverband noch

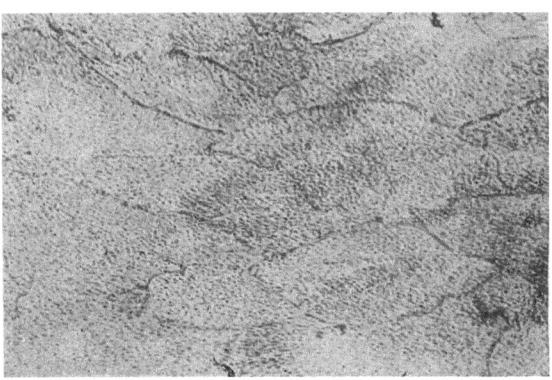

Abb. 95. Dieselbe Probe nach starker Kaltbearbeitung (Höhenabnahme beim Walzen 75%). Kornverbände erhalten, Helligkeitsunterschiede verwischt. Geätzt mit Ammoniumpersulfat 1 : 10. (Lin. Vgr. 0,9.)

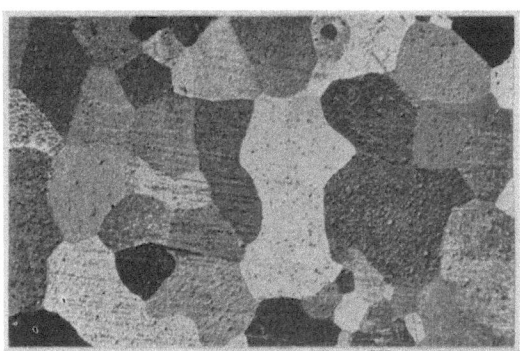

Abb. 96. Gefüge des Zinns vor dem Auswalzen. Die einzelnen Kristalle sind an den Helligkeitsunterschieden erkennbar. Geätzt mit Salzsäure-Kaliumchlorat. (Lin. Vgr. 5.)

erhalten geblieben ist. Die ursprünglichen Korngrenzen lassen sich in der Abbildung eben noch verfolgen. Die Streckung der einzelnen Körner ist etwa 1 : 4, die Querschnittsabnahme beim Kaltwalzen betrug rund 75%. Ebenso verhalten sich auch andere Metalle und Legierungen. Abb. 96 und 97 veranschaulichen dies an Zinn. Die Helligkeitsunterschiede beruhen (vgl. Abschn. IV) darauf, daß die Kristalle infolge ihres gesetzmäßigen Aufbaues in den verschiedenen Achsenrichtungen durch Ätzen

Abb. 97. Die gleiche Probe nach dem Kaltwalzen (Höhenabnahme 75 %). Kristalle gestreckt, Kornverbände erhalten. Helligkeitsunterschiede abgeschwächt. Geätzt mit Salzsäure-Kaliumchlorat. (Lin. Vgr. 5.)

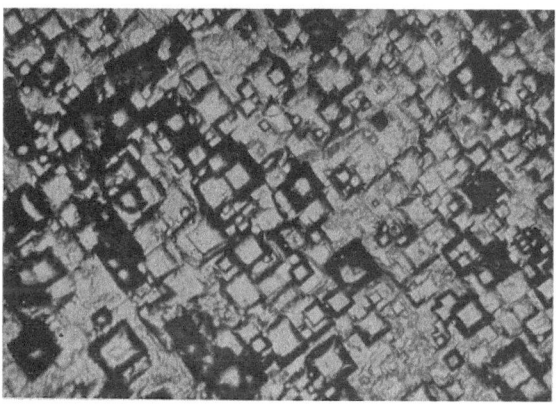

Abb. 98. Ätzfiguren an einem Kupferkristall. Geätzt mit Ammoniumpersulfat 1 : 10. (Lin. Vgr. 200.)

verschieden angegriffen werden. Diese Fähigkeit geht durch starkes Kaltstrecken oder Kaltkneten verloren.

Ätzfiguren. Außer durch das Verschwinden der dislozierten Reflexion macht sich der Einfluß der Kaltbearbeitung noch in anderer Weise bemerkbar. Wie bereits in Abschnitt IV gezeigt wurde, kann durch die Ätzverfahren ein Einblick in den gesetz-

108   Kristallographische Erscheinungen an kaltgestreckten Metallen.

mäßigen Kristallaufbau gewonnen werden. Dies kann durch Bloßlegen der Ätzfiguren in den einzelnen Kristallen geschehen. In Abb. 98 sind die charakteristischen Gestalten der Ätzfiguren des Kupfers wiedergegeben. Ähnlich wie die dislozierte Reflexion verschwindet auch die Kristallfigurenätzbarkeit mit dem Grad der Knetbearbeitung, sei es durch Walzen, Ziehen, Schmieden u. dgl. Abb. 99 veranschaulicht das an einem sehr stark kaltgewalzten Kupferkristall, der die Fähigkeit der Kristallfigurenätzbarkeit völlig verloren hat. Diese Feststellung ist für die

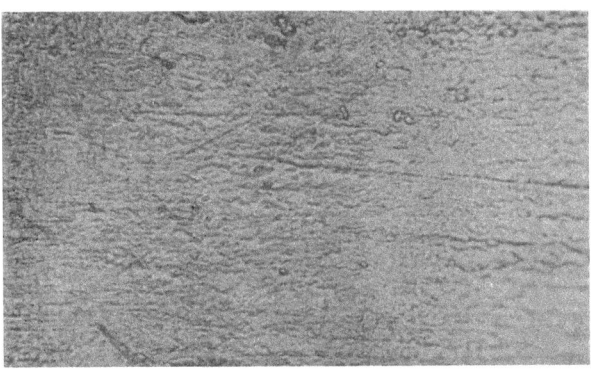

Abb. 99. Derselbe Kristall stark kaltgewalzt (Höhenabnahme 95%). Die Ätzfiguren sind nicht mehr erkennbar. (Lin. Vgr. 1500.)

Kenntnis des Zustandes der gestreckten Metalle von Bedeutung (Abschn. IX u. X).

Streckung und Volumenintegrität. Die heutige Metallographie erblickt in der Kornverkleinerung ein kennzeichnendes Merkmal der Kaltbearbeitung. Die ältere Metallographie (Ledebur, Wedding, insbesondere aber Bauschinger) hat dagegen mit Recht die Kornstreckung als ein besonderes Kennzeichen der Kaltstreckung gewertet. Dieser Tatsache ist bei neueren Untersuchungen nur geringe Beachtung geschenkt worden. Der wahre Hergang der Gestaltsänderung der Kristalle beim Kaltstrecken ist schon aus den Abb. 95 und 97 zu entnehmen. Die Körner, die ursprünglich keine bevorzugte Richtung zeigten (Abb. 94 und 96), erscheinen nach dem Strecken in der Fließrichtung stark gelängt. Jeder ursprüngliche Kornverband ist noch deutlich zu erkennen.

Die Streckung der Körner beträgt entsprechend der Querschnittsabnahme von 75 % 1 : 4.

Bauschinger hat bereits den Satz ausgesprochen, daß die Streckung der Kristalle der Stabdeformation proportional verläuft. Bestätigt findet sich diese Auffassung bei Heyn[1]) an Ergebnissen von Zerreißproben. Auch bei Walzversuchen kann gleiches beobachtet werden. Nur bei anormalen Beanspruchungen, die aber kein reines Kaltstrecken mehr darstellen, beispielsweise Drahtziehen, gelangt man zu abweichenden Ergebnissen. Die Feststellung, daß beim reinen Kaltstrecken keine Kornverkleinerung stattfindet, ist von außerordentlich großer Bedeutung.

Würden die Kristalle beim Kaltstrecken aufgeteilt werden, so müßte dies auch in den Gefügebildern nachweisbar sein, und zwar besonders leicht bei gewalzten Proben, deren Schlifffläche parallele Orientierung zur Walzoberfläche aufweist. Die Kristallfelder nehmen in den Schnitten parallel der Walzoberfläche proportional der Streckung und Ausbreitung der Probe an Flächeninhalt zu, wodurch sie im Schliffbild um so deutlicher sichtbar werden müßten.

Es kann ferner angenommen werden, daß die Trümmerteilchen in ihrer Orientierung einander ähneln müßten. Eine wesentliche Schwächung der Reflexionserscheinungen (dislozierte Reflexion) wäre alsdann um so mehr ausgeschlossen. Die Trümmerteilchen müßten im ganzen ähnliche Reflexionswirkungen hervorrufen, wie sie an einheitlichen Kristallen zu beobachten sind. Die geringfügige Streuung dürfte jedenfalls nennenswerte Beträge nicht erreichen.

Der Technologe muß also bei der Beurteilung der Kaltstreckprozesse von der grundlegenden Tatsache ausgehen, daß beim wahren Kaltstrecken keine Kornzertrümmerung, sondern nur eine Kornumgestaltung stattfindet, die allgemein der Stabdeformation proportional ist.

Korngrenzen. Den Grenzschichten zwischen zwei benachbarten Kristallen kommt auf Grund der verschiedenen Beobachtungen eine ganz besondere Bedeutung zu. Das Auftreten dieser Grenzschichten hat man bereits häufig zu erklären versucht. Vom chemischen Standpunkt aus werden von Tammann[2]) zu dieser Frage sehr wertvolle Versuchsergebnisse erbracht.

---

[1]) Z. V. d. I. 1900, S. 433 u. 503.
[2]) Z. anorg. Chem., Bd. 121, S. 275, 1922.

Trotzdem darf nicht übersehen werden, daß die Frage der Grenzschichten auch vom mechanisch-physikalischen Standpunkt aus einer eingehenden Durchforschung bedarf.

Physikalisch lassen sich die Grenzschichten wohl am ungezwungensten als Wände umgelagerter und in der Richtung der Spannungslinien der Oberflächenenergie und der Adsorptionskraft abgelenkter Elementarteilchen auffassen, die eine zwangsweise Gleichlagerung der Moleküle bewirken. Diese feinen Grenzschichten bilden also gleichsam ein Gerippe, das offenbar eine Sonderstellung im Gefüge einnimmt. Nun ist es bekannt, daß die Lösungsgeschwindigkeit von gestreckten und nichtgestreckten Metallen im allgemeinen verschieden[1]) ist, und daß auch die Grenzschichten zwischen Berührungsflächen der Kristalle den Lösungsmitteln anderen Widerstand entgegensetzen wie das eingekapselte Korninnere. Die Löslichkeitsunterschiede stehen mit den Ätzerscheinungen an Schliffen insofern in guter Übereinstimmung, als bei Metallen wie Eisen, die durch Kaltstrecken löslicher werden, das Lösungsmittel die Grenzschichten stärker angreift als das Korninnere und an Stelle der Grenzschichten feine Furchen ausätzt. Gegenteiliges Verhalten zeigen Metalle, bei denen durch Kaltstrecken der Lösungswiderstand erhöht wird, beispielsweise Kupfer und Aluminium. Die Grenzschichten bleiben hier in der Regel als schwach vorstehende Metallrippen zurück.

Die voreilende bzw. nachbleibende Ätzbarkeit der Grenzschichten ist schon wiederholt mit Veränderungen des mechanisch-physikalischen Zustandes dieser Schichten in Verbindung gebracht worden; indes können bei sehr geringen Spannungsunterschieden die Versuchsergebnisse durch zahlreiche Störungserscheinungen, beispielsweise innere Spannungen und dergleichen, leicht getrübt werden. Aber auch noch andere Beobachtungstatsachen, z. B. der korndurchquerende (intragranulare) Bruchverlauf, die Abhängigkeit der Festigkeit vom prozentualen Querschnittsanteil der Grenzschichten sprechen wohl zugunsten dieser Anschauung.

Zwischenzustände.

Inhomogene Reflexion. Die Erscheinungen, wie sie sich in der ungestörten dislozierten Reflexion und in den gesetzmäßigen Ätzfiguren darstellen, bilden einen Grenzfall der Gefügeausbildung,

---
[1]) Heyn: Materialienkunde 1912, S. 297.

dem das völlige Verschwinden der dislozierten Reflexion und der Kristallfigurenätzbarkeit als der andere Grenzfall gegenüberzustellen ist. Eine so weitgehende Zerstörung des Kristallinnern, wie sie durch die Abb. 93 und 99 veranschaulicht wird, ist nur bei sehr hohen Beanspruchungsgraden zu erzielen. Bei Proben von zwischenliegendem Kaltstreckungsgrad kann man die Zerstörung des gesetzmäßigen Aufbaues von Stufe zu Stufe verfolgen. In Abb. 100 ist das Gefüge eines Aluminiumbronzebarrens nach einer Querschnittsabnahme von $5^0/_0$ veranschaulicht (unbeansprucht vergleiche Abb. 86). In fast allen Kristallen können eigenartige inhomogene Reflexionen beobachtet werden, die vielleicht als „Flammen" bezeichnet werden könnten. Besonders charakteristisch sind diese Erscheinungen an der mit dem Pfeil a bezeichneten Stelle.

Innerkristalline Linienscharen. Werden solche Kristalle in stärkerer Auflösung untersucht, so können eigentümliche Veränderungen der inneren Struktur dieser Kristalle wahrgenommen werden. In Abb. 101 ist ein Kristall wiedergegeben, in dem drei

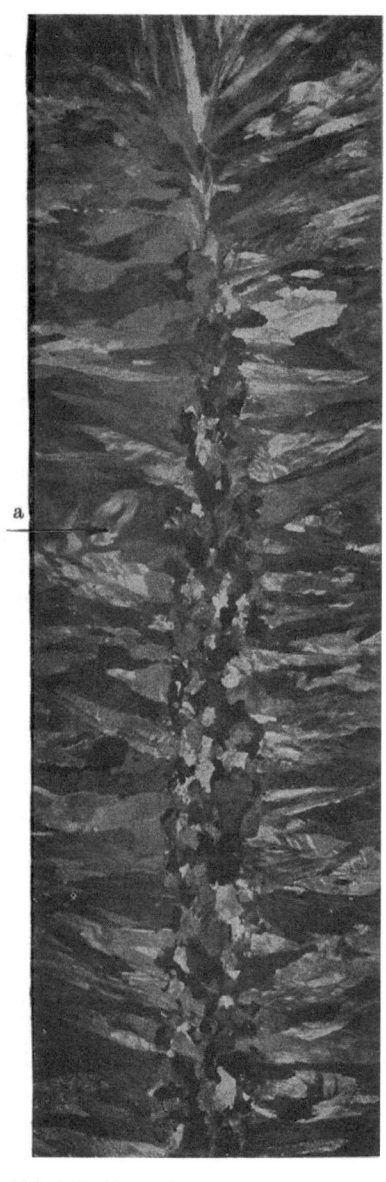

Abb. 100. Aluminiumbronzebarren nach einer Querschnittsabnahme von $5^0/_0$. Geätzt mit Ammoniumpersulfat 1:10. (Lin. Vgr. 0,9).

112 Kristallographische Erscheinungen an kaltgestreckten Metallen.

Linienscharen etwa parallel den Seiten eines gleichseitigen Dreiecks verlaufen. In den Nachbarkristallen sind die Streifungen anders-

Abb. 101. Innerkristalline Linienscharen (Aluminiumbronze - α - Kristall). Ätzpoliert mit ammoniakgetränktem Wattebausch. (Lin. Vgr. 350.)

artig angeordnet. In der Abb. 102 zeigen diese Streifungen dagegen rautenartige Anordnung. Es sei noch besonders darauf hingewiesen, daß diese Streifungen den gesamten Querschnitt vieler kaltgestreckter Metalle und Legierungen in zahllosen Scharen durchsetzen. Sie können nach dem Schleifen und Polieren durch Ätzen leicht bloßgelegt werden.

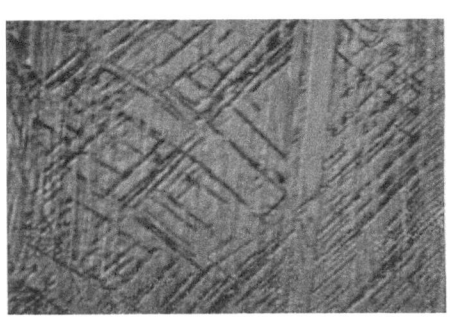

Abb. 102. Innerkristalline Linienscharen (Aluminiumbronze - α - Kristall), rautenartige Anordnung der Linien. Ätzpoliert mit (ammoniakgetr. Wattebausch. (Lin. Vgr. 350)

Zwillinge. Außer den Parallelstreifungen können auch häufig

Zwischenzustände. 113

wohlgeordnete Bänder von beträchtlicher Breite im Innern überelastisch beanspruchter Kristalle beobachtet werden. Der große

Abb. 103. Aluminiumbronze-α-Kristall mit Zwillingsstreifen und innerkristallinen Linienscharen. Ätzpoliert mit ammoniakgetränktem Wattebausch. (Lin. Vgr. 300.)

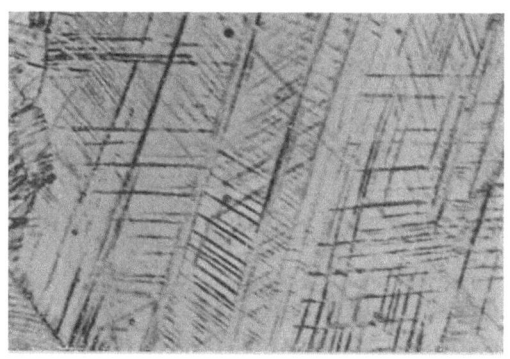

Abb. 104. Aluminiumbronze-α-Kristall mit Zwillingsstreifen und innerkristallinen Linienscharen. Ätzpoliert mit ammoniakgetränktem Wattebausch. (Lin. Vgr. 305.)

Kristall in Abb. 103 ist z. B. aus etwa acht solchen Bändern zusammengesetzt, die alternierend gleichgerichtete Linienscharen auf-

114 Kristallographische Erscheinungen an kaltgestreckten Metallen.

weisen, also ein und demselben Kristall angehören; sie rühren von Zwillingsbildungen her, die durch mechanische Beanspruchung hervorgerufen worden sind und die zweckmäßig als Deformationszwillinge bezeichnet werden könnten[1]). Auch in Abb. 104 kann ähnliches, wenn auch nicht in gleich deutlichem Maße beobachtet werden. In Abb. 105 zeigen die Linienscharen grätenartige Anordnung, die von Zwillingspaar zu Zwillingspaar

Abb. 105. Aluminiumbronze-α-Kristall mit Zwillingsstreifen und innerkristallinen Linienscharen von grätenartiger Anordnung. Ätzpoliert mit ammoniakgetränktem Wattebausch. (Lin. Vgr. 190.)

Abb. 106. Aluminiumbronze-α-Kristalle mit Zwillingsstreifen und innerkristallinen Linienscharen an zwei Nachbarkörnern. Ätzpoliert mit ammoniakgetränktem Wattebausch. (Lin. Vgr. 350.)

wechselt. Abb. 106 zeigt die in Abb. 102 und 103 dargestellten Erscheinungen an zwei benachbarten Kristallen.

Die Zwillingsstreifen verlaufen häufig schlechthin parallel. Eine strenge Gesetzmäßigkeit läßt sich indes nicht nachweisen, insbesondere zeigt dies die Abb. 103. Vollends gekrümmt und durcheinander gewirbelt erscheinen dagegen diese Streifungen in dem in Abb. 107 wiedergegebenen Kristallaggregat. Diese unregelmäßigen Bildungen erfüllen bei starker Deformation den gesamten Querschnitt der Proben, während die mehr gesetzmäßig

---

[1]) Czochralski: Z. Metallkunde 1920, S. 497.

angeordneten Streifungen nur bei schwächeren Deformationen und auch nur in geringerem Maße auftreten. In derart ausgeprägter Weise lassen sich diese Erscheinungen indes nur bei verhältnismäßig wenigen Metallen beobachten. Besonders geeignet sind Aluminium- und Zinnbronze mit Aluminium- bzw. Zinngehalten von 4 bis 10 %. Zink und Zinn liefern allenfalls noch brauchbares Ausgangsmaterial. Bei Zinn ist die Neigung zur Bildung von

Abb. 107. Gekrümmte und durcheinander gewirbelte Streifungen auf einem Aluminiumbronze-α-Kristall. Ätzpoliert mit ammoniakgetränktem Wattebausch. (Lin. Vgr. 210.)

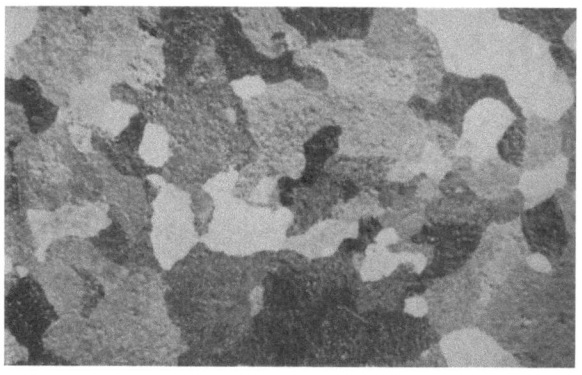

Abb. 108. Gußgefüge des Zinns, zwillingsfrei. Geätzt mit Salzsäure-Kaliumchlorat. (Lin. Vgr. 1,5.)

Zwillingsstreifen mehr ausgeprägt. Die Zwillinge des Zinns gleichen etwa den an einigen monoklinen Kristallen (beispielsweise Äthylmalonamid[1]) beobachteten Zwillingsformen. Ihnen schließen sich eng an die Zwillinge des Zinks. Abb. 108 zeigt das zwillingsfreie Gußgefüge des Zinns, Abb. 109 und 110 das Gefüge desselben Stückes

---

[1] Liebisch: Kristallographie. 1896, S. 455.

116 Kristallographische Erscheinungen an kaltgestreckten Metallen.

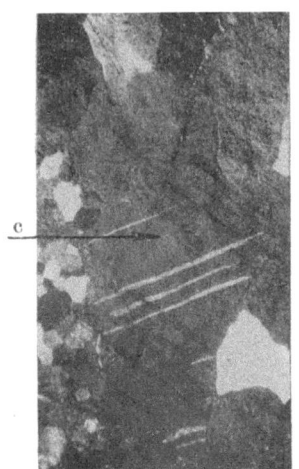 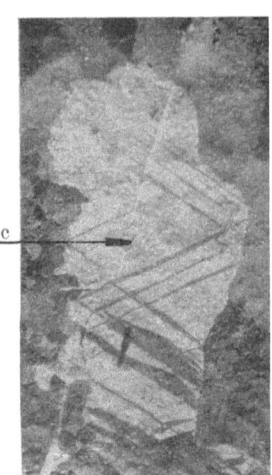

Abb. 109. Abb. 110.
Das in Abb. 108 dargestellte Metallstück (Sn) nach schwacher Deformation.
(In Abb. 110 ist die Beleuchtung um 90° versetzt). Geätzt mit Salzsäure-
Kaliumchlorat. (Lin. Vgr. 6.)

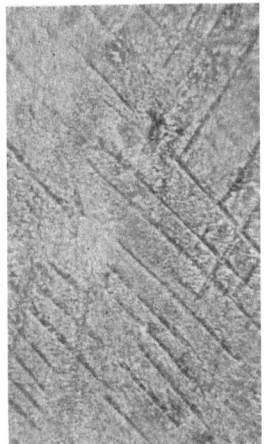 

Abb. 111. Abb. 112.
Dgl., einige Zwillingslamellen stark vergrößert. Geätzt mit Salzsäure-
Kaliumchlorat. (Lin. Vgr. 210.)

nach schwacher Deformation. Der große Kristall c erscheint jetzt von Zwillingen stark durchsetzt. Abb. 110 gibt die gleiche Schliffstelle wieder, die Beleuchtungsrichtung ist aber um 90° versetzt. In Abb. 111 und 112 sind einige Zwillingslamellen stark vergrößert wiedergegeben. Wärmespannungen können auch in Gußkristallen die Ausbildung von Zwillingen bewirken, wie dies bei großen Gußstücken wohl öfters der Fall ist. Ähnliche Erscheinungen können auch an Zink beobachtet werden; dies veranschaulicht Abb. 113 an einer Anzahl von Kristallkörnern.

Bei der Deformation grobkristallisierter Zinn- und Zinkstreifen kann man beim Biegen die Bildung von Zwillingen auch an ungeätzten Proben oft schon mit bloßen Augen verfolgen. Es ist bemerkenswert, daß manche Zwillingsstreifen beim Zurück-

Abb. 113.
Zwillingsformen in Zinkkristallen. Geätzt mit konzentrierter Chromsäure. (Lin. Vgr. 5.)

biegen der Probe aus der Zwillingslage in die Lage des sie umschließenden Kristallkörpers zurückschnellen und alsdann nicht mehr wahrgenommen werden können. Dieses Experiment (Auftreten und Verschwinden desselben Zwillings) kann an ein und demselben Kristall fast immer mehrmals wiederholt werden. Der Vorgang wird stets durch ein Geräusch[1]) begleitet. Die Entstehungsbedingungen des als Zinn- und Zinkgeschrei wohlbekannten akustischen Phänomens waren bis dahin noch nicht mit Sicherheit festgelegt. Unter anderem glaubte man, das eigenartige Geräusch sei durch Reibung der Kristalle aneinander bedingt. Erst bei der Untersuchung an isolierten freien Kristallen ist

---

[1]) Czochralski: Intern. Z. f. Metallographie. 1916, S. 9.

118 Kristallographische Erscheinungen an kaltgestreckten Metallen.

es nachzuweisen gelungen, daß das Geräusch, das bei der Deformation auftritt, nicht durch Reibung der Kristalle aneinander, sondern lediglich durch das spontane Umklappen ganzer Kristallteile in symmetrische, kristallographisch definierte Zwillingsstellungen entsteht.

Ähnlich wie die dislozierte Reflexion und die Kristallfigurenätzbarkeit geht die Fähigkeit, Parallelzwillingsstreifen zu bilden, durch das Strecken nach und nach verloren. Nach weitgetriebener Kaltstreckung können daher weder Parallelstreifungen noch Zwillinge im Gefüge beobachtet werden; ebenso tritt das Zwillingsgeschrei bei der Deformation nicht mehr auf.

Periphere Wirkungen.

Erscheinungen an polierten Schlifflächen (Translationslinien, Zwillinge). Die innerkristallinen Linienscharen, die im Grenzfall ihrer Ausbildung als Zwillingsbänder im Gefügebild sich darstellen mögen, sind auch stets an den ungeätzten Schliffflächen wahrzunehmen, wenn diese bereits vor der Beanspruchung der Probe angeschliffen worden waren. Das Schliffbild eines

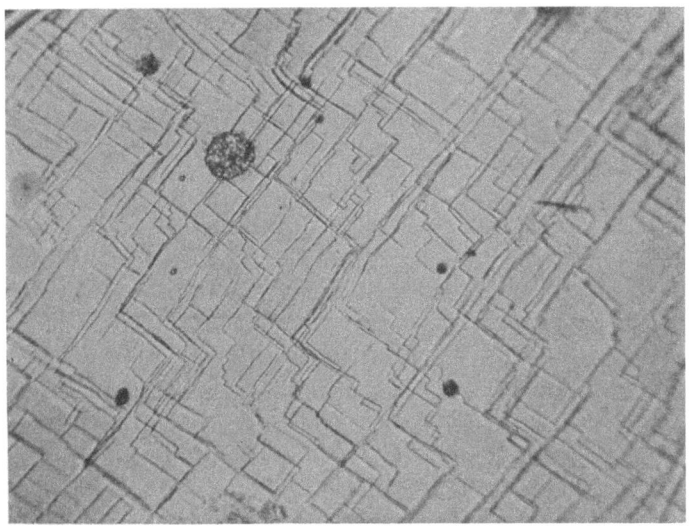

Abb. 114. Gleitlinien auf der polierten ungeätzten Schlifffläche eines α-Messingkristalls. (Lin. Vgr. 180.)

Metalls mit nachträglich durch überelastische Beanspruchung erzeugten Gleitlinien ist in Abb. 114 wiedergegeben. Die Beanspruchung des Materials ging nur wenig über die Elastiztätsgrenze hinaus. Als Material wurde α-Messing verwendet.

An Mineralkristallen ist diese Erscheinung zuerst von Reusch[1]) beschrieben und später von Mügge[2]) auch an Metallkristallen eingehend studiert worden. Sie ist in dem gesetzmäßigen Raumgitteraufbau der Kristalle begründet. In Übereinstimmung mit

Abb. 115. Kupferkristall mit Ätzfiguren. Geätzt in Ammoniumpersulfat 1 : 10 rd. 2 Stunden. (Lin. Vgr. 180.)

den Ergebnissen Mügges zeigen die Abb. 115, 116 und 117 den gesetzmäßigen Verlauf der Gleitlinien an einem Kupferkristall, der vor dem Versuch mit einer angeätzten Oberfläche versehen wurde. Die Fläche entspricht der Würfelebene, die Gleitlinien verlaufen diagonal zu den quadratischen Ätzfiguren. Der Reihe nach zeigen die Abb. 115 den Kristall vor, 116 nach schwachem, 117 nach etwas stärkerem Grad der Beanspruchung. Alle diese Erscheinungen können nur bei schwachem Deformationsgrade studiert werden, bei steigender Beanspruchung werden sie

---

[1]) Pogg. Ann., Bd. 132, S. 441, 1867.
[2]) Neues Jahrb. f. Mineralogie. 1898, I, S. 71.

120 Kristallographische Erscheinungen an kaltgestreckten Metallen.

Abb. 116. Derselbe vorgeätzte Kupferkristall nach schwachem Kaltstrecken.
(Lin. Vgr. 180.)

Abb. 117. Desgleichen, etwas stärker kaltgestreckt. (Lin. Vgr. 180.)

durch das Auftreten inhomogener Reflexion nach und nach ausgelöscht.

Die Gleitflächenbildung tritt aber nur zu Anfang des Streckens auf. Bei der darauffolgenden ungleich größeren Fließperiode bleibt sie indes völlig aus. Das Fließen geht also während der Hauptperiode ohne nachweisbare Bildung von Gleitflächen vor sich. Zur Begründung dieser Ansicht seien die Abb. 118 und 119 angeführt. Abb. 118 veranschaulicht das Schliffbild einer Aluminiumprobe,

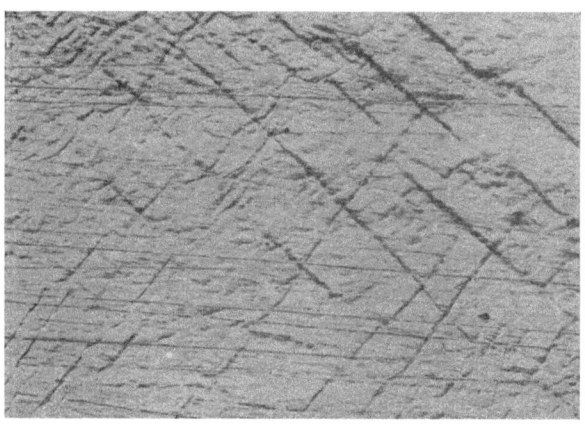

Abb. 118. Gleitlinien auf der polierten, ungeätzten Schliffläche einer Aluminiumprobe. (Lin. Vgr. 45.)

auf der durch überelastische Beanspruchung Gleitlinien hervorgerufen wurden. Die Höhenabnahme beim Stauchen betrug 2%, die Belastung etwa 6 kg/mm². Die Gleitlinien sind deutlich ausgebildet. Sie verlaufen mit großer Streuung im Winkel von 45° zur Druckrichtung. Die Parallelität der Streifung ist unvollkommen. Diese Probe wurde nunmehr kalt heruntergewalzt, so daß der quadratische Querschnitt der Stirnfläche nur noch ein Viertel des ursprünglichen betrug. Die Probe wurde darauf erneut mit einer polierten Fläche versehen und um 10% gestaucht. Die Abb. 119 zeigt, daß während der nunmehr viel größeren Fließperiode, bei der die Last bis auf den bei Aluminium größtmöglichen Betrag von 12 kg/mm² anstieg, das Auftreten von Gleitlinien selbst bei sehr starker Vergrößerung (1500fach) im Schliff-

122 Kristallographische Erscheinungen an kaltgestreckten Metallen.

bild nicht mehr wahrzunehmen ist. Versuche bei anderen Metallen liefern grundsätzlich die gleichen Ergebnisse. Das Fließen kann während der Hauptperiode also auch ohne Bildung von Gleitebenen vor sich gehen. Die Erscheinung der Gleitflächenbildung nimmt Tammann[1]) zur Grundlage seiner Theorie des Fließens. Die hier gegebene Erklärung geht über diese Erscheinung hinaus und spricht ihr nur den Wert einer Nebenfunktion zu, die die Anfangsstadien der Deformation begleitet, um während der darauffolgenden ungleich größeren Fließperiode alsbald völlig

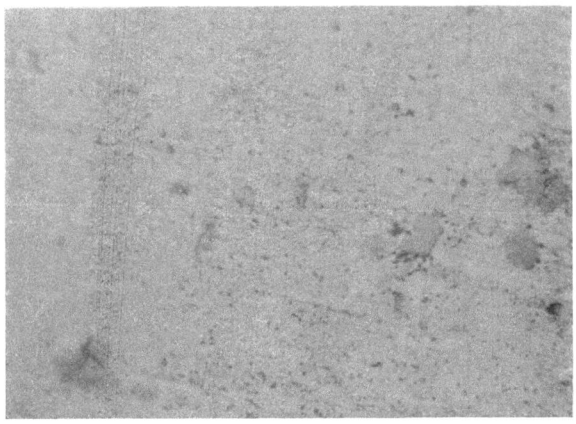

Abb. 119. Das in Abb. 118 dargestellte Metallstück nach starkem Kaltstrecken (75%) und erneutem Anschleifen und Stauchen. Trotz des hohen Stauchgrades treten Gleitlinien nicht mehr auf. Ungeätzt. (Lin. Vgr. 1500.)

auszubleiben. Für den Technologen erwächst hieraus die zwingende Notwendigkeit, in den Gleitlinien keinen wesentlichen Bestandteil des Fließvorganges zu erblicken. Der Tatsache selbst, daß sich unter bestimmten Bedingungen Gleitflächen bilden können, wird durchaus nicht widersprochen.

Kraftwirkungslinien. Bei der Beanspruchung der verschiedensten Metalle kann ferner das Auftreten gesetzmäßig ausgebildeter Liniensysteme (Lüdersche Linien) häufig beobachtet werden. Hierfür geben die Abb. 120 und 121 nach Martens[2]) und

---

[1]) Lehrbuch der Metallographie, 1914, S. 57ff.
[2]) Materialienkunde 1898, S. 69.

Hartmann[1]) besonders charakteristische Beispiele. Trotz der ungeheuren Anzahl von Kristallen, die ein Arbeitsgut von der vorliegenden Art aufzuweisen pflegt, hat sich an der Probe eine übergeordnete gesetzmäßige Linienstruktur ausgebildet, die über den Bereich der Einzelkristallindividuen unbekümmert hinausgeht. Auch diese Art von Liniensystemen tritt nur während der Anfangs-

Abb. 120. Kraftwirkungslinien (nach Martens).

Abb. 121. Kraftwirkungslinien (nach Hartmann).

stadien der Deformation auf. Fry[2]) hat gezeigt, daß man die Wirkung dieser äußeren Fließlinien bei einigen Metallen auch im Innern nachweisen kann, ähnlich wie dies bei den innerkristallinen Linienbildungen, Abb. 101 bis 107, gezeigt werden konnte.

Zusammenfassung.

Alle diese Kennzeichen zeigen in eindeutiger Weise, daß der gesetzmäßige Aufbau der Gußkristalle durch das Kaltstrecken weitgehend gestört wird, und daß er unter Durchlaufen der verschiedensten Zwischenstufen einem zunächst hypothetischen End-

---

[1]) Vgl. Rejtö: Baumaterialienkunde, Bd. 4, S. 53, 1899.
[2]) Kruppsche Monatshefte. Bd. 2, S. 117, 1921.

zustand zustrebt. Ein besonderes Charakteristikum dieses Zustandes liegt darin, daß die dislozierte Reflexion als intime Äußerung des inneren Kristallaufbaus einer homogenen Reflexion Platz macht. Befinden sich die Metallkristalle erst in diesem Zustande, so ist die Wahrnehmung von kristallographischen Kennzeichen nicht mehr möglich. Das erklärt auch übrigens zur Genüge, warum es, wie allgemein bekannt, schwierig, ja unter Umständen sogar unmöglich ist, die Einzelkristalle auf Schliffen kaltgestreckter Metalle nach dem Ätzen wahrzunehmen.

VII. Rekristallisationsdiagramme.

Im vorangehenden Abschnitt wurde eingehend erörtert, inwieweit die Fließvorgänge an Metallen auf das Gefügebild von Einfluß sind. Während nun bei den Gußmetallen durch Wärmebehandlung keine merklichen Gefügeveränderungen hervorgerufen werden können, so verhalten sich Metalle, die durch Kaltstrecken überelastisch beansprucht worden sind, in dieser Hinsicht ganz anders. Auf diese übt das Verweilen bei hohen Temperaturen stets einen mehr oder weniger einschneidenden Einfluß aus.

Die Bedingungen, unter denen sich die Umgruppierung im Innern kaltgestreckter Metalle durch Ausglühen vollzieht, lassen sich wohl am exaktesten am reinen Zinn ermitteln. Den Vorgang der Gefügeumgruppierung bezeichnet man allgemein als „Rekristallisation". Das Studium der Gefügeveränderungen am Zinn gestattet außerdem, die Anomalien, die bei der Herstellung von Schliffflächen häufig auftreten können, anschaulich kennenzulernen; daher sollen die Rekristallisationsvorgänge, wie sie an diesem Metall auftreten, den Ausgangspunkt der folgenden Ausführungen bilden.

Gefügeumwandlung des Zinns bei der Schliffherstellung.

Es gelang früher nur selten, das wahre Gefüge des Zinns bloßzulegen; Campbell[1]), Behrens[2]), Wüst[3]) und andere haben es an Gußhäuten richtig erkannt. So oft aber künstlich hergestellte Querschnitte oder mit Schneidwerkzeugen behandelte Oberflächen untersucht wurden, gelangte man zu den widersprechendsten Ergebnissen. Die nachstehend beschriebenen Versuche haben weitgehenden Aufschluß über das Verhalten des Zinns und im allgemeinen der Metalle bei ihrer Umbildung gegeben.

Ätzt man das eine Mal eine unbeschädigte Gußoberfläche, das andere Mal eine durch Sägen, Meißeln oder Feilen künstlich

---

[1]) Guertler: Metallographie. 1909, S. 195.
[2]) Siehe Anmerkung 2, S. 48.
[3]) Metallurgie. 1909 S. 769.

hergestellte Schlifffläche, so werden auf der unbehandelten Gußoberfläche schon nach sehr kurzer Ätzdauer die einzelnen Kristallkörner makroskopisch sichtbar, während die künstlich erzeugten
Begrenzungsflächen des Schliffes selbst nach sehr langem Ätzen
keine Spuren der ursprünglichen kristallinischen Gliederung mehr
erkennen lassen.

Die obersten Kornschichten der künstlich erzeugten Begrenzungsflächen sind, da das Metall bei der mechanischen Bearbeitung bleibende Formänderung und Erwärmung erfuhr, offenbar stark verändert worden.

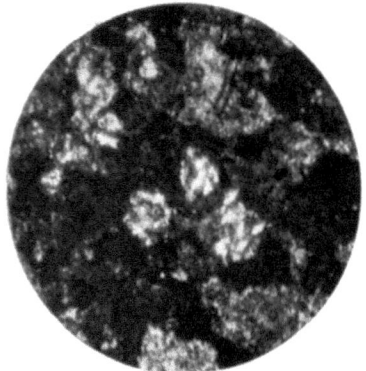

Abb. 122. Gegossenes Zinn mit künstlicher, vor dem Ätzen nicht abgebrann-
ter Schlifffläche; die winzigen Kristalle
sind infolge Rekristallisation entstanden. Geätzt mit Salzsäure-Kaliumchlorat.
(Lin. Vgr. 210.)

Abb. 123. Gefüge der in Abb. 122 dargestellten Schliffstelle nach starker Tiefätzung. Das Korn erscheint stark
vergröbert. Geätzt mit Salzsäure-Kaliumchlorat.
(Lin. Vgr. 210.)

Wie Versuche ergeben haben, bedingt selbst Schneiden oder
Feilen unter starker Kühlung schon eine Veränderung der obersten
Kornschichten, die sich in einer Kornverfeinerung äußert. Das
Korn eines Schliffes wird also offenbar um so feiner, je näher man
sich an der äußersten, mechanisch am stärksten beanspruchten
Schliffhaut befindet, und um so gröber, je tiefer man in das Metall
eindringt. Ehe man demnach auf das wahre Innengefüge des
Metalls stößt, muß man eine mehr oder weniger dicke Schicht
allmählich gröber werdender Kristalle durchdringen. In Abb. 122
ist das Gefüge einer durch Kaltsägen hergestellten, geätzten

Schliffläche wiedergegeben. Durch stunden- und tagelanges Ätzen können immer tiefer liegende Kristallschichten des Metalls bloßgelegt werden. Abb. 123 gibt das Gefüge derselben Schliffstelle nach starker Tiefätzung wieder. Das Korn erscheint stark vergröbert.

Da man für die wiederholt beobachtete Kornvergröberung beim Ätzen bisher keine Erklärung geben konnte, glaubte man

Abb. 124. Das eigentliche Innengefüge des in Abb. 122 und 123 dargestellten Metallstückes nach dem Abbrennen der vorgelagerten rekristallisierten Kristallschichten in Salpetersäure. Nachgeätzt mit Salzsäure-Kaliumchlorat. (Lin. Vgr. 48.)

vielfach fälschlich, daß das Korn durch langandauerndes Ätzen anschwelle[1]). In Wirklichkeit ist aber die Erscheinung durch die verschiedene Körnung (Dispersität) der umgewandelten Schichten bedingt. Eine Beseitigung der vorgelagerten ziemlich dicken Haut durch Salzsäureätzung gelingt nicht, weil sie weder gleichmäßig noch genügend rasch fortgeätzt werden kann. Gute Dienste leistet mehrmaliges Abbrennen des Schliffes in konzentrierter Salpetersäure 1,4. Die Ätzdauer beträgt jeweils etwa 30 Sekunden.

---

[1]) Baucke: Intern. Z. f. Metallographie. 1912, S. 243.

In der Regel genügt fünf- bis zehnmaliges Abbrennen der Schlifffläche. Der Schliff wird hierauf in Kaliumchloratsalz-Ätzlösung nachgeätzt (vgl. S. 62). Auf diese Weise gelingt es schließlich, das wahre Gefüge des Metalles, wie es Abb. 124 veranschaulicht, bloßzulegen. Die Schliffstelle ist dieselbe, wie in Abb. 122 und 123. Es kann demnach keinem Zweifel unterliegen, daß die Kornschichten in der Nähe der Schlifffläche bleibende Formänderung bei der mechanischen Bearbeitung erfahren haben, und infolge der beim Schneiden entwickelten Reibungswärme rekristallisiert waren. Dies muß aber nicht unbedingt immer der Fall sein. Bei unzureichender Erwärmung braucht der bleibenden Formänderung eine Rekristallisation nicht zu folgen, ebenso wenn die vorangegangenen bleibenden Formänderungen sehr geringfügig waren.

Die Grenztemperaturen der Rekristallisation.

Heyn[1]) hat schon früher die Vermutung ausgesprochen, daß die Rekristallisationstemperatur um so tiefer liegen kann, je stärker der Grad des Kaltstreckens war; Beweise für diese Annahme sind aber von ihm nicht erbracht worden. Auch für das Studium dieser praktisch und theoretisch gleich bedeutungsvollen Fragen hat das Zinn als Ausgangsmaterial sich als sehr geeignet erwiesen. Die beginnende Rekristallisation macht sich durch Neubildung winziger Kristalle, die durch Ätzen sichtbar gemacht werden können, deutlich bemerkbar (Abb. 122). Die Untersuchung wurde in der Weise durchgeführt, daß Streifen von reinem Zinn verschiedenen Graden der Kaltstauchung unterzogen und darauf einer Dauerrekristallisation bei 30, 40, 50 und 100° ausgesetzt wurden. Die Zeitdauer bis zur beendeten Rekristallisation wurde den Bestimmungen als Maß zugrunde gelegt. Der große Einfluß des Kaltknetens auf die untere Rekristallisationsgrenze ist aus den in Abb. 125 wiedergegebenen Versuchsergebnissen deutlich ersichtlich. Bei der um 50 % gestauchten Probe wurde vollkommene Rekristallisation bei einer Mindesttemperatur von 50° erzielt, während bei der um 90 % gestauchten Probe dieser Grad der Rekristallisation bereits bei 40° erreicht wurde. Die Rekristallisation hat bei der um 50 % gestauchten Probe nach einer Dauer von etwa 1500 Minuten, bei der um 90 % gestauchten bereits

---

[1]) Materialienkunde 1912, S. 273.

nach 500 Minuten einen gewissen Abschluß erreicht, wie dies aus dem asymptotischen Verlauf der Kurven sich ergibt. Ob die untere Rekristallisationstemperatur des Zinns noch unterhalb der hier angegebenen untersten Grenze von 40° herabgedrückt werden kann, erscheint immerhin nicht unwahrscheinlich. Bei 20° bis 25° konnte nach dreimonatiger Versuchsdauer bei stark gestauchtem Metall (Höhenabnahme 98%) Rekristallisation noch eben beobachtet werden.

Noch zweifelhafter als die Lage der unteren ist die Lage der oberen Rekristallisationsgrenze. Es ist nicht sicher, ob diese

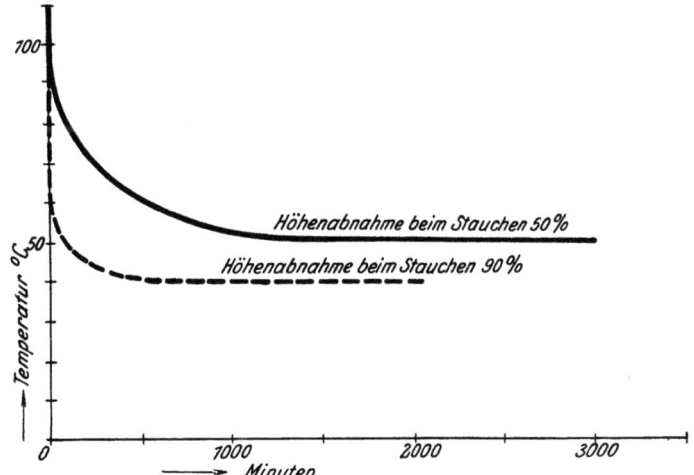

Abb. 125. Einfluß des Grades der Kaltstauchung auf die untere Rekristallisationgrenze beim Zinn.

mit der Schmelztemperatur des Metalls zusammenfällt, oder ob die Rekristallisation bereits vor dem Erreichen der Schmelztemperatur eine obere Begrenzung findet. Auf die Festigkeits- und Dehnungseigenschaften üben in der Regel Wärmebehandlungen bei Temperaturen, die unter Umständen mehrere hundert Grade unter dem Schmelzpunkt liegen, keinen wesentlichen Einfluß mehr aus[1]; andererseits zwingen aber Beobachtungen, die sich auf die Gefügeumbildung bei der Rekristallisation beziehen, zu der Annahme, daß die Rekristallisation wohl bei den meisten Metallen erst dicht unterhalb der Schmelztemperatur ihren Abschluß findet.

[1] Heyn, Materialienkunde 1912, S. 273.

Rekristallisationsschema.

Schon bei der Besprechung der Abb. 122, 123 und 124 konnte festgestellt werden, daß das rekristallisierte Korn offenbar um so feiner wird, je stärker und um so gröber, je geringer die mechanische Beanspruchung ist. Nach den Untersuchungen von Heyn[1]) u. a. war es nun naheliegend, daß das Korn auch mit steigender Rekristallisationstemperatur eine Vergröberung erfahren dürfte, wodurch der Ansatz zur Ableitung eines allgemeinen Gesetzes der

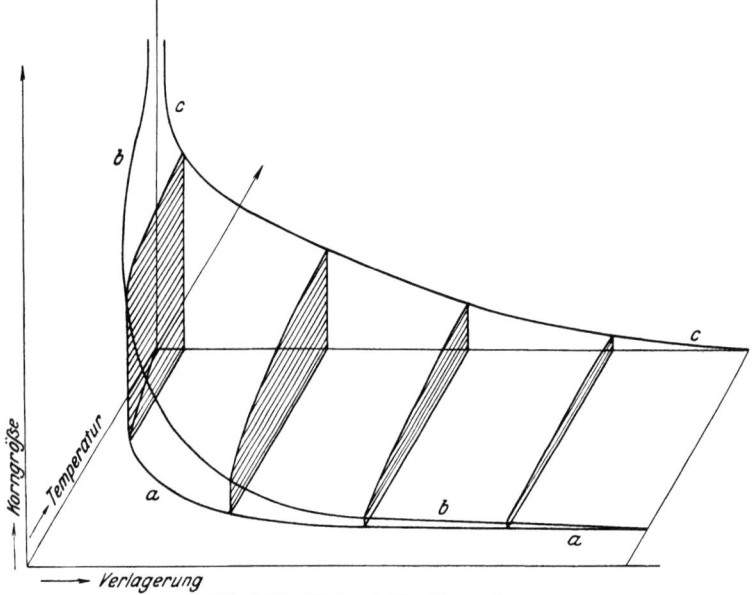

Abb. 126. Rekristallisationsschema.

Körnigkeitsbeziehungen sich ergab. Diese Ableitung läßt sich etwa wie folgt zusammenfassen: Die Korngröße eines kaltgestreckten Metalles nimmt mit steigender Rekristallisationstemperatur zu, und zwar um so mehr, je geringer der Grad der Kaltstreckung ist.

Eine Reihe systematischer Versuche des Verfassers führte denn auch zur Aufstellung des in Abb. 126 wiedergegebenen allgemeinen Rekristallisationsschemas. Dieses bringt in räumlicher Darstellung zum Ausdruck, welche Änderung die Größe der Körner kaltbeanspruchter Metalle durch das Ausglühen erleidet. Auf der einen Achse

---

[1]) Materialienkunde 1912, S. 214.

ist der Grad der Kaltstauchung = Verlagerung (Höhenabnahme beim Stauchen) abgetragen; die andere Achse gibt die Temperatur an, auf die erhitzt wurde. Als Ordinaten sind die mittleren Durchmesser der rekristallisierten Kristallkörner in Millimetern aufgetragen. Unterhalb der „unteren" Rekristallisationstemperatur, die je nach dem Grade der vorangegangenen Kaltbeanspruchung verschieden hoch liegen kann, ist es nicht möglich, eine Änderung der Korngröße praktisch zu erreichen. Wird die „untere" Rekristallisationstemperatur jedoch überschritten, so nimmt das Korn die der Stauchkurve und Temperatur zugeordnete, mittlere Größe an, bzw. nähert sich ziemlich rasch diesem maximalen Grenzwert. Darauffolgendes Weitererwärmen bei der zuletzt angewandten Höchsttemperatur vermag keine nennenswerte Änderung der Korngröße mehr hervorzubringen. Erst durch weitere Temperatursteigerung ist es möglich, eine Vergröberung des Kornes herbeizuführen. Die Steigerung der Korngröße findet ihren natürlichen Abschluß mit der Auslösung sämtlicher Streckspannungen des Arbeitsgutes. Bei sehr schwachem Stauchen (innerhalb des elastischen Gebietes) bleibt der Rekristallisationsvorgang gänzlich aus. Dann kann aber auch eine Änderung der Korngröße nicht herbeigeführt werden.

Die auf diese Weise gefundenen Zahlen sind mehr oder weniger Annäherungswerte. Schon geringfügige Beimengungen oder Verunreinigungen können, wenn auch nicht den grundsätzlichen Verlauf der Kurven, so doch die endgültigen Körnigkeitszahlen in hohem Maße beeinflussen. Auch die Gegenwart eines zweiten Gefügebestandteiles vermag ähnliche Wirkungen hervorzurufen[1]).

Rekristallisationsgeschwindigkeit.

Die Geschwindigkeit, mit der sich die Rekristallisation vollzieht, ist ziemlich beträchtlich; das erkennt man schon daran, daß der Rekristallisationsprozeß bei den Metallen recht schnell vonstatten geht. Bei sehr niedrigen Wärmegraden sinkt dagegen die Rekristallisationsgeschwindigkeit zu verschwindend geringen Beträgen herab.

Die Abhängigkeit der Rekristallisationsgeschwindigkeit von der Temperatur kann durch Messung des Fortschreitens der durch

---

[1]) Über Anomalien bei der Rekristallisation vgl. Masing: Z. Metallkunde 1920, S. 457, 1921, S. 425.

Ätzen sichtbar gemachten Rekristallisationsgrenze an örtlich beanspruchten Stäben leicht bestimmt werden. Messungen der Rekristallisationsgeschwindigkeit haben ergeben, daß sie in der Nähe des Schmelzpunktes am größten ist und mit abnehmender Temperatur alsbald auf unmerklich kleine Werte sinkt. Außer der Temperatur ist die Rekristallisationsgeschwindigkeit, wenn auch in geringerem Maße, aber auch von dem Grade der Kaltstauchung (Kaltknetung) abhängig. In Abb. 127 ist in räumlicher Darstellung die Abhängigkeit der Rekristallisationsgeschwindigkeit

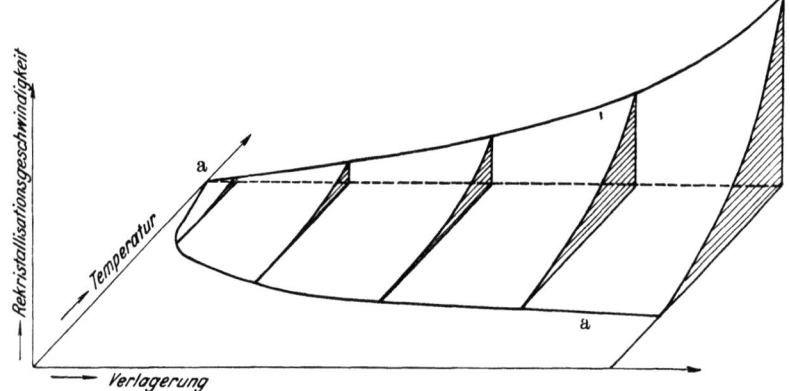

Abb. 127. Abhängigkeit der Rekristallisationsgeschwindigkeit von der Temperatur und dem Grade der Kaltstauchung = Verlagerung.

von der Temperatur und dem Grade der Kaltstauchung = Verlagerung (Höhenabnahme beim Stauchen) wiedergegeben. Bei den höchsten Stauch- und Wärmegraden ist die Rekristallisationsgeschwindigkeit ziemlich groß (bei Zinn etwa 10 mm/min), sinkt dann aber besonders mit abnehmender Temperatur sehr schnell zu kaum merklichen Beträgen herab. Unterhalb einer bestimmten Grenztemperatur (Kurve aa in Abb. 127) ist die Rekristallisation als unendlich langsam vor sich gehend aufzufassen.

Rekristallisation und Kernzahl.

Bei der Rekristallisation nimmt die Korngröße eines kaltgekneteten Metalles mit steigender Temperatur zu, und zwar um so mehr, je weniger es beansprucht, d. i. je geringere Anzahl Kerne bei der Rekristallisation zur Ausbildung gelangen.

So leicht es gelingt, die Rekristallisationsgeschwindigkeit der Metalle unmittelbar zu messen, so schwer ist es, Anhaltspunkte für die Abhängigkeit der „Kernzahl" von der Temperatur und von dem Grade der Kaltbeanspruchung bei der Rekristallisation zu gewinnen. Aus den aus Abb. 126 abgeleiteten Ergebnissen und dem sonstigen Verhalten der kaltbeanspruchten Metalle bei der Rekristallisation kann aber mit ziemlicher Wahrscheinlichkeit angenommen werden, daß sie mit dem Grade der Kaltbeanspruchung stark zunimmt und auch mit der Temperatur kurz nach dem Beginn der Rekristallisation erst einen Höchstwert erreicht und

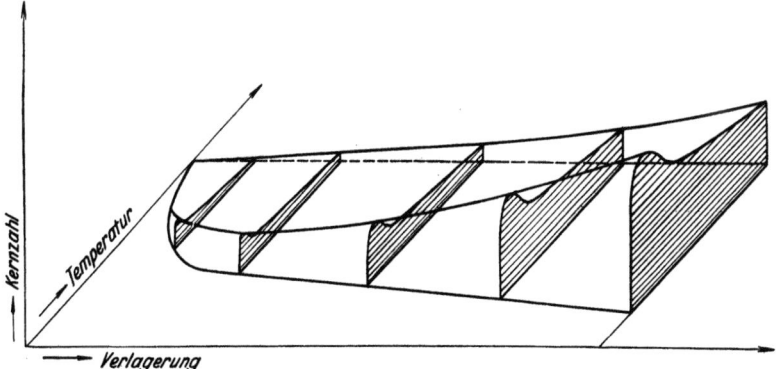

Abb. 128. Abhängigkeit der Kernzahl von der Temperatur und dem Grade der Kaltstauchung = Verlagerung.

dann bis zum Erreichen des Schmelzpunktes wahrscheinlich sehr schnell zurückgeht, wie dies durch das Schema Abb. 128 veranschaulicht wird. Geringe Kaltstreckgrade und hohe Rekristallisationstemperaturen erzeugen die geringste, hohe Kaltstreckgrade und niedrige Rekristallisationstemperaturen die größte Anzahl von Rekristallisationskernen.

Nutzanwendung der Rekristallisationsdiagramme.

Einige metallographische sowie technologische Anwendungsbeispiele der Rekristallisationsdiagramme seien in diesem Zusammenhang kurz berührt:

Wie gezeigt werden konnte, steigt und fällt der Körnigkeitsgrad φ mit dem Grade der bleibenden Kaltbeanspruchung v sowie mit der Höhe der Rekristallisationstemperatur t. Die Größe des rekristallisierten Kornes ist als Funktion dieser beiden Faktoren anzusehen, und umgekehrt kann jede dieser drei Größen mit Hilfe der beiden anderen unmittelbar aus einer Beziehung folgender Form errechnet werden:

$$f(\varphi, v, t) = 0.$$

Ist nun das Rekristallisationsdiagramm für ein reines Metall oder für eine Legierung aufgestellt, so kann man beispielsweise den Grad der bleibenden Kaltbeanspruchung einfach dadurch ermitteln, daß man in diesem Metall nach Anlassen auf bestimmte Temperatur die Korngröße mißt und aus dem Diagramm den zu dieser Temperatur und Korngröße gehörigen Wert der Kaltbeanspruchung abliest.

Aus der Konstruktion des Diagrammes geht umgekehrt ohne weiteres hervor, daß die Korngröße auch als Kriterium für die Glühtemperatur, der das Metall ausgesetzt war, dienen kann, wenn diese nicht bekannt ist. Indem man nämlich das Metall nach der Bestimmung der Korngröße im Anlieferungszustand einer Glühung unterwirft, bei der eine Vergrößerung der Körner eintritt, die also notwendig höher liegen muß, als die beim angelieferten Material schon angewandte, kann man durch erneute Bestimmung der Korngröße zunächst wie vorhin, den Grad der vorangegangenen Kaltstreckung ermitteln. Weiterhin kann man an Hand dieses Wertes und des Wertes der ursprünglichen Korngröße aus dem Rekristallisationsdiagramm die fragliche Temperatur ableiten.

Aber auch die Korngröße ist für die Metalle eine nicht minder wichtige Konstante wie der Deformationsgrad oder eine zweckmäßige Anlaßtemperatur. Ihre Vorausbestimmung und Bemessung ist daher technologisch von größtem Wert. Steigt die Korngröße über ein bestimmtes oberes Maß hinaus, so erreicht man den Grenzfall, wo infolge mangelnder Gleichartigkeit des Stoffes und der damit verbundenen mechanischen Widerstandsunterschiede die Festigkeits- und Dehnungseigenschaften der Metalle schädlich beeinflußt werden. Durch geeignete Wahl des Kaltstreckgrades und der Glühtemperatur ist man aber mit Hilfe eines vorhandenen Rekristallisationsdiagrammes imstande, einem Metall jede beliebige Korngröße zu verleihen, es also in einen bestimmten physikalisch-mechanischen Zustand zu versetzen.

Die wichtigsten bis jetzt aufgestellten Rekristallisationsdiagramme einiger Metalle seien im folgenden wiedergegeben.

In Abb. 129 ist das Diagramm für reines Zinn[1]) veranschaulicht. Die Bedeutung der Achsen ist dieselbe wie in Abb. 126. Die Körnigkeitszahlen bewegen sich zwischen einigen tausendstel und etwa 2 mm Korndurchmesser. Begrenzt wird das Diagramm durch die der Schmelztemperatur des Zinns (232⁰) entsprechende Schnittebene.

Abb. 130 gibt das Rekristallisationsdiagramm des Kupfers[2])

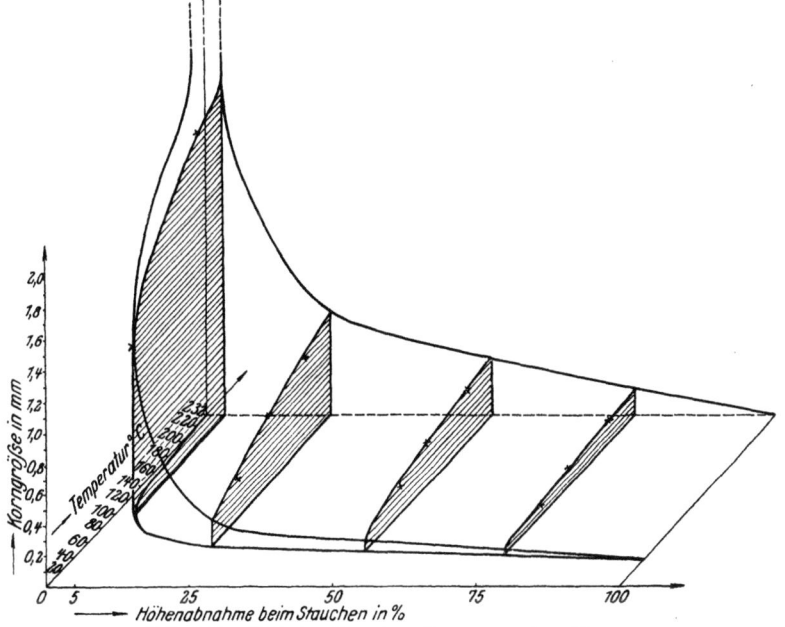

Abb. 129. Rekristallisationsdiagramm des Zinns.

wieder. Die Darstellungsart lehnt sich an die des Zinns unmittelbar an. Die Körnigkeitszahlen bewegen sich zwischen 0,0175 und 0,2 mm. Begrenzt wird das Diagramm durch die der Schmelztemperatur des Kupfers (1084⁰) entsprechende Schnittebene.

Sowohl das Diagramm für Zinn wie das für Kupfer sind in etwas korrigierter Form wiedergegeben. In den früheren Darstellungen schneiden sich die Kurven (b—b) und (c—c) beider Diagramme in einem endlichen Punkt der Senkrechten (φ-Achse).

---

[1]) Czochralski: Intern. Z. f. Metallographie 1916, S. 30.
[2]). Rassow u. Velde: Z. Metallkunde. 1920, S. 369.

Abb. 131 gibt das Diagramm für technisches Aluminium[1]) wieder. Das Diagramm schließt sich den bisherigen völlig an. Die Korngrößen bewegen sich zwischen 0,065 und 0,9 mm Durchmesser. Die Begrenzung bildet die der Schmelztemperatur des Aluminiums (654⁰) entsprechende Schnittebene.

Abb. 132 zeigt das Rekristallisationsdiagramm von reinem Elektrolyteisen[2]). Um einen Vergleich mit den bisher gegebenen Diagrammen zu erleichtern, ist der Maßstab für die Korngrößen

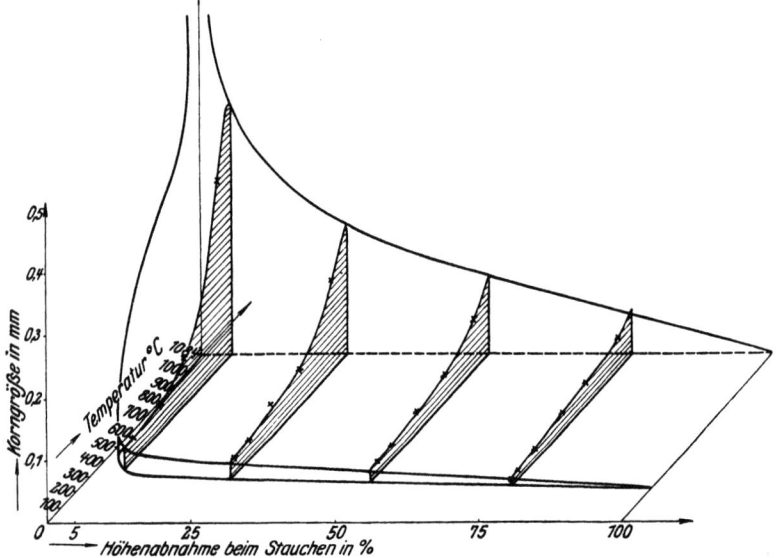

Abb. 130. Rekristallisationsdiagramm des Kupfers (nach Rassow und Velde).

in Übereinstimmung mit Abb. 129 bis 131 gebracht und die diesen Diagrammen nächstliegenden Zahlenwerte für die Glühdauer von $1/4$ Std. dem Original entnommen worden. Das Diagramm stimmt mit den übrigen Schaubildern im großen und ganzen gut überein. Auch bei Eisen nimmt die Korngröße mit steigender Rekristallisationstemperatur zu und zwar um so mehr, je geringer der Grad der Deformation ist. Die Begrenzung bildet die der Umwandlungstemperatur des α-Eisens in γ-Eisen (900⁰) entsprechende Schnittebene.

---

[1]) Rassow u. Velde: Z. Metallkunde. 1921, S. 557.
[2]) Oberhoffer u. Oertel: Stahl und Eisen. 1919, S. 1061.

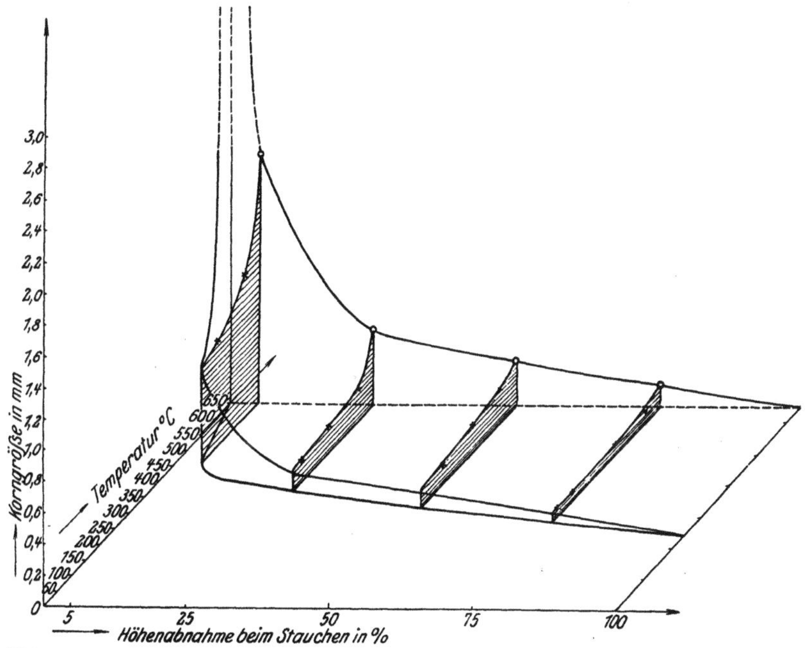

Nutzanwendung der Rekristallisationsdiagramme.

Abb. 131. Rekristallisationsdiagramm des Aluminiums (nach Rassow und Velde).

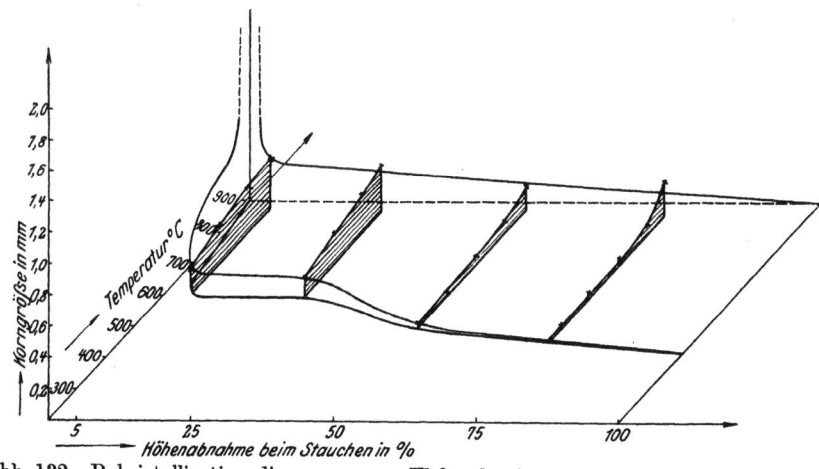

Abb. 132. Rekristallisationsdiagramm von Elektrolyteisen (nach Oberhoffer u. Oertel).

Rekristallisationsdiagramme.

Diese Diagramme zeigen in erster Annäherung die Beziehungen, die zwischen den physikalischen Veränderlichen: Streckgrad, Temperatur und Korngröße, bestehen. Der weitere Ausbau dieser Diagramme dürfte eine der wichtigsten Aufgaben der künftigen Metallkunde sein. Die wenigen angeführten Beispiele der Ermittlung der Art und Größe der mechanischen und thermischen Vorbehandlung, sowie der bewußten Bemessung der Korngröße und damit der zielbewußten Beeinflussung der physikalisch-technischen Eigenschaften lassen erkennen, welche umfassende Bedeutung den Rekristallisationsgesetzen innewohnt.

Die praktische Anwendung der Rekristallisationsdiagramme ist zwar zunächst insofern beschränkt, als die Raumdiagramme für die meisten Metalle noch nicht oder nur ungenügend bekannt sind. Da jedoch bei ungleichförmig beanspruchtem Arbeitsgut die Korngröße in den verschiedenen Teilen des Querschnittes nach der Rekristallisation Unterschiede aufweist, führt auch der Vergleich der relativen Korngrößen vielfach schon zu sehr wertvollen Aufschlüssen.

VIII. Vorgänge bei der Rekristallisation.

Allgemeines.

Bei der Rekristallisation wird das Gefüge der gestreckten Metalle völlig umgestaltet. Ein Ausglühen kürzester Dauer genügt meistens schon, um eine völlige Neuordnung des Gefüges zu schaffen. In ihrer Stufenfolge lassen sich die Rekristallisa-

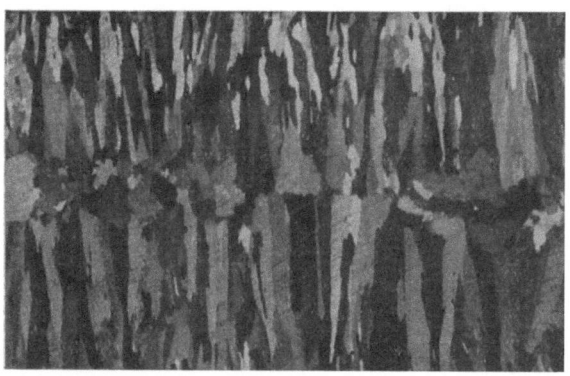

Abb. 133. Nadeliges Gußgefüge von Aluminiumbronze mit 8 % Aluminium. Geätzt mit Ammoniumpersulfat 1 : 10. (Lin. Vgr. 0,75.)

tionserscheinungen besonders an Materialien von geringem Grad der Kaltbearbeitung verfolgen.

Abb. 133 zeigt das Gefüge der unbeanspruchten Gußkristalle (Aluminiumbronze mit 8 % Aluminium), Abb. 134 dasselbe Stück rekristallisiert nach vorangegangenem Kaltwalzen. In Abb. 134 hat der Druck von beiden Walzen her nur bis zu einem Viertel der Dicke des Arbeitsgutes kräftig gewirkt; beim nachfolgenden Glühen (700°) sind die starkbeanspruchten Körner am Rande rekristallisiert, die gar nicht oder nur schwach beanspruchten im Innern sind im wesentlichen unverändert geblieben. Bei stärkeren Beanspruchungen pflanzt sich die Wirkung des Kaltwalzens bis ins Innere fort. Abb. 135 zeigt das Gefüge der Probe nach einer

Querschnittsabnahme von 25 % und nachfolgender Rekristallisation bei etwa 700°. Der Querschnitt der geätzten Probe erscheint nunmehr von winzigen Kristallen gleichsam übersät.

Es kann aber auch ebenso oft beobachtet werden, daß die

Abb. 134. Die in Abb. 133 dargestellte Probe nach schwachem Walzen und Ausglühen bei 700°. Der Druck hat von beiden Seiten nur bis zu $1/4$ der Arbeitsgutdicke gewirkt. Geätzt mit Ammoniumpersulfat 1 : 10. (Lin. Vgr. 0,75.)

bei der Rekristallisation neu gebildeten Körner sehr große Abmessungen erlangen, und daß ihre Größe weit über die der ur-

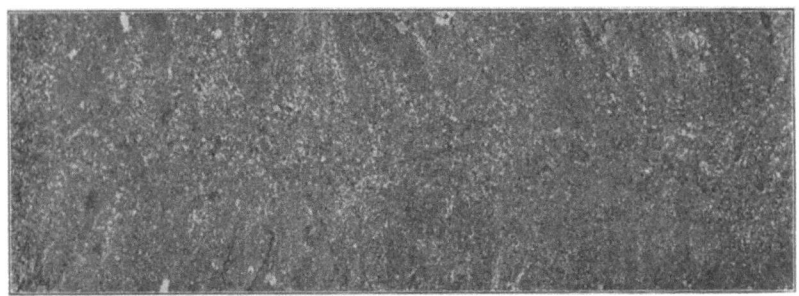

Abb. 135. Die gleiche Probe stärker ausgewalzt und bei 700° rekristallisiert. Völlige Neuordnung der Kristalle. Geätzt mit Ammoniumpersulfat 1 : 10. (Lin. Vgr. 0,75.)

sprünglichen Kristalle hinausgehen kann; dies veranschaulichen die beiden folgenden Abbildungen. Abb. 136 zeigt das Gefüge von unbeanspruchten Zinnkristallen, Abb. 137 das Gefüge derselben Probe nach einer Zugbeanspruchung (Dehnung von ca. 2 %) und nachfolgender Rekristallisation bei 200⁰. Das ursprünglich feinkristalline Gefüge ist bei der Rekristallisation in ein sehr grobkörniges umgewandelt worden.

Unabhängigkeit des Körnungsgrades von der ursprünglichen Korngröße. Dadurch, daß das rekristallisierte Korn alle mög-

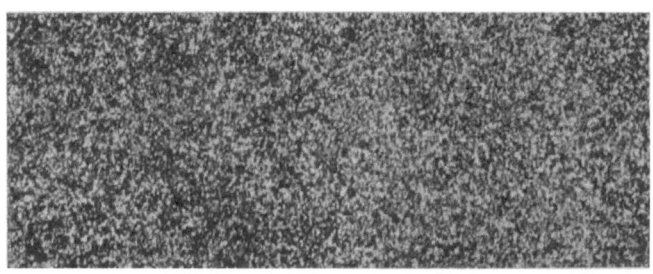

Abb. 136. Gefüge von unbeanspruchten Zinnkristallen. Geätzt mit Salzsäure-Kaliumchlorat. (Lin. Vgr. 1,4.)

lichen Körnigkeitsgrade von den feinsten bis zu den gröbsten annehmen kann, wird der Anschein erweckt, als ob das Wesen der Rekristallisation einmal im Wachstum, ein andermal im Zerfall des ursprünglichen Kornes bestände. In Wirklichkeit trifft aber weder

Abb. 137. Gefüge der in Abb. 136 dargestellten Probe nach einer Zugbeanspruchung (Dehnung von ca. 2 %) und nachfolgender Rekristallisation bei 200⁰. Geätzt mit Salzsäure-Kaliumchlorat. (Lin. Vgr. 1,4.)

das eine noch das andere zu. Dies ist darin begründet, daß bei einem bestimmten Grad der Kaltbeanspruchung und einer gegebenen Rekristallisationstemperatur stets auch ein Korn von bestimmter Größe resultiert. Die ursprüngliche Korngröße steht demzufolge mit dem Körnungsgrad des rekristallisierten Metalles in keinem Zusammenhang. Bringt man sie mit dem Körnungsgrad nach stattgehabter Rekristallisation dennoch in Verbindung, so ergeben sich folgende Beziehungen, die sich aus der diophantischen Gleichung $\varphi = f(v, t)$ herleiten lassen. Die prinzipiell möglichen Fälle ergeben sich aus der Gleichung:

$$\varphi k \gtreqless \varphi r \qquad \varphi r = f(v, t)$$

wo $\varphi k =$ Korngröße vor der Rekristallisation und $\varphi r =$ Korngröße des rekristallisierten Kornes ist. Daraus geht hervor, daß je nach der Rekristallisationstemperatur und dem Grad der Kaltbeanspruchung die resultierende Korngröße größer, gleich oder kleiner sein kann als die ursprüngliche Korngröße.

Einfluß der Glühdauer und der Erwärmungsgeschwindigkeit auf den Charakter der Dispersitätskurven. Für die Festlegung der allgemeinen Rekristallisationsbedingungen dürfte es zunächst einmal von Wichtigkeit sein, festzustellen, inwieweit die Glühdauer auf die mittlere Korngröße von Einfluß ist. Nach übereinstimmenden Versuchsergebnissen ist die Glühdauer auf die mittlere Korngröße nur von geringem Einfluß. Wenn daher Überschreitungen der Glühtemperatur um wenige Grade auch auf die Korngröße einen stärkeren Einfluß ausüben als eine Glühdauer von mehreren Stunden bei gleichbleibender Temperatur, so ist doch ein anfänglicher Einfluß der Zeitdauer des Glühens auf die Korngröße nicht verkennbar, insbesondere bei niedrigen Streckgraden. Inwieweit durch dieses Verhalten der Charakter der Dispersitätskurve beeinflußt wird, muß noch durch weitere Versuche ermittelt werden[1]).

Bei Probekörpern größerer Abmessungen ist außerdem auch die Zeit, die vergeht, bis das Probestück den gewünschten Glühgrad in seiner ganzen Masse erreicht hat, erheblich größer als bei Probekörpern winziger Abmessungen; bei verschieden metallischen Stoffen spielt ferner auch die Wärmeleitfähigkeit, die Wärmekapazität und die Strahlung eine größere Rolle. Die Rekristallisation erfolgt in um so kürzerer Zeit, je schneller das Probestück den gewünschten Glühgrad in seiner ganzen Masse erreicht.

Einfluß der Probendicke. Es verbleibt noch die Prüfung der Frage, ob ein etwaiger Einfluß der Abmessungen der Probestücke auf die Korngröße sich bemerkbar macht. Ein solcher

---

[1]) Vgl. Anmerkung S. 131.

Einfluß konnte aber entgegen den Angaben anderer Autoren nicht nachgewiesen werden. Die Versuchsergebnisse sind in der Zahlentafel 5 niedergelegt. Aus ihr ist ohne weiteres zu ersehen, daß die Abmessungen der Metallmasse auf die Geschwindigkeit des Anwachsens keinen Einfluß ausüben, sofern man von Abweichungen absieht, die die Grenzen der Versuchsfehler nicht übersteigen. Daß das Korn der dünneren Probestücke im Mittel etwas größer ist, kann auch mit ihrer geringeren Wärmekapazität im Zusammenhang stehen. Nach den Beobachtungen anderer Forscher soll gerade umgekehrt die Geschwindigkeit des Anwachsens mit der Dicke der Metallmasse steigen. Diese durch zufällige Gefügeanomalien bedingten irrigen Angaben reichen auf die 1904 von Campbell[1]) angestellten Untersuchungen zurück.

Ätzerscheinungen.

Neugruppierung der Kristalle. Nach der bisherigen Wachstumshypothese glaubte man, daß die großen Kristalle auf Kosten der in ihrem Wachstum zurückgebliebenen Nachbarn anwachsen, indem sie letzte nach und nach aufzehren. Eine Reihe mehr oder weniger wahrscheinlicher Annahmen wurde zur Begründung dieser Hypothese herangezogen, ohne den Erscheinungen näherzukommen. Der wirkliche Verlauf der Vorgänge läßt sich an Schliffbildern aber leicht verfolgen. Man kann auf diese Weise unschwer feststellen, wie die bleibend beanspruchten Kristalle bei ihrer Rekristallisation die neugebildeten Kerne vergrößern und weiter aufbauen. Dies veranschaulichen die Abb. 138 bis 141.

Besonderes Interesse bieten die Kristalle A und B. Der große schwach bleibend beanspruchte Kristall A ist nach viertelstündigem Erwärmen bei 200° teilweise rekristallisiert, Abb. 139. Ein dreistündiges Erwärmen bei 210° und ebenso ein zwanzigstündiges bei 220° hat noch weitere, wenn auch relativ geringe Schichten des Kristalls an den bereits rekristallisierten Kern angegliedert. Von dem ursprünglichen Kristall ist nur noch wenig übriggeblieben, Abb. 141.

Im Kristall B, Abb. 139, sehen wir bei der ersten Glühung einen winzigen Kern sich bilden, dem bei den nachfolgenden Glühungen ganze Kristallkomplexe sich angegliedert haben.

---

[1]) Siehe Guertler: Metallographie 1909, S. 197.

 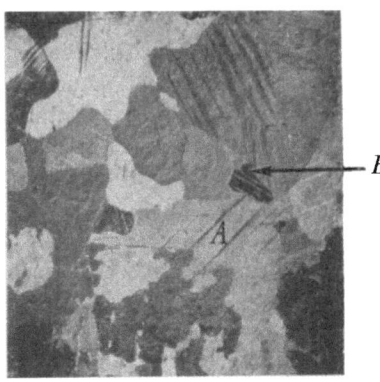

Abb. 138. Gefüge eines schwach deformierten Zinnschliffes vor dem Glühen. Geätzt mit Salzsäure-Kaliumchlorat. (Lin. Vgr. 3,5.)

Abb. 139. Das in Abb. 138 dargestellte Metallstück nach viertelstündigem Erwärmen bei 200°. Unter anderem ist Kristall B neu entstanden; Korn A ist in Rekristallisation begriffen. Geätzt mit Salzsäure-Kaliumchlorat. (Lin. Vgr. 3,5.)

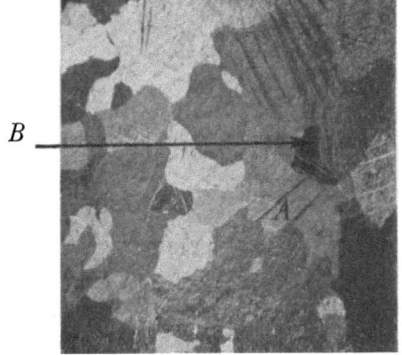 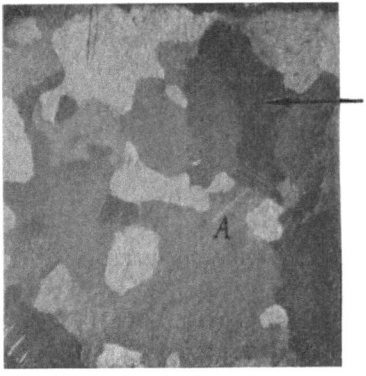

Abb. 140. Dasselbe Stück nach dreistündigem Wiedererwärmen bei 210°. An den rekristallisierten Kern haben sich weitere Schichten des Korns A angegliedert; der winzige Kristall B ist größer geworden. Geätzt mit Salzsäure-Kaliumchlorat. (Lin. Vgr. 3,5.)

Abb. 141. Dasselbe Stück nach zwanzigstündigem Wiedererwärmen bei 220°. An den Kern B haben sich ganze Kornkomplexe angegliedert. Geätzt mit Salzsäure-Kaliumchlorat. (Lin. Vgr. 3,5.)

Bemerkenswert ist auch, daß die Zackigkeit der neuen Kristalle immer mehr abnimmt, was offenbar auf den Ausgleich

Ätzerscheinungen.

Tabelle 5.

Versuchs-Nr.	Metall	Rekristallisations-		Blech-dicke	Mittlere Korngröße
		Temperatur °C	Dauer Min.	mm	qmm
1	Zinn kalt gestaucht	200 200	15 15	0,3 2,5	0,1066 0,1060
2	,, ,,	200 200	15 15	0,3 2,5	0,1043 0,1043
3	,, ,,	200 200	15 15	0,3 2,5	0,1041 0,1043
4	,, ,,	200 200	15 15	0,3 2,5	0,1060 0,1054

von zonalen Spannungen zurückgeführt werden muß. Guertler bezeichnet diesen Vorgang als ,,Einformen"[1]). Welche Rolle dem Einformungsprozeß zukommt und unter welchen Bedingungen er sich vollzieht, läßt sich vorläufig noch nicht übersehen.

Das Fortschreiten der Rekristallisation vollzieht sich, wie sich leicht zeigen läßt, nicht ungeordnet, sondern folgt einem bestimmten Gesetz, und zwar ergibt sich dabei die Regel, daß die Rekristallisation von Stellen höchster Spannung zu solchen geringerer fortschreitet. Abb. 142 bis 145 sind zur Bestätigung des Gesagten beigegeben. Abb. 142 gibt ein bei 100° rekristallisiertes Zinnblech von 0,5 mm Dicke wieder, das nachträglich mit einer Lochung von 7 mm versehen wurde. In Abb. 143, 144 und 145 ist dasselbe Blech nach kurzer Rekristallisation bei 150° und bei 220° wiedergegeben; gemäß der Geometrie des Spannungsfeldes verläuft die Rekristallisation in radialer Richtung und gemäß der Spannungsverteilung von den Kern- nach den Randzonen hin.

Die Radialanordnung der säuligen Kristalle in den Abb. 144 und 145 ist im übrigen auf die gleichen Ursachen zurückzuführen, wie sie bei der Kristallisation flüssiger Schmelzen auftreten. Während aber dort der säulige Aufbau auf die Wachstumsbenachteiligung der schräg gegen die Richtung des stärksten Wärmeabfalls gerichteten Kristalle gegenüber den senkrecht zur Abkühlungsfläche gerichteten Individuen zurückzuführen ist, steht hier die Radialgliederung nicht mit der Wärmeverteilung, sondern mit dem inneren Spannungsverlauf im Zusammen-

---
[1]) Metallographie 1909, S. 160.

Abb. 142. Stark gewalztes und darauf bei[1] 100⁰ rekristallisiertes Zinnblech. Geätzt mit Salzsäure-Kaliumchlorat. (Lin. Vgr. 4,5.)

Abb. 143. Das in Abb. 142 wiedergegebene Zinnblech nach dem Lochen und erneutem Rekristallisieren bei 150⁰. Beginn der Nadelbildung am Innenrand. Geätzt mit Salzsäure-Kaliumchlorat. (Lin. Vgr. 4,5.)

Ätzerscheinungen.

Abb. 144.

Abb. 145.

Abb. 144 und 145. Das in Abb. 142 wiedergegebene Walzblech nach weiterer Rekristallisation bei 220°. Fortschreiten der Nadelbildung von Zonen höherer zu Zonen niedrigerer Spannung. In Abb. 145 ist die Beleuchtung um 90° versetzt. (Lin. Vgr. 4,5.)

148 Vorgänge bei der Rekristallisation.

hang. An schwach gezogenen und geglühten Profilen ist diese Erscheinung manchem Technologen bei der Gefügeuntersuchung

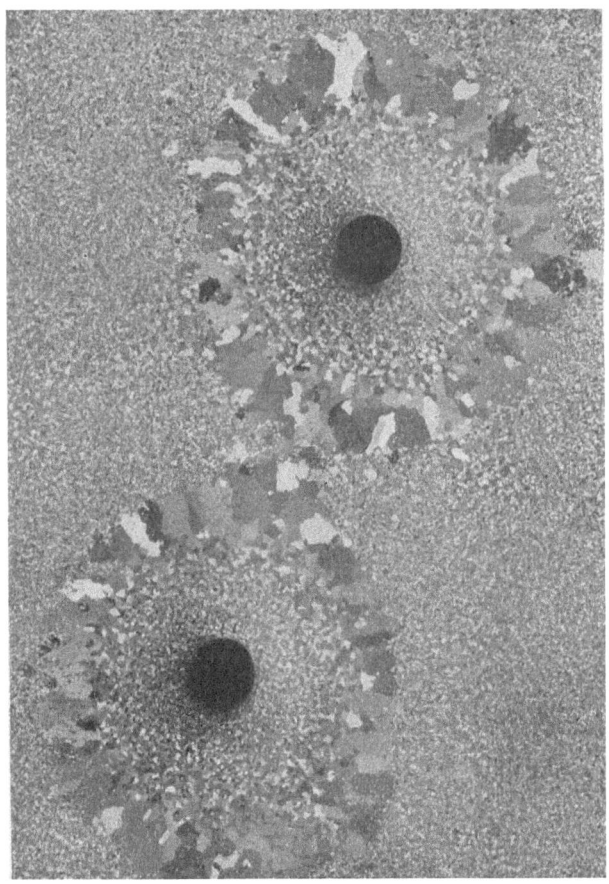

Abb. 146. Zinnblech nach der Beanspruchung durch den Durchgang eines Projektils und nachträglicher Rekristallisation bei 200⁰. Geätzt mit Salzsäure-Kaliumchlorat. (Lin. Vgr. 1,8.)

wohl aufgefallen (Kranzgefüge), obwohl sie in der Literatur noch nicht eingehender beschrieben sein dürfte.

Wird das Material stärker beansprucht, so kann es auch vorkommen, daß die groben Kristalle nicht unmittelbar an der

Ätzerscheinungen.

Schnittkante auftreten, sondern in geringerer oder weiterer Entfernung von dieser. Das Verhalten ist auf Grund des Rekristallisationsgesetzes ohne weiteres verständlich. Der Deformationsgrad des Materials ist in der Nähe der Schnittkante sehr erheblich, und nimmt in radialer Richtung vom Kern nach den Randzonen hin immer mehr ab. Besonders anschaulich zeigt dies die Abb. 146 an einem Zinnblech von etwa 2 mm Dicke, das durch den Durchgang zweier Projektile in der Weise deformiert wurde, daß es zwei trichterartige Krater zeigte. Die Probe wurde darauf bei 200° rekristallisiert. Das Gefüge läßt zwei deutliche Zonenkreise erkennen, die zu den Durchgangsstellen der Projektile konzentrisch verlaufen. Die Zonenkreise der groben Kristalle entsprechen denjenigen Stellen, an denen die Durchbiegung des Bleches am geringsten war. Nach dem Zentrum hin werden sie immer feiner.

Abb. 147. Rekristallisationszwillinge in α-Aluminiumbronze. Ätzpoliert mit ammoniakgetränktem Wattebausch. (Lin. Vgr. 210.)

Zwillinge. Bemerkenswert ist noch die Tatsache, daß die durch Deformation erzeugten Zwillingsstreifen bei manchen Metallen in dem nachträglich rekristallisierten Korn nicht mehr auftreten. Dies kann beispielsweise bei Zinn beobachtet werden. Aus den Abb. 138 bis 141 ist zu ersehen, daß die Zwillingsstreifen bis auf Spuren verschwunden sind. Sie haben sich nur in den Kristallpartien erhalten, in denen eine Rekristallisation nicht erfolgte. Ähnlich verhält sich auch das Zink. Auch bei diesem Metall verschwinden die durch Deformation erzeugten Zwillinge ebenfalls bei der Rekristallisation. Entgegengesetzt liegen die Verhältnisse bei Kupfer und Kupferlegierungen; im rekristallisierten Metall erscheint ihre Zahl stets erheblich vergrößert. Die Ebenmäßigkeit ihrer Ausbildung nimmt, wie dies die Abb. 147 veranschaulicht, wesentlich zu. Dagegen sind β-Messingkristalle im rekristallisierten Zustand zwillingsfrei. Bei Aluminium und Eisen können nach der Rekristallisation, ähnlich wie bei der Deformation, Zwillingsbildungen nur selten beobachtet werden.

Säuliger und körniger Aufbau. Von manchen Forschern wird die Ursache der Rekristallisation in der Oberflächenspannung der Kristalle erblickt. In den meisten Fällen ist aber der Einfluß der Oberflächenspannung kaum nachweisbar. Bekanntlich sind ja die Eigenschaften eines Stoffes wenigstens in weiten Grenzen von seiner Gestalt unabhängig. So ist es z. B. gleichgültig, ob man die Eigenschaften eines Stoffes an würfelförmigen Kristallen oder an Spaltplättchen ermittelt. Immerhin könnte bei den hohen Temperaturen, die bei der Rekristallisation zur Anwendung gelangen, diesen Kräften schon eine beträchtliche Rolle zukommen. Wie aber die Erfahrung lehrt, ist die Gestalt der Kristalle von der Temperatur unabhängig. Es ist nicht möglich, beispielsweise den säuligen Aufbau von Kristallen durch Glühen zu beseitigen. Durch Beeinflussung des Rekristallisationsverlaufes kann man dagegen sogar langgestreckte Kristallindividuen bei der Rekristallisation erzielen. So zeigt das rekristallisierte Korn in den Abb. 144 und 145 trotz der gegenteiligen Forderung der auf der Oberflächenspannung begründeten Theorie des Schrumpfens neben radialer Anordnung auch säuligen Aufbau. Das Verhalten ist leicht verständlich, da die Rekristallisation stets von Stellen höherer Spannung zu solchen geringerer Spannung verläuft. Gleichachsigkeit (Isometrie) ist aber die gewöhnlichste Erscheinung sowohl bei Gußkristallen wie bei rekristallisierten Kristallen. Das Bestreben der Metalle, bei der Rekristallisation Kristallkörner zu bilden, die keine bevorzugte Wachstumsrichtung haben, muß notwendig darauf zurückgeführt werden, daß die Rekristallisation von Zentren ausgeht, die sich in ihrer weiteren Ausbildung gegenseitig an irgendwelchen Stellen beeinflussen und hemmen, und auf die geringen Unterschiede der Rekristallisationsgeschwindigkeit in den verschiedenen Achsenrichtungen der Kristalle.

Einfluß der Orientierung. Verschiedentlich ist auch die Ansicht ausgesprochen worden, daß die Verschiedenheit der Orientierung benachbarter Kristalle als Ursache der Rekristallisation anzusehen sei. Der gesetzmäßige Verlauf der Rekristallisation steht mit diesen Behauptungen in Widerspruch. Eine Abhängigkeit der Rekristallisation von der Kristallorientierung läßt sich experimentell nicht nachweisen.

Bei sehr geringfügigen Abweichungen in der Orientierung (Fälle typischer Transkristallisation), vergleiche Abb. 133, kann keinerlei Einfluß der Orientierung auf die Art und den Verlauf der Rekristallisation festgestellt werden. Die neu entstandenen winzigen Kristalle erfüllen ohne Rücksicht auf die Lage der Korngrenzen jedes ursprüngliche Korn in ungesetzmäßiger Ordnung.

Bei sehr großen Abweichungen in der Orientierung, vergleiche z. B. die Abb. 136 und 137, machen sich bei der Rekristallisation ebenfalls Einflüsse der Orientierung nicht bemerkbar. Im Bereiche der ursprünglichen einzelnen Kristalle kann man Kristallkörnchen beobachten, die alle möglichen Orientierungen aufweisen.

Der Rekristallisationsvorgang steht also in keiner Abhängigkeit von der Richtung der Kristalle. Er wird einzig und allein durch das Spannungsgefälle im Innern der Kristalle beeinflußt.

Wachstumsunfähigkeit unbeanspruchter Kristalle. Die Erscheinungen der Rekristallisation wurden nur an Metallen erläutert, bei denen der Rekristallisation eine Kaltstreckung voranging. Es wurde mit Stillschweigen übergangen, daß die Kaltstreckung eine notwendige Vorbedingung für das Eintreten der Rekristallisation ist. Man glaubte nämlich bisher fälschlich, daß auch unbeanspruchte Metalle den Einflüssen der Rekristallisation unterliegen würden. Daß dies nicht zutrifft, mögen die folgenden Abbildungen belegen. In Abb. 148 ist das Gefüge eines gegossenen Zinnblöckchens von Fingernagelgröße wiedergegeben, in Abb. 149 das Gefüge derselben Schliffstelle nach einer einmonatigen Glühung bei 210°. Ein Anwachsen der Kristalle konnte nicht nachgewiesen werden. Das gleiche beobachtete Fraenkel an Zink[1] und Gold[2].

Nach einer anderen Auffassung soll die Größe der einzelnen Kristalle für bestimmte Temperaturen Maximalwerte erreichen, von denen an ein Weiterwachsen nicht mehr möglich sei. Da der Einwand, daß es sich um derartig ausgewachsene, nicht mehr wachstumsfähige Kristalle maximaler Größe handle, nicht von der Hand zu weisen war, wurden die Versuche noch mit äußerst feinkristallinen Gußkristallen mehrere

---

[1] Die Verfestigung der Metalle durch mechanische Beanspruchung, 1920, S. 24.

[2] Z. anorg. Chem. Bd. 122, S. 295. 1922.

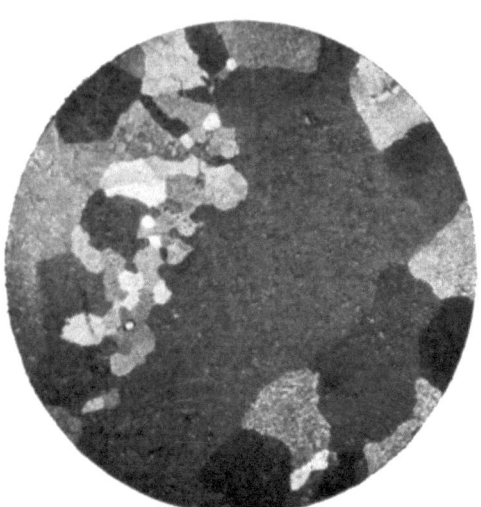

Abb. 148. Zinnprobe mit natürlicher Gußoberfläche vor dem Glühen. Geätzt mit Salzsäure-Kaliumchlorat. (Lin. Vgr. 6.)

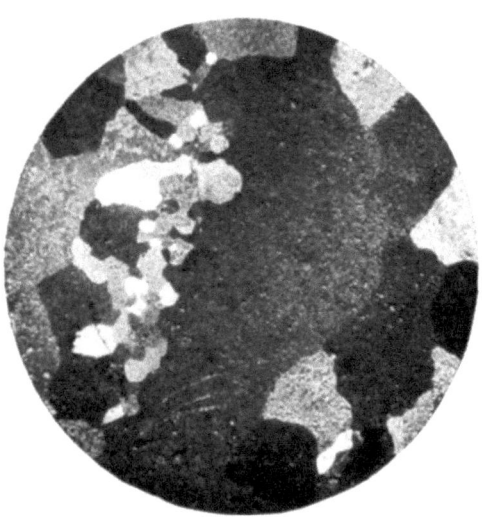

Abb. 149. Das in Abb. 148 dargestellte Metallstück nach einmonatigem Glühen bei 210°. Geätzt mit Salzsäure-Kaliumchlorat. (Lin. Vgr. 6.)

Male wiederholt. Aber auch bei diesen Versuchen konnte ein Anwachsen der Gußkristalle nicht erzielt werden. Die Wachstumsunfähigkeit von festen Kristallen kann demnach als erwiesen betrachtet werden, es sei denn, daß das Wachsen so träge vonstatten geht, daß noch längere Versuche erforderlich wären, um es überhaupt nachzuweisen.

Um ferner zu prüfen, ob die Unterschiede in der Korngröße auf die Rekristallisation nicht ohne Einfluß sind, wurde für die Versuche die Wahl des Materials so getroffen, daß in unmittelbarer Nachbarschaft der großen Kristalle sich auch ganz winzige vorfanden, Abb. 148. Ein Einfluß der groben Kristalle auf das feinkristallisierte Korn konnte, wie aus der

Ätzerscheinungen. 153

Abb. 149 hervorgeht, nicht ebenfalls festgestellt werden. Also auch die Anschauung, daß die großen Kristalle auf Kosten der kleinen wachsen, indem sie diese nach und nach aufzehren, findet demnach experimentell keine Bestätigung.

Man nimmt vielfach noch jetzt an, daß die Gestalt der Kristalle durch Glühen verändert wird, indem die zackigen Kristalle mehr oder weniger abgerundete Formen annehmen (Einformen). Auch diese Angaben finden, wie Versuche ergeben haben, bei un-

 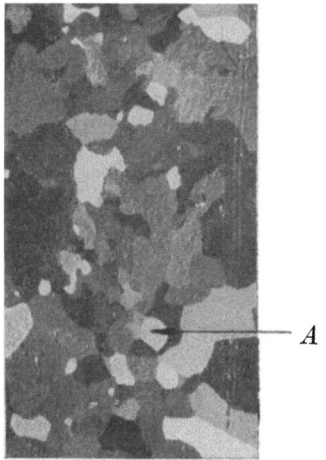

Abb. 150. Gefüge von gegossenem Zinn mit künstlicher Schlifffläche vor dem Glühen. Geätzt mit Salzsäure-Kaliumchlorat. (Lin. Vgr. 5.)

Abb. 151. Das in Abb. 150 dargestellte Metallstück nach hundertstündigem Erhitzen bei 200°. Geätzt mit Salzsäure-Kaliumchlorat. (Lin. Vgr. 5.)

beanspruchten Kristallen keine Bestätigung. Wohl tritt Einformen, wie bereits erwähnt, bei rekristallisiertem Korn auf.

Bei der Kontrolle der hier beschriebenen Versuche ist sorgsam zu beachten, daß jede bleibende Formänderung zu Störungen Anlaß geben kann. Die Versuche können daher nur mit unverletzten Gußblöckchen ausgeführt werden. Künstlich hergestellte Schliffflächen sind für diese Untersuchungen meist unbrauchbar, wie dies aus den Abb. 150 und 151 zu ersehen ist. Abb. 150 gibt das Gefüge eines mit großer Vorsicht hergestellten und stark abgebrannten Schliffes des Gußmetalles wieder; Abb. 151 das Gefüge

154 Vorgänge bei der Rekristallisation.

derselben Schliffstelle nach einhundertstündigem Erhitzen bei 200⁰.
Die Gefügeumbildung (vgl. den Kristall A) deutet auf bereits vorausgegangene bleibende Beanspruchung der gesetzmäßigen natürlichen Kristallstruktur des Metalles bei der Schliffherstellung.

Rekristallisationserscheinungen an Einkristallen. Einige Forscher versuchen, die Wachstumsunfähigkeit der unbeanspruchten Kristalle durch das Vorhandensein von Verunreinigungen an den Korngrenzen zu erklären. Bei der Streckung der Metalle sollen diese Schichten zerrissen und zertrümmert werden, wodurch das

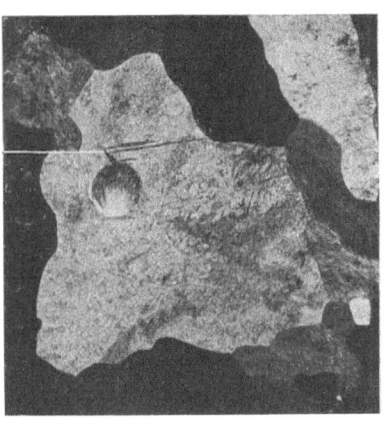

Abb. 152. Kugeleindruck in einem Zinnkristall vor der Rekristallisation. Geätzt mit Salzsäure-Kaliumchlorat. (Lin. Vgr. 4,5.)

Abb. 153. Derselbe Kugeleindruck nach einer Glühung von 30 Minuten bei 150⁰, Rekristallisationbeginn. Die Beleuchtung ist verändert. Geätzt mit Salzsäure-Kaliumchlorat. (Lin. Vgr. 4,5.)

Einsetzen der Rekristallisation erleichtert werden soll. Der Zwischensubstanz an den Korngrenzen, deren Anwesenheit immerhin als wahrscheinlich angesehen werden muß, mag ein bestimmter zusätzlicher Einfluß auf den Rekristallisationsvorgang zukommen, als grundsätzlicher Faktor des Rekristallisationsprozesses ist sie aber keineswegs anzusprechen.

Dies geht einfach daraus hervor, daß die Rekristallisation im Innern einzelner Kristalle genau so gesetzmäßig verläuft wie an Haufwerken von Kristallen. Um diese Frage zu klären, wurde eine Reihe von Versuchen angestellt, die zu folgendem Ergebnis führten.

Wie wiederholt gezeigt werden konnte, nimmt bei örtlicher, geometrisch definierter Beanspruchung die Rekristallisation von der stärkst beanspruchten Stelle ihren Ausgang. Um diese Versuchsbedingungen zu schaffen, wurden im Bereiche eines einzelnen Kristalles kleine Kugeleindrücke erzeugt und die Probe darauf einer Rekristallisation unterzogen. Abb. 152 zeigt einen solchen mit einem Kugeleindruck versehenen Zinnkristall vor der Rekristallisation. Die Zwillinge sind bei der Deformation entstanden, die Belastung betrug 10 kg, der Kugeldurchmesser war

 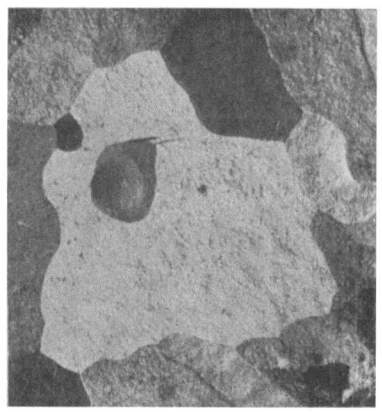

Abb. 154. Derselbe Kugeleindruck nach einer weiteren Glühung von 30 Minuten bei 220°. Fortschreiten der Rekristallisation. Geätzt mit Salzsäure-Kaliumchlorat. (Lin. Vgr. 4,5.)

Abb. 155. Derselbe Kugeleindruck nach weiterem Glühen von 21 Stunden bei 226°. Die Rekristallisation ist nunmehr nur noch um weniges fortgeschritten. Geätzt mit Salzsäure-Kaliumchlorat. (Lin. Vgr. 4,5.)

5 mm, die Belastungsdauer 30 Sekunden. Das erste Stadium der Rekristallisation zeigt Abb. 153 nach einer Glühung von 30 Minuten bei 150°. Um den kleinen Kristallkeim sichtbar zu machen, mußte die Beleuchtung der Schlifffläche so verändert werden, daß der ursprünglich helle Kristall nunmehr dunkel erscheint. Der im Bereich des Kugeleindrucks entstandene Kristallkeim ist nicht mit den senkrechten hellen Streifen identisch, die bereits als Zwillingsstreifen in Abb. 152 wahrgenommen werden können. Der neue Kern umgibt vielmehr den Zwillingsstreifen

linsenförmig und ist nur als dunkler Schein sichtbar, was in der Reproduktion nicht mehr deutlich wahrzunehmen ist.

Abb. 154 zeigt, welche Fortschritte dieser anfänglich winzige Keim nach einer Glühung von 30 Minuten bei 220⁰ gemacht hat. Der senkrecht gelegene Zwillingsstreifen, der anfänglich noch der Bildung des neuen Kristalles einen Widerstand entgegensetzte, ist nunmehr verschwunden. Die Ausdehnung des neuen nunmehr stattlichen Kristalles beträgt das Zehnfache der ursprünglichen Größe.

Eine weitere Glühwirkung bei 220⁰ führte eine Flächenzunahme von etwa 20% herbei, Abb. 155. Weiteres Glühen von 21 Stunden bei 226⁰ war kaum noch von nennenswertem Einfluß auf die Größe des Korns.

Aus Abb. 155 ist weiter zu ersehen, daß die querorientierten Zwillingsstreifen andere Orientierung aufweisen als der neugebildete Kristall. Verfolgt man die Veränderungen, die an diesen querorientierten Zwillingen vor sich gegangen sind, so kann man feststellen, daß von Stufe zu Stufe ihre Abmessungen, insbesondere ihre Länge, eine Änderung erfahren haben, bis sie nach der letzten Glühung fast restlos verschwunden sind.

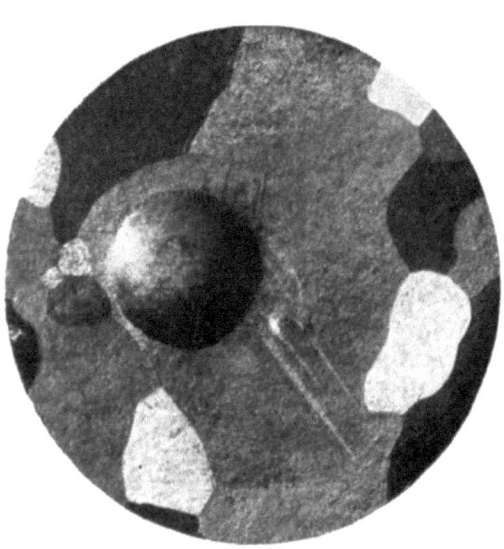

Abb. 156. Zinnkristall, mit einem großen Kugeleindruck versehen, vor der Rekristallisation. Geätzt mit Salzsäure-Kaliumchlorat. (Lin. Vgr. 5.)

Besonderes Interesse bietet die feine Lamelle a, die in Abb. 152 noch den äußersten Rand des Kristalles berührt. In Abb. 154 hat ihre Länge bereits beträchtlich abgenommen und auch ihre Dicke hat eine Verringerung erfahren. In Abb. 155 ist

Ätzerscheinungen. 157

sie noch weiter zusammengeschrumpft. Nach der letzten Glühung bei 226° kann die Lamelle überhaupt nicht mehr wahrgenommen werden, auch die zweite unmittelbar über diesem Zwillingsstreifen gelegene Lamelle ist bis auf eine letzte Spur verschwunden. Auffällig ist die Tatsache, daß die Rekristallisation in allen Fällen nur zur Ausbildung eines einzigen Kristalles führte, während bei Haufwerkskristallen in den rekristallisierten Zonen stets die Bildung zahlreicher Kristalle beobachtet werden kann.

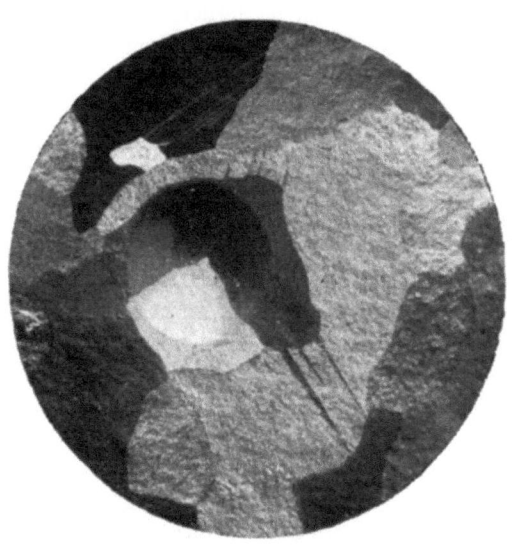

Abb. 157. Derselbe Zinnkristall nach stattgehabter Rekristallisation bei 215°, 30 Minuten. Ausbildung mehrerer neuer Kristalle. Geätzt mit Salzsäure-Kaliumchlorat. (Lin. Vgr. 5.)

Die Erklärung dieses Phänomens ist indes recht einfach. Da die Deformation in einem einzelnen Kristall stets eine homogene ist und auch stets Symmetrie des Deformationsfeldes in bezug auf die Kristallachsen vorausgesetzt werden kann, so wird bei der Kräftegeometrie, die ein Eindruck von der Form einer Kugelkalotte hervorruft, stets eine Stelle vorhanden sein müssen, an der der Deformationsgrad ein Maximum erreicht; sie entspricht dem tiefsten Punkt des Eindruckes. Von dieser Stelle aus wird die Rekristallisation nach den Stellen geringerer Spannung fortschreiten und infolge der Gesetzmäßigkeit des Spannungsfeldes zur gleichsinnigen Angliederung der Molekel an den bereits vorhandenen Kern führen.

Ist diese Anschauung richtig, so müßte bei Wahl einer größeren Kugelkalotte die Möglichkeit zur Bildung eines homogenen Spannungsfeldes eine geringere werden. Bei der Rekristallisation von Kristallen, die mit einem größeren Kugeleindruck versehen worden sind, müßten also statt eines Kernes mehrere Kerne zur Ausbildung gelangen. Durch das Experiment kann dies auch bestätigt werden. Abb. 156 zeigt einen solchen Kugeleindruck vor der Rekristallisation, Abb. 157 nach der Rekristallisation. Die Rekristallisation führte in diesem Falle zur Ausbildung von drei selbständigen, verschieden orientierten Kristallen.

Bemerkenswert ist ferner, daß die Wirkungsweise der Deformation eine ungleichförmige war. Dies geht daraus hervor, daß die Rekristallisation links oben vom Kugeleindruck bereits zum Stillstand gelangt war, während sie in dem benachbarten Kristall noch ungestört fortschritt, ein Zeichen dafür, daß die Deformation in dem dem Kugeleindruck entfernteren Kristall größer war, als in der unmittelbaren Nachbarschaft der beanspruchten Stellen des deformierten Korns.

Da die Rekristallisation in Einkristallen ebenso wie in Vielkristallen vonstatten geht, kann demnach den Verunreinigungen an den Korngrenzen kein wesentlicher Einfluß auf die Rekristallisationsvorgänge zugesprochen werden. Auch die Kristallorientierung, die Korngestalt und die Korngröße vermögen den Rekristallisationsvorgang in keiner Hinsicht irgendwie maßgebend zu beeinflussen. Ebenso wird die Anschauung, daß die Rekristallisation stets an den Korngrenzen einsetze, durch diese Versuchsergebnisse widerlegt. Der Rekristallisationsvorgang wird vielmehr einzig und allein nur durch die Spannungsverteilung im Innern eines Kristalls beeinflußt.

Peripherzonen des Rekristallisationsfeldes.

Die Rekristallisation ist, wie aus den vorangehenden Ergebnissen deutlich hervorgeht, an plastische Deformation untrennbar geknüpft. Sie erreicht ihren Abschluß an denjenigen Stellen, an denen der Deformationsgrad am geringsten ist. Bei sehr schwachen Deformationen innerhalb des elastischen Gebietes bleibt der Rekristallisationsvorgang gänzlich aus. Dann kann aber auch, wie bei Gußmetallen, eine Änderung der Korngröße nicht herbeigeführt werden. Der Umstand, daß die Rekristallisation nur bei überelastisch beanspruchten Metallen einsetzt, bei rein elastischen Beanspruchungen dagegen ausbleibt, macht es wahrscheinlich, daß das Rekristallisationsfeld bei örtlicher Beanspruchung der Probestücke stets dort aufhört, wo die plastische Beanspruchung in die elastische übergeht. Da man nun die Lage der Elastizitätsgrenze für schwache Beanspruchungen rechnerisch ermitteln kann, so dürfte der Vergleich dieser Grenze mit der Grenze des Rekristallisationsfeldes eine weitere Stütze für diese Annahme bilden. Durch dahingehende Versuche konnte auch gezeigt werden, daß ein solcher Zusammenhang besteht. Die Versuchsergebnisse sind in den Abb. 158 bis 161 wiedergegeben. Als Versuchsmaterial wurde reines Zinn verwendet. Die Streifen wurden mechanisch so weit beansprucht, daß das Kristallgefüge verschwunden war. Die Proben wurden dann nachträglich rekristallisiert. Es traten jetzt sehr viele kleine Kriställchen auf, Abb. 158. Diese Streifen wurden nunmehr einer zunehmenden, aber doch nur geringen Beanspruchung unterworfen, indem sie um immer kleiner werdende Radien gebogen wurden. Nach jeder Biegung wurden die Proben einer Rekristallisation unterzogen, und nun zeigte es sich, daß das rekristallisierte Korn nach Maßgabe der Beanspruchung der Streifen bzw. der einzelnen Partien der Streifen von verschiedener Größe war und, was besonders von Interesse ist, auch die Rekristallisationsbereiche der einzelnen Proben waren um so größer, je größer der Grad der Beanspruchung war. Die Auswertung der Versuche durch Deutsch[1]) ergab, daß die Rekristallisationsbereiche an die rein elastisch beanspruchten Zonen zwar noch heranreichen, aber diese nicht zu überschreiten vermögen. In allen Gebieten reiner elastischer Dehnung bleibt der Rekristallisationsvorgang gänzlich aus. Auch hieraus geht eindeutig hervor, welch einschneidender Einfluß dem Vorhandensein bleibender Spannungen, wie sie durch überelastische Beanspruchung in Metallen erzeugt werden, auf den Vorgang der Rekristallisation zukommt. Man kann also nicht umhin, der überelastischen Beanspruchung, die implizite das Auftreten innerer Spannungen bedingt, die Bedeutung eines grundlegenden Faktors des Rekristallisationsvorganges zuzusprechen. Das Vorhandensein der inneren Spannungen bildet also geradezu die wichtigste Voraussetzung für das Eintreten der Rekristallisation.

---

[1]) Intern. Z. f. Metallographie. 1916, S. 44.

Abb. 158 bis 161. Erläuterungen siehe nebenstehende Seite.

Zusammenfassung.

Soweit sich die Erscheinungen bis jetzt übersehen lassen, sind die Vorgänge bei der Rekristallisation etwa folgende: Bei den niedrigsten wirksamen Glühtemperaturen gelangen nur die höchst beanspruchten Molekelgruppen zur Rekristallisation. Dies führt zur Bildung winziger neuer Kristallkerne in den Teilen der beanspruchten Körner, in denen jeweils die größte Spannung herrscht und die sie unter Vergröberung des Gefüges bald aufzehren, sich dann zu größeren Kristallen auswachsen, um bald von anderen winzigen neuen Kernen aufgezehrt zu werden.

Die Rekristallisation wird, ähnlich wie die Kristallisation flüssiger Schmelzen, ungehemmt fortschreiten können, bis sie dann an irgendwelchen schwächer beanspruchten Stellen auf nicht mehr überwindbare Richtwiderstände stößt und so ein Ende erreicht. Bei gesteigerter molekularer Beweglichkeit (Temperaturerhöhung) werden auch diese Richtwiderstände von der molekularen Richtkraft überwunden und die ihren Zwangszustand verlassenden Molekel nach Maßgabe des inneren Spannungsverlaufes umgerichtet; dies führt bei identischem Spannungsverlauf zur Angliederung neuer Molekel an die bereits vorhandenen Kristallkerne, oder, was seltener der Fall ist, zur Bildung neuer Rekristallisationszentren. Nur so ist es erklärlich, warum die Dispersität (Körnung) des Metalles bei der Rekristallisation

---

Erläuterungen zu den Abb. 158 bis 161.

Abb. 158. Stark kaltgestreckter und darauf bei 215° rekristallisierter Zinnstreifen. Die starke Kaltstreckung führte zur Bildung einer großen Menge winziger Kristalle. Geätzt mit Salzsäure-Kaliumchlorat. (Lin. Vgr. 1,5.)

Abb. 159. Ebenso hergestellter, rekristallisierter Zinnstreifen, der um einen Radius von 3 m gebogen und darauf bei 215° rekristallisiert wurde. An die nur elastisch beanspruchte, ca. 7 mm starke Mittelzone schließen sich die durch geringe Kaltstreckung entstandenen großen Kristalle an. Geätzt mit Salzsäure-Kaliumchlorat. (Lin. Vgr. 1,5.)

Abb. 160. Ebenso hergestellter, rekristallisierter Zinnstreifen, der um einen Radius von 75 cm gebogen und darauf bei 215° rekristallisiert wurde. An die nur elastisch beanspruchte, ca. 2 mm starke Mittelzone schließen sich die durch geringe Kaltstreckung entstandenen großen Kristalle an. Geätzt mit Salzsäure-Kaliumchlorat. (Lin. Vgr. 1,5.)

Abb. 161. Ebenso hergestellter, rekristallisierter Zinnstreifen, der um einen Radius von 21 cm gebogen und darauf bei 215° rekristallisiert wurde. Die Mittelzone ist zur Linie zusammengeschrumpft, in der die schwach kaltgestreckten großen Kristalle zusammenstoßen, die gegen den Rand zu kleiner werden. Geätzt mit Salzsäure-Kaliumchlorat. (Lin. Vgr. 1,5.)

sinkt statt steigt. So oft die Glühtemperatur die zuletzt angewandte übersteigt und solange sämtliche inneren Streckspannungen nicht zur völligen Auslösung gelangt sind, wiederholen sich die geschilderten Ausrichtungsvorgänge in stufenweiser Folge. Bei sehr grobkristallinen Proben, bei denen die Bedingungen mechanischer Gleichförmigkeit (Abschn. X) nicht mehr erfüllt sind, werden die einmal gebildeten Kerne, die sich dann zu Kristallen auswachsen, nur selten zerstört, da bei diesen Kristallen die bei der Rekristallisation stets auftretende Volumenverminderung sich fast ungehindert vollziehen kann. Die Gelegenheit zur Aufnahme innerer Spannungen wird auf diese Weise weitgehend verringert.

Im Gegensatz zu den Kristallisationszentren, wie sie in einer Schmelze auftreten und die sich frei in ihr entwickeln können, werden aber bei der Rekristallisation infolge des Spannungsausgleiches zwischen den noch beanspruchten und den bereits rekristallisierten Anteilen des Querschnittes die jeweilig neugebildeten Rekristallisationszentren durch Aufnahme von Spannungen immer wieder vernichtet. Der gesamte Spannungszustand des Metalles und damit auch die Kernzahl wird also sowohl mit zunehmender Glühzeit, als auch mit zunehmender Glühtemperatur bis zu einem bestimmten Grenzwert fallen, da ja die Rekristallisation einerseits mit endlicher Geschwindigkeit vor sich geht, andererseits aber der endgültige innere Spannungszustand eines Metalles in Abhängigkeit von der höchsten erreichten Glühtemperatur steht. In seinem Zustand unterscheidet sich ein unvollständig rekristallisiertes Metall bekanntlich nicht von einem mehr oder weniger stark kaltgestreckten Arbeitsgut. Bei unvollständiger Rekristallisation werden demgemäß stets Restspannungen in dem Metall zurückbleiben, die bei genügender molekularer Beweglichkeit neue Veränderungen im Innern des Metalles hervorzurufen bestrebt sein werden. Durch weitere Steigerung der Glühdauer oder der Glühtemperatur wird daher immer wieder eine Veränderung eintreten können, und zwar solange, bis entweder im Innern des Metalles sämtliche Restspannungen zur Auslösung gelangt sind oder die Rekristallisation nur noch unendlich langsam fortschreitet.

Das Wesen der Rekristallisation ist offensichtlich im fortschreitenden Wiederaufbau der gesetzmäßigen Kristallstruktur zu erblicken, ebenso wie die Ursache des Überganges der dislozierten Reflexion in die homogene Reflexion in der fortschreitenden Zer-

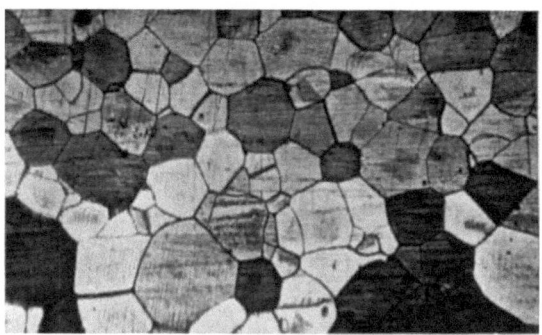

Abb. 162. Gefüge einer rekristallisierten Eisenprobe (nach Harnecker und Rassow). Geätzt mit Ammoniumpersulfat 1:10. (Lin. Vgr. 11.)

Abb. 163. Ätzfiguren an einem Kristall der in Abb. 162 dargestellten Probe. Tiefgeätzt mit Kupferammoniumchlorid 1:12 (nach Harnecker u. Rassow). (Lin. Vgr. 700.)

störung der gesetzmäßigen Kristallstruktur begründet sein dürfte. Das vollkommen rekristallisierte Korn zeigt folgerichtig wieder alle optischen Anzeichen der unbeanspruchten Gußkristalle und

164   Vorgänge bei der Rekristallisation.

Abb. 164. Gefüge einer rekristallisierten Kupferprobe. Geätzt mit Ammoniumpersulfat 1 : 10. (Lin. Vgr. 75.)

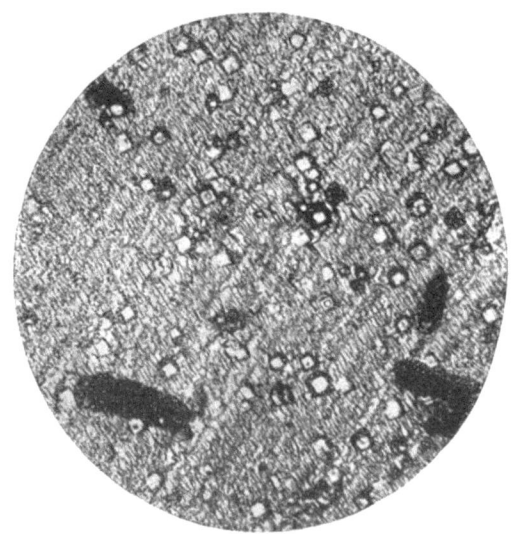

Abb. 165. Ätzfiguren an einem Kristall der in Abb. 164 dargestellten Kupferprobe. Tiefgeätzt mit Ammoniumpersulfat 1 : 10. (Lin. Vgr. 200.)

beim Strecken eben deren Verhalten. Die dislozierte Reflexion und die Kristallfigurenätzbarkeit treten an dem rekristallisierten Korn ebenso typisch auf, wie an den unbeanspruchten Gußkristallen. Abb. 162 veranschaulicht die Erscheinung der dislozierten Reflexion an Eisen nach der Rekristallisation, Abb. 163 Ätzfiguren an demselben Metall. In den Abb. 164 und 165 ist das Gefüge einer rekristallisierten Kupferprobe dargestellt. Auch hier sind die typischen Erscheinungen der dislozierten Reflexion und Kristallfigurenätzbarkeit deutlich zu erkennen. Unterschiede im Kristallaufbau sind also nicht erkennbar, obwohl durch viele sekundäre Anzeichen (Dendriten, Zwillinge, innerkristalline Linienscharen) beide Zustände deutlich unterschieden werden können.

Der Kreislauf dieser Zustandsformen der Kristalle und die mit ihm verbundenen Eigenschaftsänderungen spielen in der Technologie der Metalle eine grundlegende Rolle. Alle Vergütungs- und Veredlungsvorgänge, die auf der Knetbearbeitung beruhen, sowie alle Ausglühvorgänge sind vornehmlich in dieser Änderung des Kristallzustandes begründet (vgl. Abschn. XII).

IX. Verlagerungshypothese und Röntgenforschung.

Einleitung.

Über die Veränderungen des Zustandes der Metalle durch Kaltstrecken liegen bereits sehr bemerkenswerte Hypothesen vor. Konsequent verfochten werden die

Amorphiehypothese,
Translationshypothese,
Verlagerungshypothese.

Die Amorphiehypothese wird in Deutschland mit Recht ganz abgelehnt; im Brennpunkt des Interesses stehen die Translations- und Verlagerungshypothese, von denen sich die erste konsequent für die „Unversehrtheit", die zweite unentwegt für die „Zerstörbarkeit" des Raumgitters einsetzt. Die Translationshypothese hat die Tatsache der Gleitflächenbildung (vgl. Abschn. VI) zur Grundlage, die Verlagerungshypothese, die Störungen im gesetzmäßigen Gitteraufbau der Kristalle zur Erklärung der Vorgänge heranzieht, geht über die Erscheinung der Gleitflächenbildung hinaus und spricht ihr nur den Wert einer unwirksamen Nebenfunktion zu, die die Anfangsstadien der Deformation begleitet, um während der nun folgenden ungleich größeren Fließperiode alsbald völlig auszubleiben. Als Stütze dient der Verlagerungshypothese, wie bereits früher erörtert wurde, die Beobachtung, daß

1. der Fließvorgang, wenn auch anfänglich durch die Neigung der Gleitflächenbildung ausgezeichnet, während der Hauptperiode des Fließens doch ohne nachweisbare Bildung von Gleitflächen vor sich geht und daß ferner
2. die Metallkörner nach starker Kaltbearbeitung ihre ursprünglichen Helligkeitsunterschiede (dislozierte Reflexion) einbüßen und Ätzfiguren an diesen Kristallen nicht mehr auftreten.

Die experimentellen Schlußfolgerungen der beiden Theorien werden zurzeit viel umstritten. In seiner sehr sorgfältig bearbeiteten 1920 erschienenen Monographie über „Die Verfestigung der Metalle durch mechanische Beanspruchung" kommt

Fraenkel, der die bestehenden Hypothesen einer kritischen Auswertung unterzieht, zu dem Schluß, daß man den für die Anschauung der Raumgitterstörung erbrachten Beobachtungen (Verschwinden der dislozierten Reflexion und Kristallfigurenätzbarkeit) starke Beweiskraft nicht absprechen kann, und daß die Anschauungen von der Unzerstörbarkeit des Raumgitters kaum aufrechtzuer halten sein dürften. Es war naheliegend, für die Entscheidung dieser Fragen die Röntgenmethode zu verwenden. Dank den großen Erfolgen der Röntgenometrie ist das Raumgitter heute keine Hypothese mehr: Der Abstand, die Verteilung und Anordnung der Atome im Gitter ist bereits von sehr zahlreichen Kristallen bekannt. Die endgültige Lösung dieses dualistischen Problems war also nur eine Frage der Zeit. Bei Mineralkristallen hat auch Rinne 1915 diesen Gedanken aufgeworfen. Fraenkel vertritt ebenfalls die Anschauung, daß die Entscheidung dieser Fragen durch Beobachtungen im Röntgenbild zu erbringen sein dürfte. Gelegentlich der Hauptversammlung der Deutschen Gesellschaft für Metallkunde, 1921, ist nun die Frage, ob das Raumgitter der bildsamen Metalle durch Deformation verändert wird, eingehend diskutiert worden[1]). Rinne stellte 1915 bei der Aufnahme von Röntgen-Laue-Diagrammen gewisse Unregelmäßigkeiten fest, die er „abnorme Erscheinungen" nennt[2]). Die von Rinne erzielten Diagramme veranschaulichen die Abb. 166—168; Abb. 166 das gesetzmäßig angeordnete Diagramm des Kochsalzes, Abb.167 den gleichen Kristall nach schwacher Deformation, Abb.168 den gleichen Kristall, nachdem er sattelförmig gebogen wurde. Während die Abb. 167 in Wirrnis geratene Reflexionspunkte zeigt, ist in der folgenden Abbildung deutlich ausgeprägter Asterismus zu erkennen. Im Gegensatz zu seinem früheren Standpunkt, daß die Erscheinungen auf eine Deformation des Baues zurückzuführen seien, vertritt Rinne während der erwähnten Hauptversammlung aber die Anschauung, daß Raumgitterstörungen bislang röntgenographisch noch nicht erwiesen worden sind. Die Unregelmäßigkeiten von Laue-Diagrammen, die er an deformiertem Steinsalz aufnahm, erklärt Rinne durch gröbere Dislokationen des Materials. Diesen Standpunkt teilt im großen und ganzen

---
[1]) Z. Metallkunde. 1921, S. 419.
[2]) Berichte üb. d. Verhandlungen der kgl. sächs. Ges. d. Wissenschaften zu Leipzig, Mathem.-physik. Klasse. Bd. 67, S. 303, 1915.

168 Verlagerungshypothese und Röntgenforschung.

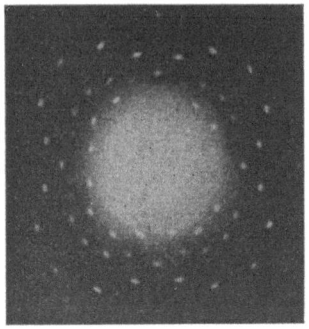
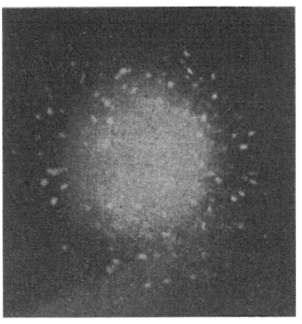

Abb. 166. Gesetzmäßig ange-
ordnetes Laue-Diagramm eines
Kochsalzkristalles (nach Rinne).

Abb. 167. Der gleiche Kristall
nach schwacher Deformation.
(Laue-Diagramm nach Rinne.)

auch Tammann. Demgegenüber wurde vom Verfasser mitgeteilt,
daß Versuche an Aluminium-Einkristallen, die von ihm durchgeführt wurden, darauf hinweisen,
daß Raumgitterstörungen vorliegen
müssen[1]). Die Fortsetzung der Versuche führte zu folgenden Ergebnissen.

Das Verfahren.

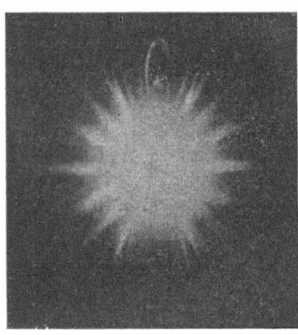

Abb. 168. Der gleiche Kristall,
nachdem er sattelförmig gebogen
wurde. (Laue-Diagramm nach
Rinne.)

Das Verfahren nach Laue besteht in methodischer Hinsicht, wie
bekannt, darin, daß ein dünnes
Bündel Röntgenlicht durch die zu
untersuchende Substanz geleitet
wird und der Einstich dieses Primär-
strahls sowie die Auftreffpunkte der
im Objekt entstehenden Sekundär-
strahlen auf einer photographischen
Platte durch Entwicklung sichtbar gemacht werden. Bei isotropen

---

[1]) Die Arbeiten anderer Autoren (u. a. Hupka: Phys. Z. 1913,
S. 623; Nishikawa u. Asahara: Referat Z. Metallkunde. 1921,
S. 282), soweit sie nach dem Verfahren von Laue erhalten worden sind,
sollen nicht näher herangezogen werden, da sie infolge mangelnder Plan-
mäßigkeit in kristallographischer Hinsicht sich einer Auswertung entziehen.

Stoffen sind die Beugungserscheinungen anderer Art als bei Kristallen. In den beiden folgenden Abb. 169 und 170 sind solche Laue-Röntgenogramme veranschaulicht; Abb. 169 ist einem Aluminium-Einkristall entnommen; Abb. 170 dem isotropen Bernstein. Während Abb. 169 ein symbolisches Bild mit symmetrisch angeordneten Einzelpunkten zeigt, ist in Abb. 170 deutliche Hofbildung zu beobachten.

Ein wesentliches Hindernis bei röntgenographischen Untersuchungen an Metallen dürfte in der Beschaffung von geeignetem

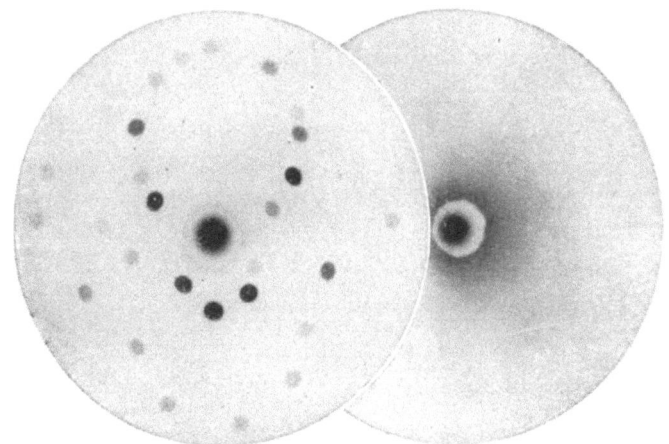

Abb. 169.   Abb. 170.
Laue-Diagramm eines   Laue-Diagramm des
Aluminium-Einkristalls.   isotropen Bernsteins.

Versuchsmaterial liegen, insbesondere von einwandfreien Einkristallen. Dem kann aber durch das in Abschnitt VII beschriebene Verfahren der Rekristallisation leicht abgeholfen werden. Zweckmäßig wird wie folgt verfahren. Aus einem Stück Aluminium, das durch Walzen oder Pressen in den Zustand einer starken und gleichmäßigen Kaltstreckung gebracht wird, werden entsprechende Proben entnommen und bei einer Temperatur von etwa 600° rekristallisiert. Man erkennt aus der ersten Probe in Abb. 171, daß der ganze Querschnitt von Kristallkörnern gleichmäßig übersät ist. Die so vorbereiteten Proben werden nunmehr einem Biege- oder Zugversuch unterzogen und daraufhin erneut bei etwa der gleichen Temperatur mehrere Stunden lang rekristallisiert. Je nach dem Grad der Beanspruchung können auf diese Weise sehr große Kristalle er-

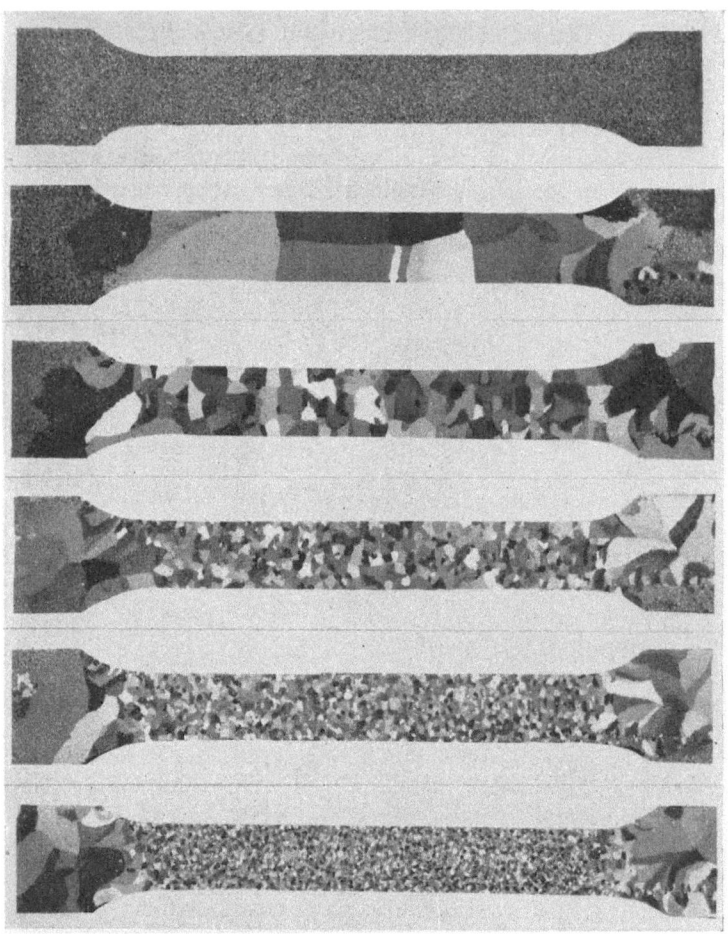

Abb. 171. Rekristallisierte Aluminiumstäbe nach Dehnungen von: (von oben n. unten) 0, 2, 4, 6, 8 und 10%. Geätzt mit Flußsäure-Salzsäure. (Lin.Vgr. 0,85.)

zeugt werden. Wie die Abbildung zeigt, wurden die größten Kristalle bei einer Dehnung von 2% erhalten. Solche Kristalle eignen sich für die Untersuchung im Röntgenlicht ganz besonders, weil sie 1. parallele Oberflächen besitzen, 2. in beliebig geringer

Einfluß der Anordnung und der Dispersität. 171

Dicke hergestellt werden können und 3. ihre Oberfläche frei von kristallographischen Störungen ist. Man kann auf diese Weise geeignete Kristallindividuen beliebig auswählen. Die Untersuchung wurde fast ausschließlich an derart gewonnenen Kristallen durchgeführt, und zwar an solchen des Reinaluminiums. Bei der Auswertung der Ergebnisse sollen weder die Theorie der Interferenzerscheinungen noch weitere strukturtheoretische Fragen, die noch immer Gegenstand umfangreicher Forschungsarbeiten sind, näher berührt werden. Nur die Fülle von Erscheinungen, die man bei der überelastischen Beanspruchung von Metallen und deren Prüfung im Röntgenlicht erhält, soll in ihren Hauptzügen besprochen werden.

Einfluß der Anordnung und der Dispersität.

Nebeneinanderlagerung. Abb. 173 zeigt das von einem Aluminium-Einkristall erhaltene Laue-Diagramm, das schön ausgebildete Zonenkreise aufweist. Der dazugehörige Kristall mit

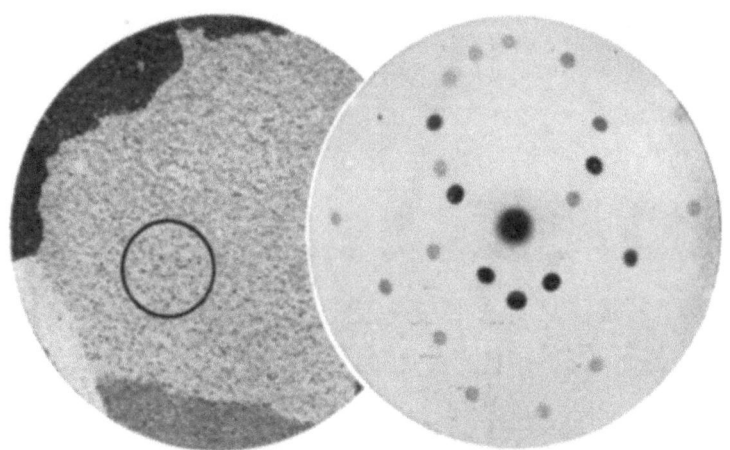

Abb. 172.
Aluminiumkristall mit eingezeichnetem Durchstrahlungsfeld. Geätzt mit Flußsäure-Salzsäure. (Lin. Vgr. 4,5.)

Abb. 173.
Laue-Diagramm des in Abb. 172 dargestellten Aluminiumkristalls.

eingezeichnetem Durchstrahlungsfeld ist in Abb. 172 veranschaulicht; es sei zunächst gezeigt, in welcher Weise nun dieses Diagramm beeinflußt wird, wenn ein weiterer Kristall

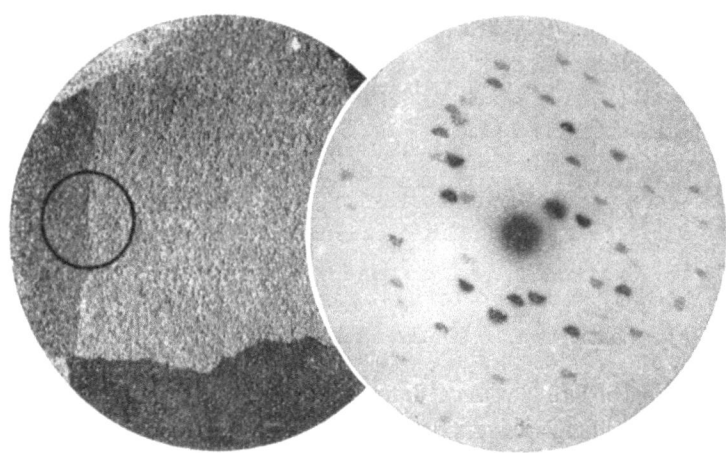

Abb. 174.
Aluminiumkristalle mit eingezeichnetem Durchstrahlungsfeld. Geätzt mit Flußsäure-Salzsäure. (Lin. Vgr. 4,5.)

Abb. 175.
Laue-Diagramm der in Abb. 174 dargestellten Aluminiumkristalle.

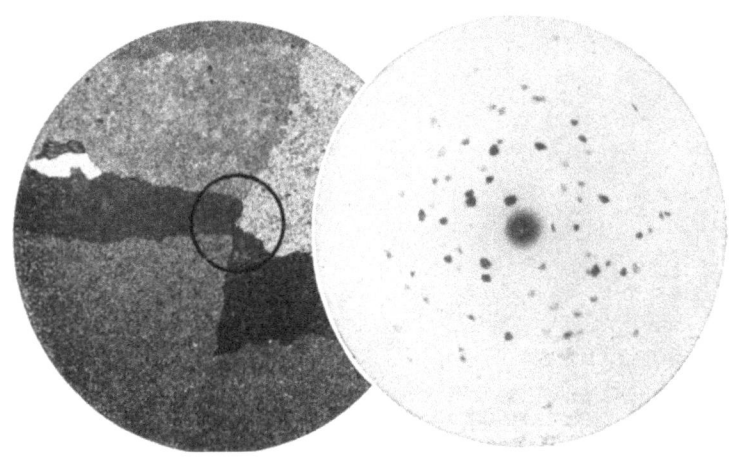

Abb. 176.
Aluminiumkristalle mit eingezeichnetem Durchstrahlungsfeld. Geätzt mit Flußsäure-Salzsäure. (Lin. Vgr. 4,5.)

Abb. 177.
Laue-Diagramm der in Abb. 176 dargestellten Aluminiumkristalle.

Einfluß der Anordnung und der Dispersität. 173

in das Durchstrahlungsfeld eingeführt wird. Das erhaltene Laue-Diagramm ist in Abb. 175 und das Durchstrahlungsfeld in Abb. 174 wiedergegeben. Als Ergebnis erhält man also zwei Diagramme, die sich gegenseitig durchdringen und überdecken. Für diese Untersuchung wurde der bereits in der vorangegangenen Abbildung verwendete Kristall, aber gemeinsam mit einem Nachbar verwendet; die Zonenkreise sind daher ähnlich denen in Abb. 173. Stoßen mehrere Kristalle in dem Durchstrahlungsfeld zusammen, so gelangt man zu ähnlichen, aber verwickelteren Bildern, so daß

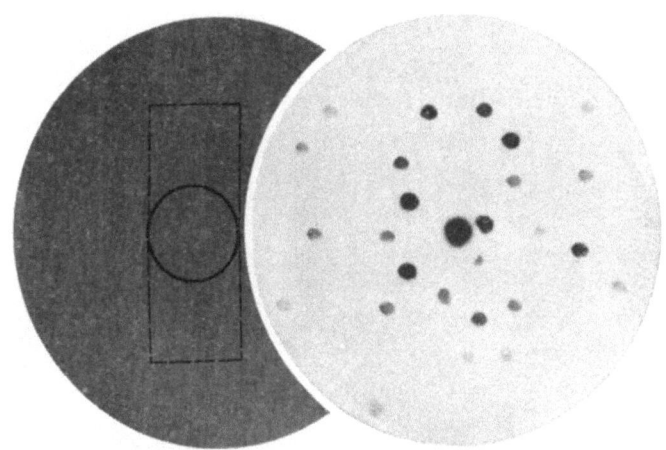

Abb. 178.
Aluminiumkristall mit eingezeichnetem Durchstrahlungsfeld. Geätzt mit Flußsäure-Salzsäure. (Lin. Vgr. 4,5.)

Abb. 179.
Laue-Diagramm des in Abb. 178 dargestellten Aluminiumkristalls.

die Zugehörigkeit der einzelnen Punkte wohl kaum noch entziffert werden kann, wie dies aus Abb. 177 mit der dazugehörigen Wiedergabe des Durchstrahlungsfeldes (Abb. 176) hervorgeht.

Hintereinanderlagerung. Bei der Versuchsserie waren die Kristalle, wie aus den Gefügebildern hervorgeht, nebeneinander angeordnet. Es dürfte also nicht ohne Interesse sein, festzustellen, welche Ergebnisse bei einer Hintereinanderschaltung der Kristalle erhalten werden. Darüber gibt folgende Versuchsserie Aufschluß: Die Abb. 179 veranschaulicht wiederum das Diagramm eines Aluminium-Einkristalls mit dem dazugehörigen Durchstrahlungsfeld, Abb. 178. Dieser Kristall wurde nunmehr in zwei Hälften geschnitten, die für die Aufnahme um 90⁰ versetzt hintereinander angeordnet wurden. Der Primärstrahl mußte also, nachdem er die erste Kristallplatte passierte, auch noch die zweite durchdringen. Gemäß Abb. 181 ist zu beobachten, daß beide Diagramme sich teils durchdringen, teils überdecken. Die Anordnung der Kristallplatten ist schematisch in der Abb. 180 angedeutet. Die folgende Abb. 183 zeigt endlich das Ergebnis, nachdem der Kristall weiter aufgeteilt wurde, sodaß nunmehr vier Kristallplatten

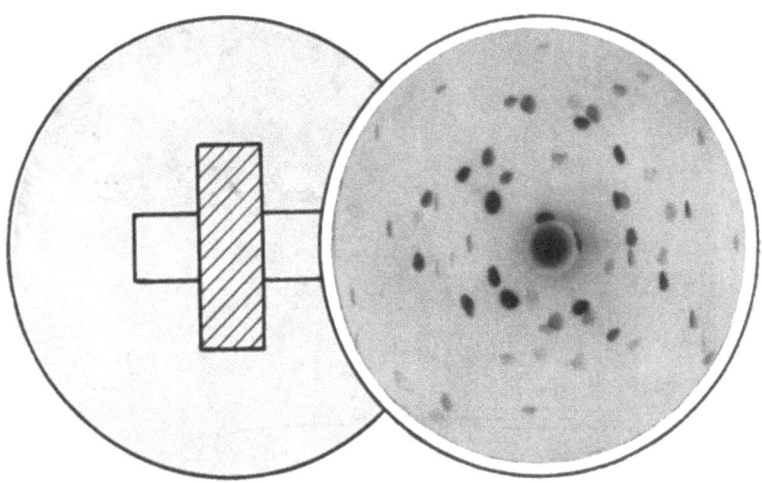

Abb. 180.
Anordnung von zwei Kristallstreifen des Kristalls Abb. 178 (schematische Zeichnung).

Abb. 181.
Laue-Diagramm der beiden übereinandergelegten Kristallstreifen.

von dem Röntgenlichtbündel durchdrungen wurden. Auch in diesem Bild ist eine große Zahl von Punkten sichtbar, die sich teils durchdringen und teils überdecken. Die Punkte sind bereits sehr verworren angeordnet und gestatten kaum noch eine Rekonstruktion der Einzeldiagramme. Die Anordnung der um etwa 45⁰ versetzten Kristallplatten ist aus der Abb. 182 zu entnehmen.

Aus den Versuchsergebnissen geht hervor, daß sowohl eine Neben- als auch Hintereinanderschaltung von Einzelkristallen eine um so verworrenere Konfiguration der Einzelpunkte liefert, je mehr Kristalle in das Durchstrahlungsfeld eingeführt werden. Ein prinzipieller Unterschied, soweit er im Bereich dieser

Einfluß der Anordnung und der Dispersität. 175

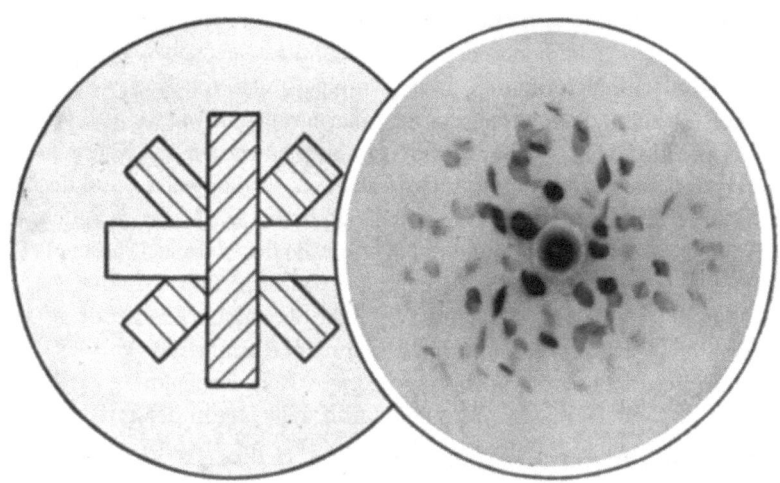

Abb. 182.
Anordnung von vier Kristallstreifen des Kristalls Abb. 178 (schematische Zeichnung).

Abb. 183.
Laue-Diagramm der vier übereinandergelegten Kristallstreifen.

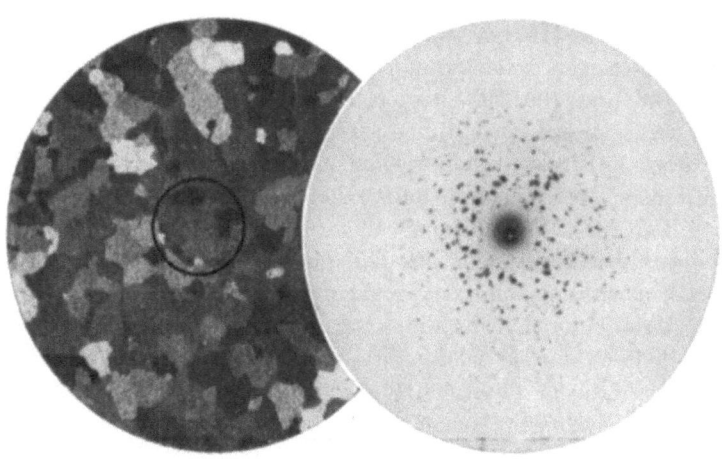

Abb. 184.
Aluminiumblech mit eingezeichn. Durchstrahlungsfeld (ca. 120 Kristalle). Geätzt mit Flußsäure-Salzsäure. (Lin. Vgr. 4,5.)

Abb. 185.
Laue-Diagramm des in Abb. 184 dargestellten Aluminiumblechs.

Betrachtung liegt, scheint nicht zu bestehen, gleichgültig, ob die Kristalle nebeneinander oder hintereinander angeordnet sind.

Gemischte Anordnung. Beim Durchstrahlen von Haufwerken von Kristallen, die eine sehr geringe Korngröße aufweisen, also pro Raumeinheit sehr viele Kristalle enthalten, werden die Kristalle stets beiderlei Anordnung aufweisen, d. i. sowohl nebeneinander als auch hintereinander angeordnet sein. Es wird also lediglich von der Blendenöffnung und der Korngröße des Metalls abhängen, wieviel Kristalle in den Bereich des Durchstrahlungsfeldes zu liegen kommen. Die Ergebnisse an einer derartigen Probe mit gemischter Kristallanordnung veranschaulicht die folgende Abb. 185, in der zahlreiche verworren angeordnete Reflexionspunkte sichtbar sind. Im Durchstrahlungsfeld, Abb. 184, lagern der mittleren Korngröße nach 120 Kristalle, woraus sich im Mittel etwa zwei Lagen von je 60 Kristallen errechnen. Entsprechend der geringen Größe der Kristalle stellen sich die Reflexionspunkte in dem Diagramm auch als sehr kleine Flecken dar.

Die beiden nächsten Abbildungen veranschaulichen die gleichen Verhältnisse für einen Kristallkomplex von etwa 2000 Individuen, entsprechend etwa 4 Lagen mit je 500 Kristallkörnchen; das Diagramm, Abb. 187, zeigt nach Maßgabe der geringen Korngröße der Probe (Abb. 186) eine immer größer werdende Anzahl winziger Reflexionspunkte. Endlich zeigen die folgenden Abb. 188 und 189 die gleichen Ergebnisse an einem Kristallkomplex von etwa einer Million winziger Kristallindividuen. Auch in diesem Fall lassen sich die scheinbar diffusen Reflexe, wenn auch mit einiger Mühe, noch in Punktscharen auflösen.

Bei der Durchführung dieser Versuchsserie wurde die Nebenbeobachtung gemacht, daß die Intensität der Bilder mit der Dispersität, d. i. mit der Verringerung des Kornes, außerordentlich stark abnimmt. Um Bilder von annähernd gleicher Intensität zu erhalten, war es erforderlich, die Durchstrahlungszeiten bei den feinkörnigen Proben sehr erheblich zu steigern. Bei hochdispersen Systemen können diese Zeiten auf das 10fache und darüber anwachsen. Die für die Durchstrahlung erforderliche Zeit nimmt nicht linear zu, sondern wahrscheinlich nach einer Exponentialfunktion. Die Intensität der Bilder bzw. die erforderliche Durchstrahlungszeit gibt also gleichsam einen Maßstab der Korngröße. Weitere Anhaltspunkte für die Korngröße geben die Ab-

Einfluß der Anordnung und der Dispersität. 177

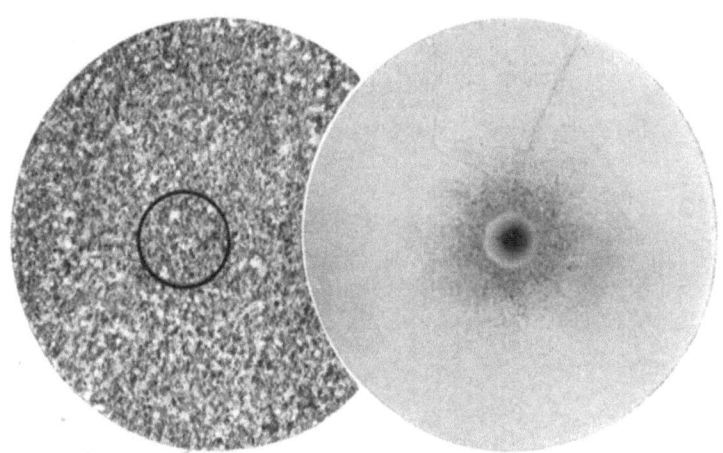

Abb. 186.
Aluminiumblech mit eingezeichn. Durchstrahlungsfeld (ca. 2000 Kristalle). Geätzt mit Flußsäure-Salzsäure. (Lin. Vgr. 4,5.)

Abb. 187.
Laue-Diagramm des in Abb. 186 dargestellten Aluminiumblechs.

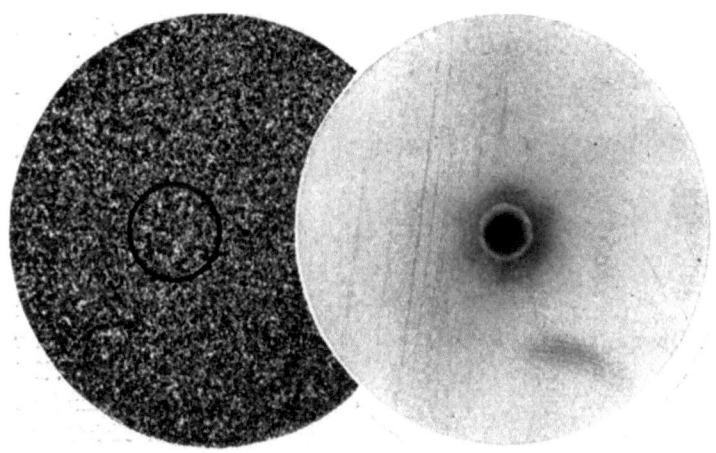

Abb. 188.
Aluminiumblech mit eingezeichn. Durchstrahlungsfeld (ca. 1 Million Kristalle). Geätzt mit Flußsäure-Salzsäure. (Lin. Vgr. 4,5.)

Abb. 189.
Laue-Diagramm des in Abb. 188 dargestellten Aluminiumblechs.

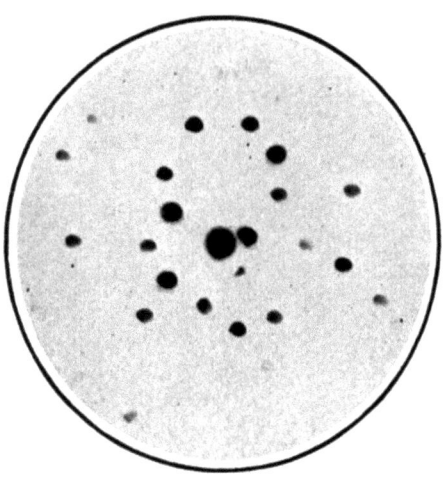

Abb. 190.
Laue-Diagramm eines Aluminium-Einkristalls.

messungen der Reflexionspunkte selbst; ihre relative Größe verringert sich proportional mit der Korngröße, solange die Kristalle nicht größer sind als das Durchstrahlungsfeld selbst. Als Maß sind stets die jeweils größten Reflexionspunkte zu verwenden.

Deformationseinflüsse.

Kugeldruck- und Biegeversuche. Als erste Deformationsart wurde der Kugeldruckversuch angewendet. Abb. 191 zeigt das Diagramm eines Aluminium-Einkristalls mit der dazugehörigen Abbildung des Durchstrahlungsfeldes, Abb. 190. Der Kristall wurde nunmehr einem Kugeldruckversuch unterzogen. Der Kugeldurchmesser betrug 2 mm, die Belastung etwa 1 kg, der Durchmesser des Eindrucks war etwa 0,3 mm. Er ist schematisch in der Abb. 191 markiert. Bei der Laue-Aufnahme wurde der Kristall so eingestellt, daß der Kugeleindruck etwa das Zentrum der Blendenöffnung einnahm.

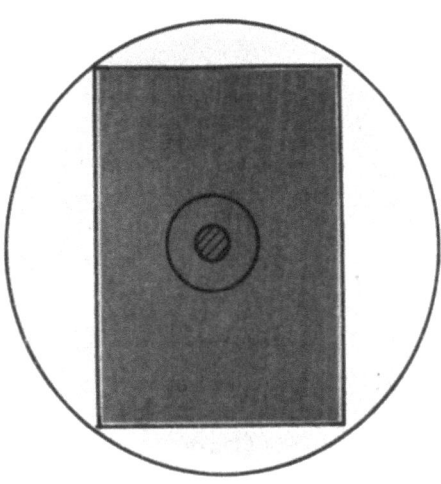

Abb. 191. Durchstrahlungsfeld des in Abb. 190 dargestellten Aluminium-Einkristalls mit eingezeichnetem Kugeleindruck. Geätzt mit Flußsäure-Salzsäure. (Lin. Vgr. 4,5.)

Das erhaltene Diagramm veranschaulicht Abb. 192. Das Ergebnis ist insofern überraschend, als die überelastische Beanspruchung des Kristalls in dem Diagramm deutlich zum Ausdruck kommt. Die ursprünglich fast kreisrunden Reflexionspunkte haben nunmehr deutliche Rautenform angenommen, der obere Zonenkreis hat beträchtlich an Umfang zugenommen, während die Punkte der unteren Zonenkreise dem Zentrum näher gerückt sind. Einige der Reflexionspunkte zeigen bereits strahlenförmige Ansätze.

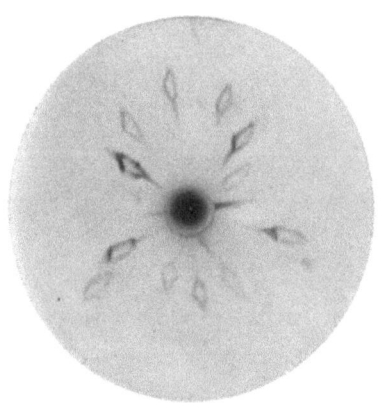

Abb. 192.
Laue-Diagramm im Bereiche des Kugeleindrucks (Abb. 191).

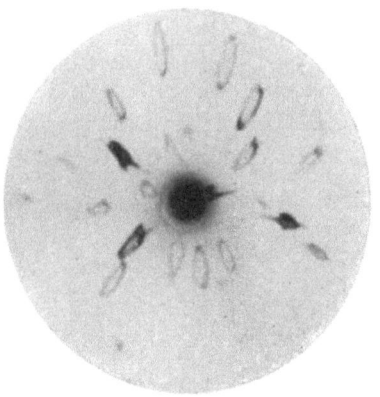

Abb. 193.
Laue-Diagramm im Bereiche desselben Kugeleindrucks nach Erhöhung der Drucklast auf 3 kg.

Eine Erhöhung der Drucklast auf 3 kg (Kugeleindruck ca. 0,6 mm Durchmesser) führt zu Veränderungen, die die Abb. 193 veranschaulicht. Die rautenförmigen Reflexionspunkte haben eine beträchtliche Streckung erfahren, so daß sie nunmehr fast linsenförmig erscheinen. Der Umfang des oberen Zonenkreises hat weiter zugenommen, die Punkte der unteren Zonenkreise sind dem Zentrum noch näher gerückt, ferner sind einige neue Reflexionspunkte aufgetaucht. In noch stärkerem Maße ist dies alles zu beobachten bei Erhöhung der Drucklast auf 5 kg (Kugeleindruck ca. 0,8 mm Durchmesser). Die strahlenförmige Verzerrung einzelner Reflexionspunkte hat in dem Bild, Abb. 194, besonders charakteristische Formen angenommen; ihre Intensität

12*

steht noch in bestimmter Beziehung mit den Punkten des Diagrammes des nicht deformierten Kristalls.

Werden noch größere Lasten verwendet (Kugeldurchmesser 4 mm, Belastung ca. 10 kg, Eindruck ca. 1 mm Durchmesser), so verschwinden die singulären Reflexionspunkte völlig, so daß eine Sternenfigur (man bezeichnet diese Effekte mit Asterismus) zurückbleibt, Abb. 195.

Aus den Versuchsergebnissen muß gefolgert werden, daß sehr geringfügige überelastische Beanspruchungen die Konfigura-

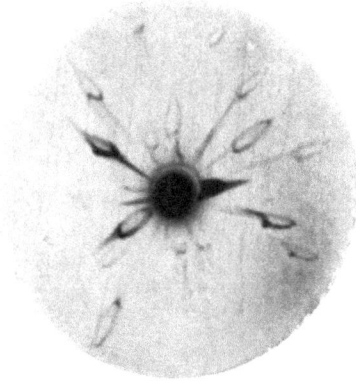

Abb. 194. Laue-Diagramm im Bereiche desselben Kugeleindrucks nach Erhöhung der Drucklast auf 5 kg.

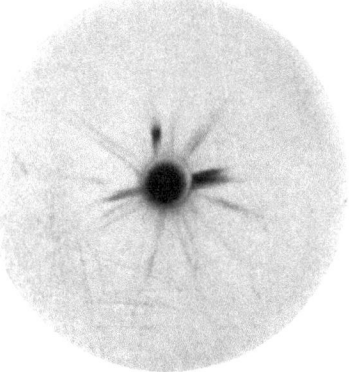

Abb. 195. Laue-Diagramm im Bereiche desselben Kugeleindrucks nach Erhöhung der Drucklast auf 10 kg und Anwendung einer Kugel von 4 mm Durchmesser.

tion und die Anordnung der Laue-Diagramme sehr beträchtlich zu beeinflussen vermögen. Um über den Grad der Empfindlichkeit einige Anhaltspunkte zu erhalten, wurde ein anderes Stück des gleichen Kristalls mit einem feinen Nadelstich (0,1 mm Durchmesser und Tiefe) versehen. Diese geringfügige überelastische Beanspruchung reichte bereits aus, um sich als Verzerrung der Reflexionspunkte deutlich bemerkbar zu machen, Abb. 196. Außerdem kann eine recht eigentümliche Wirkung dieser Deformationsart auf die Reflexionspunkte beobachtet werden: Ein jeder der Reflexionspunkte weist nämlich einen kleinen runden, hellen Flecken auf. (In der Reproduktion unvollständig wiedergegeben.) Offenbar ist durch den Nadelstich eine Ausblendung erfolgt, und zwar derart, daß die Reflexionsintensität der durch die Deformation betroffenen Gitterebenen stark verringert worden ist.

Es war nun von Interesse, den Versuch auch an einem plastischen Mineralkristall durchzuführen. Besonders geeignet schienen Gipskristalle, da sie bei Raumtemperatur leicht nach der (010)-Ebene gebogen werden können.

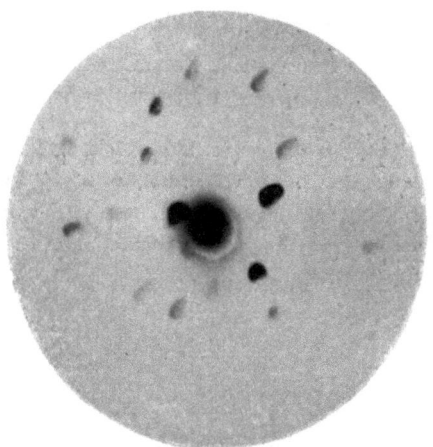

Abb. 196. Laue-Diagramm desselben Aluminiumkristalls, der mit einem feinen Nadelstich versehen war. (In der Reproduktion unvollständig wiedergegeben).

Ein derart gebogener Kristall ist in Abb. 197 veranschaulicht. Irgendwelche Zerstörungen konnten an den Stellen stärkster Krümmung nicht wahrgenommen werden. Auch die am stärksten beanspruchten Partien waren klar und völlig durchsichtig. In Abb. 198 und 199 sind die Laue-Diagramme dieses Gipskristalls vor und nach der Beanspruchung veranschaulicht. Die Durchstrahlung erfolgte in beiden Fällen senkrecht zu (010). Während das Diagramm des unbeanspruchten Kristalls schön ausgebildete Zonenkreise aufweist, die aus singulären Punkten bestehen, zeigt das Diagramm des gebogenen

Abb. 197. Gebogener Gipskristall. (Lin. Vgr. 0,9.)

Kristalls Verzerrungen der einzelnen Reflexionspunkte zu deutlichen Strahlen. Die Zonenkreise haben mehr elliptische Formen angenommen, deren Längsachsen parallel zur Krümmungsebene liegen.

Die beiden Versuchsserien sprechen eindeutig dafür, daß infolge der überelastischen Beanspruchung der Kristalle grundsätzliche Veränderungen in der Anordnung der Gitterebenen erfolgt sind, so daß die Netzebenen das Röntgenlicht nicht mehr in gesonderten Punkten, sondern in mehr oder weniger verzerrten

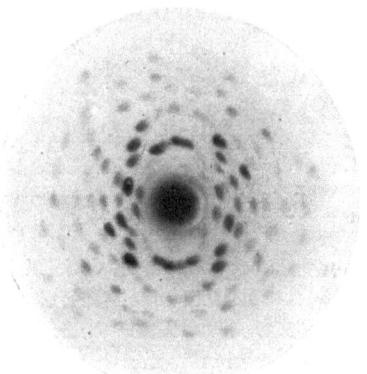
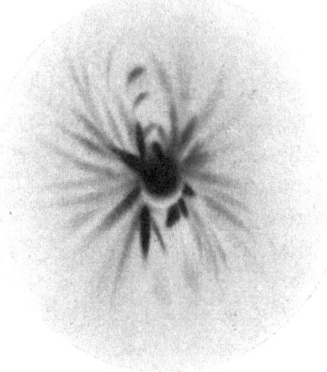

Abb. 198. Laue-Diagramm des Gipskristalls vor der Biegung.

Abb. 199. Laue-Diagramm desselben Gipskristalls nach der Biegebeanspruchung.

Strahlen reflektieren. Hieraus muß zunächst auf Krümmungen der Gitterebenen geschlossen werden. Die Krümmung der Gitterebenen muß bei den durch Kugeleindruck überelastisch beanspruchten Proben etwa der Kugelkalotte entsprechende, also muldenförmige Gestalt angenommen haben. Dies geht aus den rauten- bzw. linsenförmigen Reflexionsfiguren, die inwendig deutliche Ausblendungen zeigen, hervor. Ist der Krümmungsradius der Kalotte sehr groß, wie in Abb. 195, so erhält man nur noch strahlenförmige Reflexionsbilder. Dagegen muß sich die Krümmung der Gitterebenen bei dem durch einfache Biegung beanspruchten Gipskristall nach entsprechenden Zylinderflächen vollzogen haben, weil die Reflexionspunkte nur Verzerrung zu Strahlen aufweisen.

Es könnte vielleicht eingewendet werden, daß ähnliche Effekte auch ohne Störung des Raumgitters auftreten können, nämlich dann, wenn die Kristalle bei der überelastischen Beanspruchung eine Aufteilung erleiden würden, und zwar derart, daß die Bruchstücke im Hinblick auf die Orientierung der Kristallachse eine der Kalotte oder Zylinderfläche ähnliche Lage einnehmen, wie dies Abb. 200 schematisch andeutet. Sind solche Bauteilchen klein genug, so könnten durch sie gleiche Wirkungen vorgetäuscht werden wie durch eine stetige Krümmung von Gitterebenen.

Eine solche Anordnung der Bauelemente hat aber zur Voraussetzung, daß zahllose Spalten den so umgebildeten Kristall durchsetzen müßten. Diese Anschauung ist aber schon deswegen wenig wahrscheinlich, weil der Kristall dadurch stark an Festigkeit einbüßen müßte. Die Festigkeit beanspruchter Kristalle liegt aber in der Regel höher als die von unbeanspruchten.

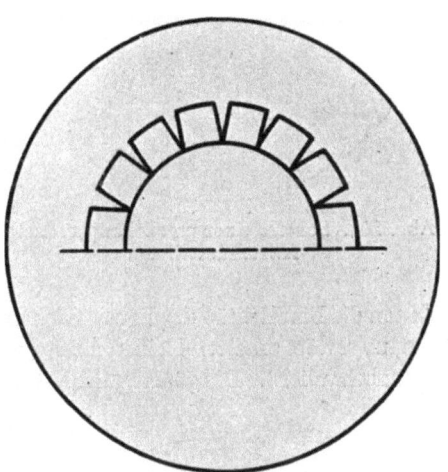

Abb. 200. Schema einer radial angeordneten Kristallaufteilung.

Des weiteren müßte die Dicke der Spalten geringer sein als 0,0002 mm, da sie sonst mikroskopisch noch nachweisbar wären.

Aber auch amikroskopische Interpositionen müßten (bei der diese Vorstellung rechtfertigenden Zahl von Milliarden) Störungen in der Reflexionsfähigkeit derart beanspruchter Kristalle hervorrufen. Solche Kristalle müßten zum mindesten deutlich getrübt erscheinen. An dem gebogenen Gips- und an zahlreichen anderen durchsichtigen Kristallen kann aber keine Spur einer solchen Trübung wahrgenommen werden. Alles Erscheinungen, die gegen eine Diskontinuität in der Anordnung der Reflexionselemente sprechen.

Die Frage läßt sich aber auch noch in anderer Weise prüfen.

Zugversuch. Bei den bisherigen Versuchen wurden nur Deformationsarten behandelt, bei denen entsprechend der Geometrie des Fließvorganges Krümmungen der Gitterebenen erfolgt waren; ob kontinuierlicher oder diskontinuierlicher Art, sei zunächst noch dahingestellt. Es war nun naheliegend, für die weitere Prüfung dieser Frage Deformationsarten zu wählen, bei denen die Parallelität der Bruchteilchen, falls solche auftreten sollten, ungestört erhalten bleiben müßte, wie dies das Schema Abb. 201 veranschaulicht.

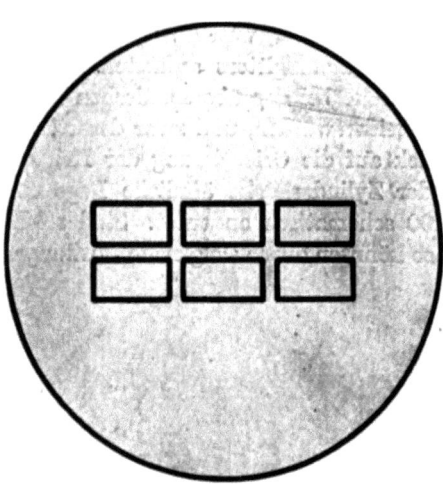

Abb. 201. Schema einer parallel angeordneten Kristallaufteilung.

Die günstigsten Bedingungen für eine solche Geometrie des Fließens dürfte der Zugversuch an einem Einkristall bieten, und zwar in Bereichen der sogenannten prismatischen Dehnung. In den folgenden Abbildungen sind die Ergebnisse dieser Versuche veranschaulicht.

Die erste Stufe der Dehnung betrug etwa 1%, und zwar am Kristall selbst gemessen. Das Ergebnis ist neben den Diagrammen des unbeanspruchten Aluminium-

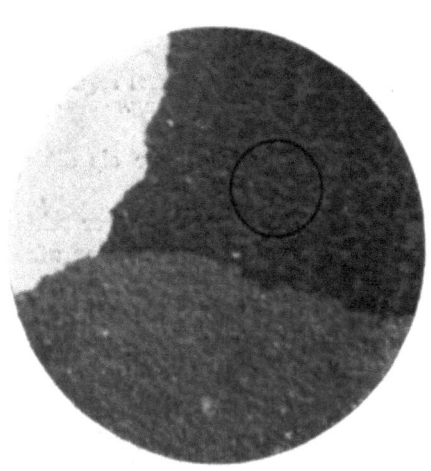

Abb. 202. Aluminium-Einkristall mit eingezeichnetem Durchstrahlungsfeld. Geätzt mit Flußsäure-Salzsäure. (Lin. Vgr. 4,5.)

kristalls, Abb. 203, und des Durchstrahlungsfeldes, Abb. 202, in der folgenden Abb. 204 wiedergegeben. Der Pfeil außerhalb des Bildes gibt bei dieser und den anderen Abbildungen die Streckrichtung an. Eine Veränderung im Aufbau des Diagramms ist kaum wahrzunehmen. Bei genauer Betrachtung kann man indes in den einzelnen Reflexionspunkten bereits deutliche Streifung wahrnehmen, besonders aber in den mit einem Pfeil versehenen Punkten. (In der Reproduktion nur unvollständig wiedergegeben.) Worauf diese Änderung zurückzuführen ist, läßt sich vorerst nicht absehen.

Bei einer Steigerung der Dehnung auf rund 5 % können bereits stärkere Veränderungen in der Gestalt und der Anordnung der Punkte beobachtet werden, die sich sowohl in einer Radial- als auch Tangentialverschiebung der einzelnen Diagrammpunkte bemerkbar machen, Abb. 205. Die fünf

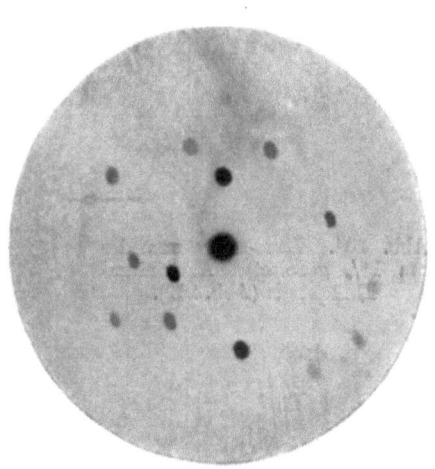

Abb. 203. Laue-Diagramm des unbeanspruchten Aluminium-Einkristalls (Abb. 202).

Diagrammpunkte der vorangehenden Abb. 204, die sich durch stärkste Intensität auszeichnen und eine spitzwinklige Anordnung aufweisen, zeigen nunmehr eine Vergrößerung dieses Winkels um mehrere Grad. Außerdem ist der Reflexionspunkt, der den Angelpunkt des Winkels bildet, dem Zentrum beträchtlich nähergerückt, während die Punkte, die die Enden der beiden Schenkel bilden, in gleichem Maße von dem Zentrum abgerückt sind. Fast alle Punkte zeigen eine Verzerrung in radialer Richtung.

In noch stärkerem Maße tritt dies alles in Erscheinung bei einer Dehnung von 25 %, wie dies die folgende Abb. 206 veranschaulicht. Die Anordnung der Punkte, die den Angelpunkt und die Enden der beiden Schenkel bilden, entspricht nunmehr genau einem gleichseitigen Dreieck. Die Einzelpunkte zeigen noch größere Verzerrungen, die teils in radialer, teils in tangentialer Richtung verlaufen. Die beiden zu der soeben beschriebenen

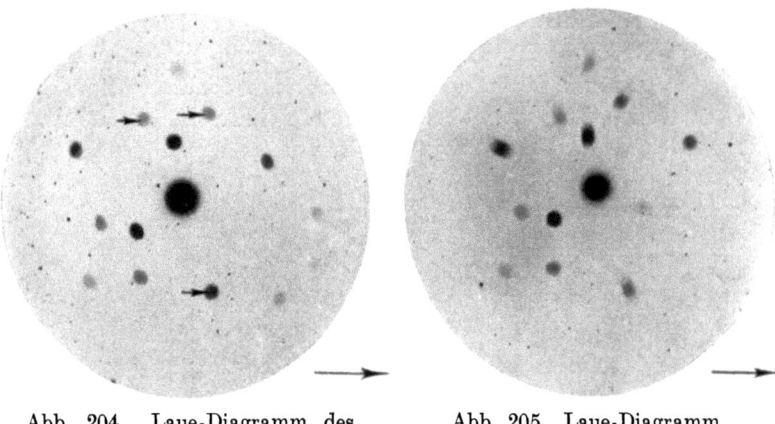

Abb. 204. Laue-Diagramm des um 1% gedehnten Aluminium-Einkristalls (Abb. 202).

Abb. 205. Laue-Diagramm desselben Aluminium-Einkristalls nach einer Dehnung von 5%.

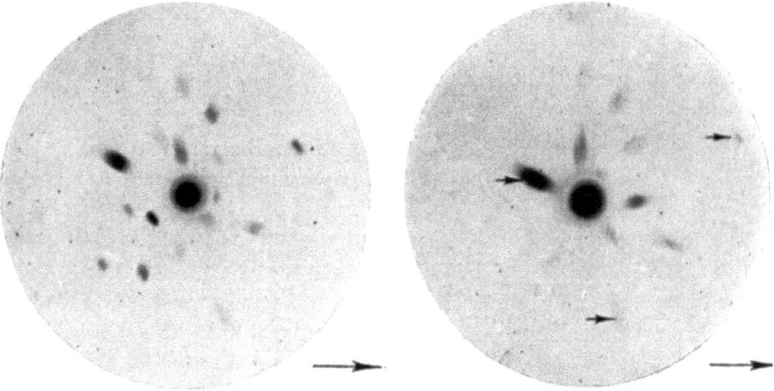

Abb. 206. Laue-Diagramm desselben Aluminium-Einkristalls nach einer Dehnung von 20%.

Abb. 207. Laue-Diagramm desselben Aluminium-Einkristalls nach zusätzl. Walzbeanspruchung (Höhenabnahme 10%).

Konfiguration der Reflexionspunkte querverlaufenden Punktreihen, die anfänglich gebrochene Linien bilden, haben sich beinahe zu Geraden ausgerichtet unter Ausgleichung ihrer Abstände.

Neu hinzugekommen sind einige Reflexe in der Nähe des Einstiches.

Eine weitere Beanspruchung dieses Kristalls durch Zug war nicht mehr möglich, da bereits beim letzten Versuch die Bruchdehnung erreicht und der Kristall senkrecht zur Zugrichtung gerissen war.

Beanspruchung durch Strecken (Zug und Walzen). Um den Einfluß weiterer Deformationsstufen ähnlicher Art wie der Zugversuch prüfen zu können, wurde derselbe Kristall nunmehr in gleichsinniger Richtung einem Walzversuch unterworfen. Die zusätzliche Beanspruchung wurde durch die Querschnittsabnahme ausgedrückt; sie betrug bei dem ersten Versuch 10%; das erhaltene Diagramm zeigt die Abb. 207. Mit einigem Willen kann man die drei Reflexionspunkte, die im letzten Bild die Spitzen des gleichseitigen Dreiecks bildeten, noch eben herausfinden (durch Pfeile bezeichnet). Die Abstände der Punkte haben sich weiter verändert; der Angelpunkt ist dem Zentrum noch näher gerückt, während der Punkt rechts noch weiter abgerückt ist. Die beiden Ansätze in der Nähe des Einstiches haben sich wesentlich verlängert. Die Intensität des Angelpunktes hat bedeutend zugenommen.

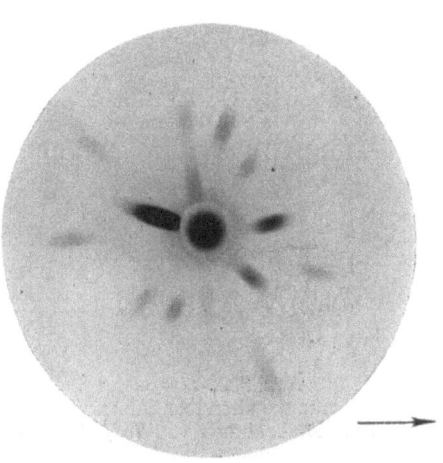

Abb. 208. Laue-Diagramm desselben Aluminium-Einkristalls nach weiterem Walzen um 25% Höhenabnahme.

In noch stärkerem Maße ist dies nach einer zusätzlichen Querschnittsabnahme von 25% der Fall, wie dies Abb. 208 veranschaulicht. Der Angelpunkt und die beiden Ansätze in der Nähe des Einstiches haben sich bereits unter beträchtlicher Erhöhung der Intensität zu Strahlen verzerrt.

Eine weitere Querschnittsabnahme von 75%, Abb. 209, verzerrt weitere Punkte zu Strahlen, hebt die Intensität der einen und verringert die Intensität der anderen Punkte. Nur der Reflex des Angelpunktes bleibt fast ungeschwächt bestehen. Als neue Erscheinung tritt bei diesem Deformationsgrad eine sehr intensive Drehung des Strahls (der sich von dem Angelpunkt herleitet) um den Mittelpunkt auf. Er erreicht bei einer Querschnittsabnahme von 90 % eine fast parallele Lage zur Walzrichtung, was Abb. 210 zum Ausdruck bringt.

Bei der Prüfung der überelastisch beanspruchten Metallkristalle konnte, wie beim Studium des Einflusses der Dispersität,

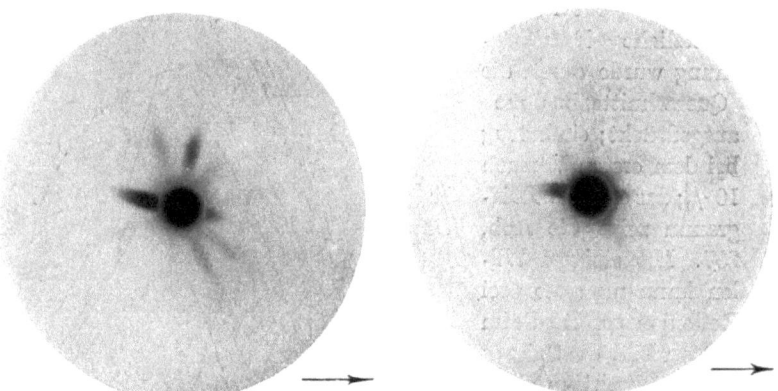

Abb. 209. Abb. 210.
Laue-Diagramme desselben Aluminium-Einkristalls nach weiteren Querschnittsabnahmen von 75% (Abb. 209) und 90% (Abb. 210).

die Beobachtung gemacht werden, daß die Intensität der erhaltenen Diagramme mit dem Grade der Streckung ganz erheblich abnahm. Die Durchstrahlungszeiten mußten vielfach auf das Zehnfache und darüber erhöht werden, um Bilder gleicher Intensität zu erhalten.

Walzversuche allein. Um nun die Veränderung in der gesetzmäßigen Anordnung der Laue-Diagramme bei ununterbrochen gleichartiger Deformation festzustellen, wurde zusätzlich noch eine Versuchsserie durchgeführt, bei der die Querschnittsabnahme lediglich durch Walzen erfolgte.

Die folgenden Abb. 211 und 212 veranschaulichen wiederum das Diagramm eines Aluminiumeinkristalls mit der dazugehörigen Abbildung des Durchstrahlungsfeldes. Das Diagramm zeigt besonders schön ausgebildete Zonenkreise. Bei einer Querschnittsabnahme von rund 5%, wie dies Abb. 213 zeigt, ist der Zonenkreis noch ziemlich erhalten geblieben; die einzelnen Punkte

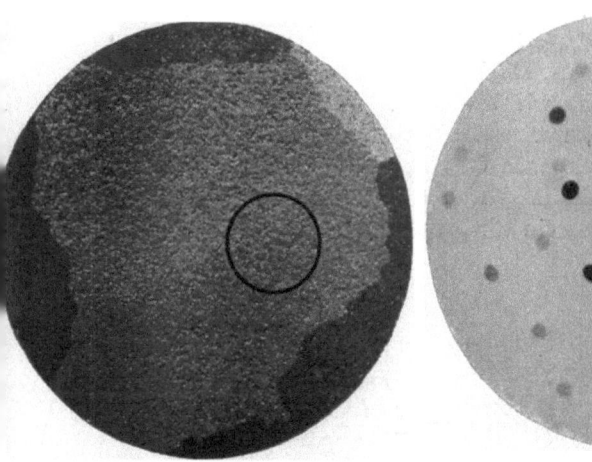

Abb. 211. Aluminium-Einkristall mit eingezeichnetem Durchstrahlungsfeld. Geätzt mit Flußsäure-Salzsäure. (Lin. Vgr. 4,5.)

Abb. 212. Laue-Diagramm desselben Kristalls, unbeansprucht.

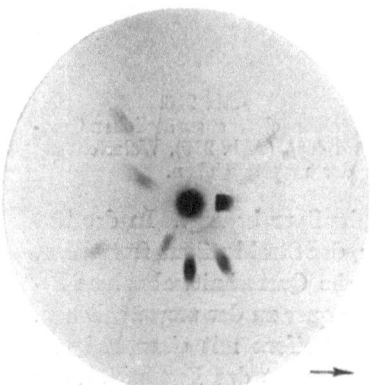

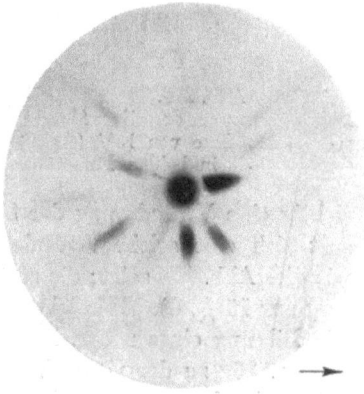

Abb. 213. Laue-Diagramm desselben Kristalls nach einer Beanspruchung durch Walzen (Höhenabnahme 5%).

Abb. 214. Laue-Diagramm desselben Kristalls nach einer Querschnittsabnahme von 50%.

zeigen aber sowohl eine Radial- als auch Tangentialwanderung. Einige sind bereits zu Strahlen verzerrt; ihre Intensität hat einen starken Wechsel zugunsten der Strahlen erlitten, die sich parallel und quer zur Walzrichtung ausgebildet haben. In noch stärkerem Maße ist dies alles in der Abb. 214, die einer Querschnittsabnahme der Probe von 50 % entspricht, zu beobachten.

Die Geometrie der Strahlenfigur des Endzustandes ist wiederum fast die gleiche wie bei der vorhergehenden Versuchsserie (Abb. 209 u. 210), nur tritt die Figur jetzt in einem diametral entgegengesetzt gelegenen Quadranten auf.

Wechsel des Kraftangriffes. Es dürfte nun nicht uninteressant sein, zu erfahren, ob ein Wechsel der Deformationsrichtung folge-

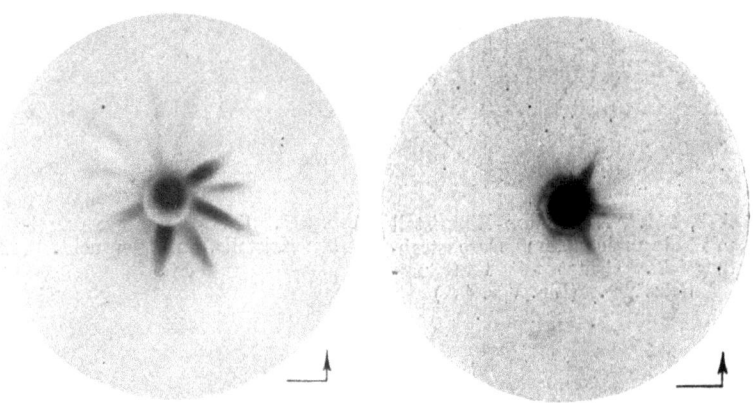

Abb. 215. Abb. 216.
Laue-Diagramme desselben Aluminiumkristalls nach einer zusätzlichen Querschnittsabnahme von 15% (Abb. 215) und 40% (Abb. 216), Walzrichtung in beiden Fällen quer zu der ursprünglichen.

richtig eine Veränderung der Strahlenfigur bedingt. In der Tat läßt sich eine solche Veränderung der Strahlenfigur feststellen, wie dies Abb. 215 zeigt; die zusätzliche Querschnittsabnahme betrug nur 15 %, die Walzrichtung war quer zu der ursprünglichen. Die Bildung eines neuen Reflexionsstreifens mit einer Neigung von ca. 30° zu der neuen Walzrichtung ist das Ergebnis. Eine weitere Drehung der Strahlen ist durch eine zusätzliche Querschnittsabnahme von 40 % erfolgt, Abb. 216; der untere Strahl hat ebenfalls eine starke Drehung erfahren, zu einer völligen Umlenkung genügte der Grad der Deformation noch nicht. Weitere Querschnittsabnahme konnte infolge der nunmehr sehr geringen Dicke des Kristallstreifens nicht mehr vorgenommen werden.

Deformationseinflüsse. 191

Einfluß der Kristallorientierung. Die Tatsache, daß die Strahlenfiguren nur in bestimmten Quadranten auftreten, erscheint, weil sie auf unsymmetrischen Bau schließen läßt, ziemlich unmotiviert. Die Asymmetrie ließe sich nur schwer mit den üblichen geometrischen Vorstellungen vereinbaren. Zur Kontrolle wurden daher noch weitere Kristalle anderer Orientierung geprüft, die in der Tat andere Anordnung der Strahlenfigur ergaben. Die folgende Abb. 217 zeigt das Ergebnis eines dieser Versuche nach einer Querschnittsabnahme der Probe beim Walzen von 70%. Das Laue-Diagramm des nicht deformierten Kristalls ist in Abb. 218

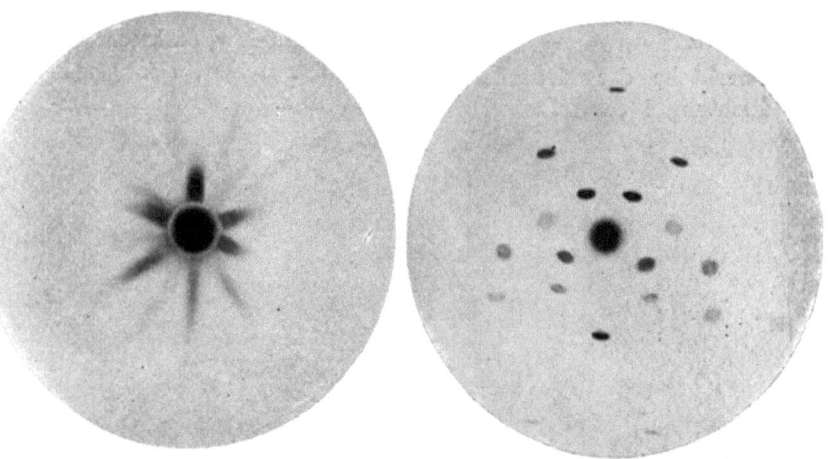

Abb. 217. Laue-Diagramm eines Aluminiumkristalls nach einer Querschnittsabnahme von 70%.

Abb. 218. Laue-Diagramm desselben Kristalls, unbeansprucht.

wiedergegeben. Der Aufbau der Strahlenfigur zeichnet sich (abgesehen von der Intensität) durch fast völlige Symmetrie aus.

Die Gestalt der Strahlenfiguren bei der Deformation ist also in weitem Maße von der Orientierung des Kristalls abhängig. Die erhaltenen Diagramme setzen sich gewissermaßen aus vier Quadranten zusammen; je nach der Orientierung gelangen ein oder mehrere solcher Quadranten zur Ausbildung. Eine Gesetzmäßigkeit kann aber immer wieder beobachtet werden, nämlich die, daß sich die Strahlen stärkster Intensität mit dem Grade der Deformation mehr und mehr parallel bzw. senkrecht zur Walzrichtung einstellen.

Anisotropie des Endzustandes. Als Hauptergebnis resultieren also stets Beugungsbilder, die sich in einer bestimmten einfachen Sternform ausdrücken. Hieraus dürften sich wichtige weitere Schlußfolgerungen ergeben. Vor der Erörterung dieser Frage muß aber zunächst nach dem charakteristischen Kennzeichen der Sternfigur in den drei Raumachsen gefragt werden. Bei allen bisher beschriebenen Proben erfolgte die Durchstrahlung senkrecht zur Oberfläche der Kristalle bzw. der Walzstreifen, also gemäß Richtung 1 der schematischen Figur, Abb. 219. In den Rich-

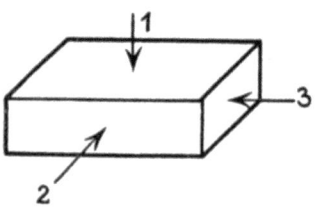

Abb.219. Schematische Darstellung der Durchstrahlungsrichtungen.

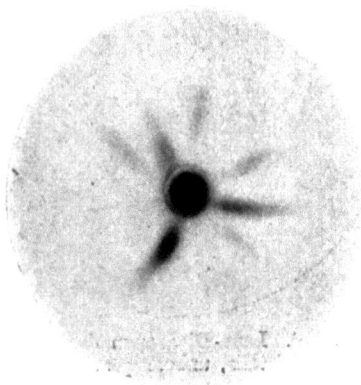

Abb. 220. Laue-Diagramm des Aluminiumkristalls (Abb. 217) in Richtung 2. der schematischen Figur (Abb. 219) durchleuchtet.

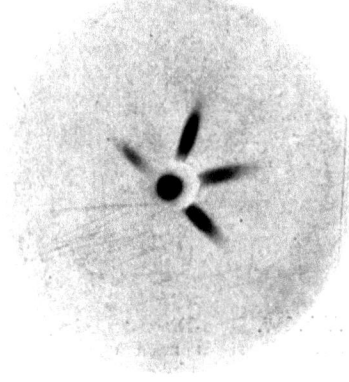

Abb. 221. Laue-Diagramm desselben Aluminiumkristalls in Richtung 3 der schematischen Figur (Abb. 219) durchleuchtet.

tungen 2 und 3 wurden die Proben nicht geprüft. Für die Untersuchung in diesen Richtungen wurde der gleiche Kristall wie für die Abb. 217 und 218 verwendet. Erfolgte die Durchstrahlung in der Richtung 2 der schematischen Figur, so wurde gemäß Abb. 220 ein neunstrahliger Stern erhalten, von dessen Strahlen sich nur drei durch starke Intensität auszeichnen; in Richtung 3 dagegen gemäß Abb. 221, ein halbierter regelmäßiger sechsstrahliger Stern.

Man gelangt also zu dem bemerkenswerten Ergebnis, daß der Charakter der Sternfigur in den verschiedenen Raumachsen ein verschiedener ist. Die früher beobachtete Asymmetrie

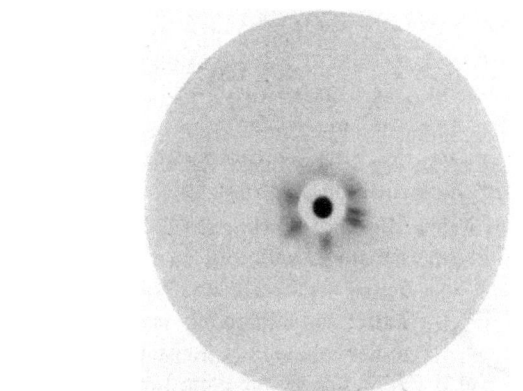

Abb. 222.

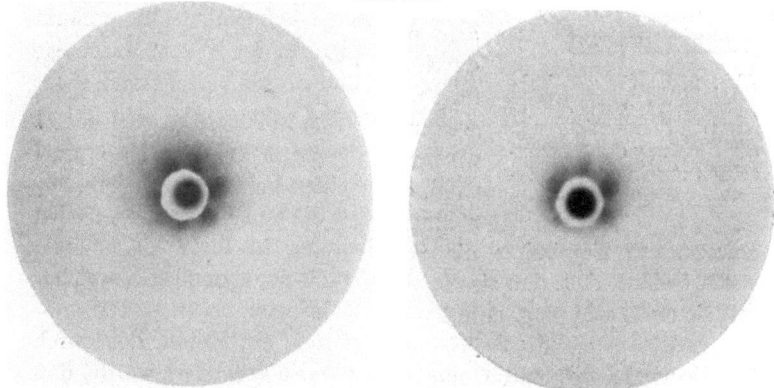

Abb. 223.   Abb. 224.

Laue-Diagramme eines Kristallhaufwerks nach einer Querschnittsabnahme von 80%.

Abb. 222 in Richtung 1 durchleuchtet ⎫
Abb. 223 in Richtung 2 durchleuchtet ⎬ vgl. Abb. 219.
Abb. 224 in Richtung 3 durchleuchtet ⎭

(Abb. 209, 210, 214) tritt hier in der Richtung 3 wieder zutage. Dies ist nicht besonders bemerkenswert, da gezeigt werden konnte, daß der Charakter der Sternfigur mit der ursprünglichen Kristallorientierung in Zusammenhang steht, dessen Gesetzmäßigkeit zunächst nicht bekannt ist. Um die bestehenden Beziehungen genau zu erkennen, müßte man eine große Anzahl verschieden orientierter Kristalle prüfen. Offenbar gelangt man aber zu dem gleichen Resultat, wenn für die Prüfung an Stelle von Einkristallen Kristallhaufwerke Verwendung finden. Abb. 222, 223, 224 zeigen die Ergebnisse an einem Konglomerat von Aluminiumkristallen. Die Querschnittsabnahme des Probestücks beim Walzen betrug 80%, die Zahl der Kristalle im Durchstrahlungsfeld war etwa 2000. Die Konfiguration des Bildes in der Richtung 1 entspricht einem deutlichen Sechsstern (Abb. 222) mit einer quer zur Walzrichtung liegenden Achse; in der Richtung 2 (Abb. 223) liegt eine Achse parallel zur Walzrichtung, während in Richtung 3 eine Achse senkrecht zur Walzrichtung verläuft; sie bilden ein senkrecht aufeinander stehendes Achsenkreuz. In der Abb. 225 ist die Anordnung der Sternenfiguren in der Richtung der drei Raumachsen schematisch dargestellt, ergänzt durch die Figur in der Körperdiagonale; im großen und ganzen besteht auch Kongruenz mit den in Abb. 217, 220 u. 221 wiedergegebenen Figuren. Man darf wohl, ohne einen Fehler zu begehen, annehmen, daß die an Haufwerkskristallen gewonnenen Ergebnisse die Erscheinung in ihrer allgemeinen Form treffen, d. h. daß sie die Häufigkeit der Symmetrie, welcher Art sie auch sein mag, zum Ausdruck bringen.

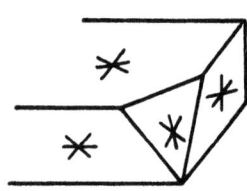

Abb. 225. Schematische Darstellung der Anordnung der Sternenfiguren in der Richtung der 3 Raumachsen und in der Körperdiagonale.

Rekristallisation. Rekristallisiert man ein Metall, das durch überelastische Beanspruchung in der Weise verändert wurde, daß es im Laue-Diagramm mehr oder weniger deutlichen Asterismus zeigt, so gibt sich dies darin kund, daß allmählich mit steigendem Grade der Rekristallisation eine Auflösung der Sternfigur in Haufwerke von Einzelpunkten erfolgt. Es ist dabei gleichgültig, ob man von Einkristallen oder Haufwerken von Kristallen ausgeht. In Abb. 226 kann diese Auflösung der Sternfigur noch kaum wahrgenommen werden; Asterismus dagegen noch ziemlich deutlich, der die Anwesenheit noch vorhandener Spannungen (Restspannungen) anzeigt. Abb. 227 entspricht einem weiteren Stadium der Rekristallisation. An Stelle der Sternfigur ist ein Haufwerk von Einzelpunkten getreten, die keine Bevorzugung in ihrer Anordnung aufweisen. Schließlich gelangt man bei sehr grobkörnig rekristallisierten Proben zu sehr deutlich ausgebildeten Haufwerken von Einzelpunkten, wie dies Abb. 228 zum Ausdruck bringt. Die Anzahl der Kristalle im Durchstrahlungsfeld betrug in den Abbildungen der Reihe nach rund 1 Million, 2000 und in der letzten Abbildung etwa 200 Individuen. Die Auflösung der Sternfigur in Einzelpunkte ist ein Anzeichen dafür, daß jetzt erst eine Aufteilung der ursprünglichen Kristalle zu Einzelindividuen erfolgt ist.

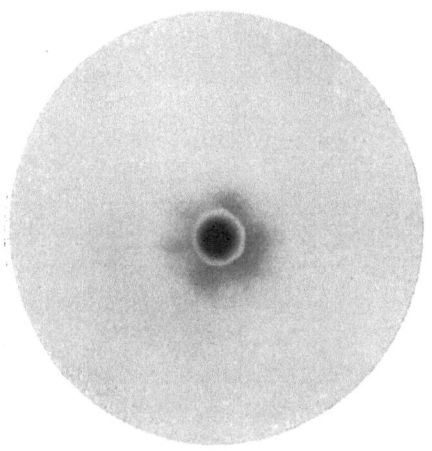

Abb. 226. Laue - Diagramm einer schwach rekristallisierten Aluminiumprobe.

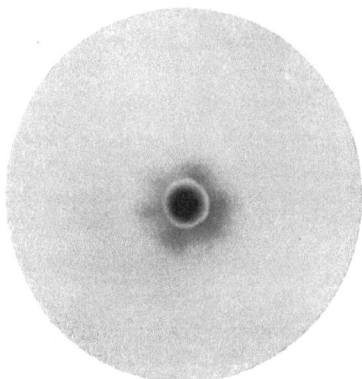

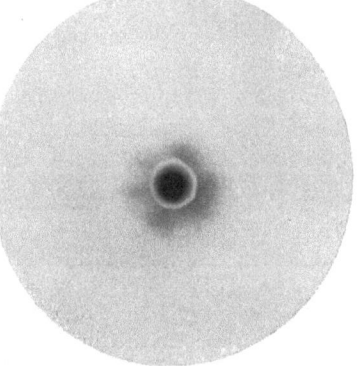

Abb. 227. Laue - Diagramm einer stärker rekristallisierten Aluminiumprobe.

Abb. 228. Laue-Diagramm einer sehr grobkörnig rekristallisierten Aluminiumprobe.

Vielleicht wird es möglich sein, durch dieses Verfahren die untere Rekristallisationsgrenze der Rekristallisationsdiagramme genauer zu bestimmen als mit den bisherigen Mitteln, an Hand deren nur Annäherungszahlen erhalten werden konnten. Ferner dürfte die röntgenographische Methode besser als jede andere geeignet sein, zu entscheiden, ob ein Metall sich im Zustand mechanischer Verfestigung befindet (vorhandener Asterismus). Fehlender Asterismus deutet auf Gußmetall oder rekristallisiertes Material.

Auswertungsgrundlagen. Überblickt man die Ergebnisse, so kommt man etwa zu folgendem Resultat. Bei sehr schwachen Deformationen treten Streifungen in einzelnen Reflexionspunkten auf. Bei weiteren Deformationsgraden tritt ziemlich gleichzeitig eine Radial- sowie Tangentialwanderung der Punkte ein. Die Verzerrung endet in Ausbildung von Strahlen, wobei einzelne dieser Strahlen stark an Intensität zunehmen, vielfach unter Bildung neuer Strahlen, erhöhter Intensität und schließlich einer starken Drehung der Strahlen, die die größte Intensität aufweisen, um den gemeinsamen Mittelpunkt parallel bzw. senkrecht zur Walzrichtung. Die Gestalt der Strahlenfigur ist von der Orientierung des Kristalls und der Richtung und Art der Deformation abhängig, die sich stets in einer gewissen Anisotropie des Endzustandes kundgibt. Ein Wechsel der Deformationsrichtung ruft eine zwangsweise und gesetzmäßige Änderung der Konfiguration hervor. Durch Rekristallisation erfolgt eine Auflösung der Sternfigur in ungeordnete Haufwerke von Einzelpunkten.

Auch bei Deformationsarten, bei denen die Teilchen nur eine Parallelverschiebung gemäß Abb. 201 erfahren (Zugversuch), werden generell die gleichen Beugungsbilder erhalten wie bei Auftreten von Krümmungen der Gitterebenen (Deformation durch Kugeleindruck). Aus diesen Versuchsergebnissen folgt demnach, daß auch bei Deformationsarten, bei denen Parallelität der vermeintlichen Trümmerteilchen bestehen müßte, keine gesonderte Reflexion stattfindet, die zu Punktdiagrammen führt, sondern vielmehr typische Verzerrungen der Reflexe auftreten, die auf stetige Übergänge im Bau der Gitterebenen zurückgeführt werden müssen, daß also keine Anzeichen für die Unversehrtheit des Gitters oder erhaltengebliebene Parallelität der Gitterelemente im Sinne der Translationshypothese sich ergeben.

Die erhaltenen Diagramme setzen bei der Deformation unzertrümmert gebliebene, also homogene Kristallkörper geradezu voraus. Bei einer Kristallzertrümmerung (grobe Dislokation nach

Rinne) müßten statt eines Diagrammes nach Maßgabe der Deformation eine geringere oder größere Anzahl solcher Diagramme auftreten. Solche Diagramme müßten je nach der Orientierung der Trümmerteilchen geringere oder größere Divergenz aufweisen, ähnlich den Abb. 173 bis 183. Wie man sich eine derartige Zertrümmerung auch vorstellen mag, so müßte man mit einer Aufteilung des Kristalls zunächst in zwei und fortgesetzt steigend in eine immer größere Zahl von Teilchen rechnen. Es ist dabei gleichgültig, ob man den Aufteilungsprozeß linear dem Deformationsgrad setzt oder ihm andere Gesetzmäßigkeit zuschreibt. Die Aufteilung würde also alle Stufen von 0 bis ∞ durchlaufen müssen; dies müßte sich aber in den erhaltenen Diagrammen äußern. In keinem der beschriebenen zahlreichen Fälle konnte aber bei Metallkristallen etwas Ähnliches beobachtet werden.

Man kann aber noch weiter einwenden, daß die Bruchstücke nur eine so geringfügige Änderung ihrer kristallographischen Orientierung erleiden, daß sie keinerlei merkliche Abweichung in der Anordnung der Reflexionspunkte hervorrufen. Wie aus den Versuchsergebnissen hervorgeht, ist dies aber keineswegs der Fall, und zwar auch dann nicht, wenn die günstigsten Vorbedingungen für eine solche Parallellagerung der Bruchstücke bei der Deformation vorgeherrscht haben, z. B. beim Zugversuch. Nicht nur deutliche Verzerrung der Diagrammpunkte kann auch in allen diesen Fällen nachgewiesen werden, sondern darüber hinaus können Reflexionserscheinungen beobachtet werden, die jeder Symmetrie sowie der Rationalität der Indizes ganz und gar widersprechen. Die beiden Einwendungen erweisen sich daher als völlig unzureichend, um die aus den Versuchsergebnissen gezogenen Schlußfolgerungen zu erschüttern.

Man wird vielleicht auch geneigt sein, die Anomalien der Beugungserscheinungen auf geringfügige Störungen im Raumgitteraufbau zurückführen zu wollen, wie sie von Mineralogen oft beobachtet worden sind. Die vorliegenden Versuchsergebnisse geben aber dafür keinerlei Anhalt; im Gegenteil sprechen sie dafür, daß tiefgreifende Veränderungen im Gitteraufbau erfolgt sein müssen, sofern es angebracht sein sollte, von einem solchen überhaupt noch zu sprechen. Darauf deutet insbesondere die Konfiguration der Diagramme der Endstufen der Deformation.

198 Verlagerungshypothese und Röntgenforschung.

Bestimmung der gestörten und ungestörten Raumgitteranteile.

Diese Schlußfolgerungen stehen in schroffem Gegensatz zu den Ergebnissen derjenigen Forscher, die dieses Problem an Hand des Scherrer-Debye-Verfahrens zu lösen versuchten. Diese Forscher sprechen sich für ein unverändert gebliebenes Raumgitter aus, geben aber zumeist zu, daß gewisse sekundäre Erscheinungen beobachtet werden können, die im allgemeinen verschieden gedeutet werden. Von einigen werden sogar Raumgitterstörungen

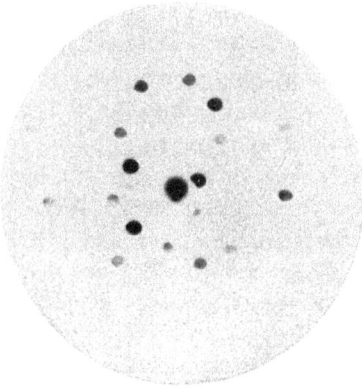 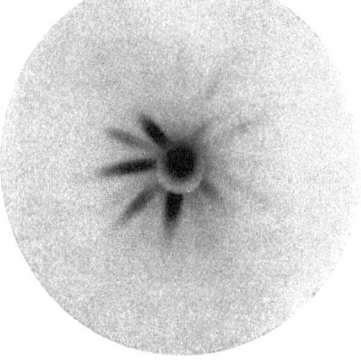

Abb. 229. Laue-Diagramm eines fast unversehrten Aluminium-Einkristalls.

Abb. 230. Laue-Diagramm eines kaltgestreckten Aluminium-Einkristalls. (Höhenabnahme 65%).

zugegeben, die allerdings nicht bedeutend sein sollen[1]). Die ganze Frage spitzt sich vielleicht darauf zu, die Mengenanteile der gestörten bzw. unversehrten Gitterelemente, wenn auch der Größenordnung nach, zahlenmäßig zu bestimmen.

Dies dürfte in der Weise möglich sein, daß man Kontrollversuche an geeigneten Proben durchführt, derart, daß man das Verhältnis der gestörten zu den unversehrten Gitterelementen auf künstliche Weise variiert. Die Abb. 229 bis 231 veranschaulichen die Ergebnisse solcher Versuche. Abb. 229 gibt das Laue-Diagramm eines fast unversehrten Aluminiumeinkristalls, Abb. 230 das eines weitgehend (65%) kaltgestreckten Aluminiumkristalls wieder. Das Diagramm der hintereinander geschalteten Kristall-

---

[1]) Tammann: Nachr. d. Ges. d. Wissensch. Göttingen 1914/18.

Bestimmung der gestörten und ungestörten Raumgitteranteile. 199

platten ist in Abb. 231 veranschaulicht. Das Ergebnis ist eine deutliche Überdeckung des Punktdiagramms und der Sternfigur. Das Dickenverhältnis des verlagerten zum nicht verlagerten Kristall war 1 : 5. Man kann die Dickenverhältnisse noch weitgehend verändern und trotzdem beide Erscheinungen noch nebeneinander beobachten.

So deutlich der Zusammenhang der beiden Arten der Effekte aus den Abb. 229 bis 231 zu ersehen ist, geht er aus den Abbildungen, die die Ergebnisse der Kugeldruckversuche wiedergeben, nicht hervor. Der Unterschied zwischen der vorangehenden Serie, Abb. 229 bis 231, und diesem Ergebnis besteht darin, daß die beiden Arten der Effekte nicht wie bei der vorangehenden Serie gesondert auftreten, sondern sich zu einer gemeinsamen Wirkung addieren. Dies ist aber darin begründet, daß die Reflexionsebenen hier stetig ineinander übergehen und nicht wie in

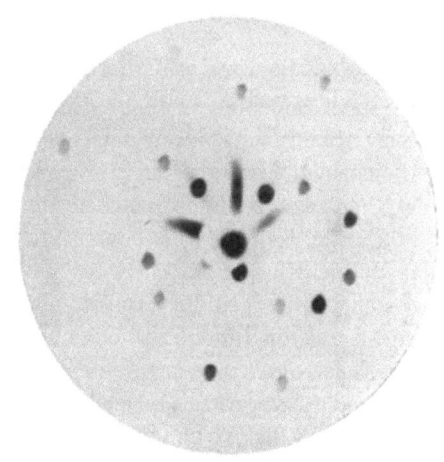

Abb. 231. Laue-Diagramm der übereinandergelegten Aluminiumkristalle. (Abb. 229 und 230.)

der Versuchsserie Abb. 229 bis 231 völlig voneinander verschieden sind. Das Mengenverhältnis der gestörten zu den ungestörten Gitterebenen wurde aus dem Verhältnis der Projektionsfläche des Kugeleindrucks zum Durchstrahlungsfeld ermittelt. Bei den geringsten überelastischen Beanspruchungen (z. B. Nadelstichversuch Abb. 196) konnten bereits Verzerrungen der Punkte des Laue-Diagramms beobachtet werden. Das Mengenverhältnis der gestörten zu den ungestörten Gitterelementen betrug bei diesem Versuch etwa 1 : 800, also einige zehntel Prozent.

Bei dem Kugeldruckversuch, dessen Ergebnis das Diagramm Abb. 192 veranschaulicht, war das Verhältnis von gestörten zu ungestörten Gitterelementen wie etwa 1 : 100, also 1 $^0/_0$. Die einzelnen Reflexionspunkte sind rautenförmig verzerrt, die Anordnung der Punkte läßt aber noch weitgehende Gesetzmäßigkeit im Aufbau erkennen.

In der Abb. 193 ist das Verhältnis der gestörten Gitterelemente zu den ungestörten etwa 1 : 20, also gleich 5%. Noch immer kann deutliche Gesetzmäßigkeit im Aufbau wahrgenommen werden.

In Abb. 194 beträgt der Anteil der gestörten Gitterelemente zu den ungestörten etwa 1 : 10, gleich 10%. Auch hier machen sich noch immer die Einflüsse beider Arten von Gitterelementen bemerkbar.

In Abb. 195 war das Verhältnis der gestörten zu den ungestörten Gitterelementen endlich etwa wie 1 : 6, gleich 16,6%. In dieser Abbildung ist zwar nur noch Asterismus zu beobachten, die einzelnen Strahlen der Sternenfigur haben aber noch immer die Richtung der ursprünglichen Reflexionspunkte.

Die verwendete Auswertungsart ist deswegen statthaft, weil das dünne Kristallplättchen bei allen angestellten Kugeldruckversuchen durchgedrückt wurde, die Deformation erstreckte sich also bis auf die Rückseite. Die angegebenen prozentigen Anteile an verlagerten Gitterelementen dürften in Wirklichkeit größer sein, als für die Auswertung angenommen wurde, und zwar aus dem Grunde, weil die Wirkung der Deformation erfahrungsgemäß stets über die Grenzen des Kugeleindrucks hinausgeht. In besonders starkem Maße ist dies der Fall, wenn ein Durchdrücken der Proben beim Kugeldruckversuch erfolgt. Durch Rekristallisation kann der Bereich der gestörten Gitterelemente genau ermittelt werden. Bei der Probe, deren Diagramm Abb. 195 veranschaulicht, erstreckte sich der Bereich der gestörten Gitterelemente fast auf das gesamte Durchstrahlungsfeld. Das Verhältnis der gestörten zu den ungestörten Gitterelementen betrug 1 : 0, also fast 100%. Bei den anderen Proben (Abb. 192 bis 194) dürften diese Zahlen mindestens doppelt so hoch liegen, als aus den Kugeleindrücken errechnet wurde. Voll ausgebildeter Asterismus kann als Anzeichen dafür angesehen werden, daß ungestörte Gitterelemente in dem Durchstrahlungsfeld nicht mehr zugegen sind oder daß der Einfluß der gestörten Gitterelemente völlig überwiegt.

Über den Grad der Störung sagen diese Erscheinungen zunächst nichts aus. Sie geben nur das Mengenverhältnis der beiden Arten der Gitterelemente zueinander an.

Mit steigendem Deformationsgrad treten alsdann noch weitere bereits beschriebene Veränderungen in der Anordnung der Sternfigur auf, die in der Drehung der einzelnen Strahlen um den gemeinsamen Mittelpunkt angezeigt werden und die im Zustand höchster Kaltstreckung einem gleichbleibenden Endzustand zustreben. Der Grad dieser Drehung der Strahlen hat offenbar als Maß des Grades der Deformation zu gelten, wenn die Orientierung und die Richtung des Kraftangriffes eindeutig bestimmt sind.

Die widersprechenden Schlußfolgerungen der auf Grund der Scherrer-Debye-Methode einerseits und der Laue-Methode andererseits erhaltenen Ergebnisse sind offenbar in der prinzipiellen Art dieser Methoden begründet. Durch die Scherrer-Debye-Methode werden wohl noch Interpositionen winziger Gitterbereiche, die möglicherweise durch Blockierung und dergleichen vor einer Zerstörung geschützt wurden, angezeigt. Die Scherrer-Debye-Methode gibt also gewissermaßen nur eine statistische Übersicht über die Anwesenheit von Gitterkomplexen überein stimmender Orientierung. Diese methodologischen Fragen muß erst die künftige Forschung beantworten.

Strukturtheoretisches.

Es ist von Wichtigkeit, daß als Endergebnis der Verlagerung stets Beugungsbilder resultieren, die sich in einer bestimmten einfachen Sternfigur ausdrücken.

Versucht man diese Figuren geometrisch mit einem einfachen Reflexionskörper in Zusammenhang zu bringen, so scheinen sie in roher Annäherung in den Richtungen 1 und 3 dem Durchdringungskörper einer sechsseitigen Pyramide (mit allen möglichen Neigungswinkeln der Flächen) zu entsprechen. Für Richtung 2 langt diese Konstruktion insofern nicht mehr hin, als eine der Durchdringungspyramiden eine Drehung um eine halbe sechszählige Achse erfordern würde. Ähnliches dürfte sich wohl auch aus bestimmten Kugelpackungen herleiten lassen. Offenbar handelt es sich hier nicht mehr um die Wirkung von Netzebenen, sondern vielleicht um Erscheinungen, die sich bereits aus der Atomnatur ableiten.

Vom Standpunkt der Verlagerungshypothese sind — über die Vorstellung der Raumgitterstörung hinaus — bereits bestimmte Annahmen über den molekularen Endzustand der überelastisch beanspruchten Metalle gemacht worden. Sie bestehen im wesentlichen in der Annahme, daß durch das Auftreten von Scherspannungen eine Gleichlagerung der polar gedachten Atome quer zu der Richtung des Schubes erfolge. Wenngleich die erhaltenen Ergebnisse auf Vorgänge dieser Art hinweisen, so muß der künftigen Forschung vorbehalten bleiben, über die Berechtigung dieser Vorstellungen zu entscheiden.

Die Art der Raumgitterstörungen auf Grund dieser Versuchsergebnisse schon heute näher zu definieren, erscheint mehr oder weniger verfrüht. Darüber kann das bereits früher[1]) Geäußerte nur wiederholt werden.

„Es wäre falsch, irgendwelche Schlüsse (über das Gesagte hinaus) über die Art der Raumgitterstörungen aus den hier beschriebenen Erscheinungen ableiten zu wollen. Ob die Bewegungen der Atome im Gitter (bei überelastischen Beanspruchungen) in Richtung der Kristallachsen oder schief zu diesen und in beiden Fällen unter gemeinsamer Drehung erfolgen, muß dahingestellt werden. Es ist auch für unsere Zwecke gleichgültig, ob wir von materiellen oder energetischen Kraftzentren ausgehen und ob wir die Verlagerungsfähigkeit der Atome (im Gitter) auf Störungen periodischer Atome oder Elektronenschwingungen zurückführen oder sie in den Begriff des Richtwiderstandes oder der inneren Reibung zum Ausdruck bringen... Es kann ferner gefolgert werden, daß die kleinsten Gleitsysteme Atome oder Molekel sein müssen. Der natürliche Kristallzustand wird charakterisiert durch ein vollkommenes Gleichgewicht der beteiligten molekularen Kräfte. In Frage kommen also Gleichgewichte 1. des molekularen Abstandes, 2. der molekularen Lage (Orientierung) und 3. der molekularen Gestalt... Art und Größe der molekularen Verlagerungssphäre sowie das Verhältnis der wirksamen Molekularkräfte zueinander sind bestimmend für das mechanische Verhalten eines gegebenen Stoffes sowohl in qualitativer als auch in quantitativer Hinsicht[2]).“

Terminologie. Es ist wiederholt versucht worden, die Vorgänge der überelastischen Beanspruchung, die sich darin äußern,

---

[1]) Czochralski: Intern. Z. f. Metallographie. 1916, S. 43.

[2]) Da früher die Einatomigkeit der Metalle noch nicht als erwiesen betrachtet werden konnte, wurde statt von atomaren von molekularen Eigenschaften gesprochen.

daß die Metalle eine Änderung ihrer physikalischen Eigenschaften erfahren, in einem erschöpfenden Begriff zum Ausdruck zu bringen. Der Reihe nach sind: Hämmern, Schmieden, Drücken, Pressen, Walzen, Strecken, Ziehen mit dem Index „Warm" oder „Kalt" zur Anwendung gelangt. In allgemeinerer Form sollten diese Vorgänge in den Begriff,, Deformation", „Recken", „Strecken", „mechanische Bearbeitung" und ähnlichen Wortbildungen angedeutet werden. Neueren Datums sind die Bezeichnungen „Überelastische Beanspruchung", „Umbildung", „Plastizierung", „Verformung" ebenfalls mit dem Vorzeichen „Warm" oder „Kalt". Es ist ohne weiteres verständlich, daß keiner dieser Begriffe zur eindeutigen Kennzeichnung des Vorganges ausreichte, da eine nähere Beziehung zu dem Wesen des Vorganges nicht bestand. Den Begriffen „Härtung", „Verfestigung" mangelt ebenfalls Eindeutigkeit, weil man auch durch Legieren und Abschrecken (Stahlhärten) zu ähnlichen Wirkungen gelangen kann. Die von der Verlagerungshypothese in Vorschlag gebrachte Bezeichnung „Verlagerung" fand dagegen zum Teil gute Aufnahme, weil sie auf den molekular-mechanischen Vorgang Bezug nimmt. Von vielen Forschern ist diese Benennung akzeptiert worden, und es dürfte wohl nicht unzweckmäßig sein, sie bis auf weiteres beizubehalten.

Völlig präzise Ableitungen über die Art der Raumgitterstörungen lassen sich beim heutigen Stand der Forschung noch nicht geben. Generell sind aber wohl alle möglichen Arten der Raumgitterstörungen in dem angeführten Zitat enthalten; diese Möglichkeiten sollen in folgendem noch schematisch angedeutet werden.

Vom Gitterbau aus gesehen, stellt sich eine Translation etwa dar, wie dies die folgende schematische Figur, Abb. 232, veranschaulicht. Dieses Schema (in etwas veränderter Darstellung) rührt von Heyn[1]) her. Es dürfte wohl der allgemeinen Vorstellung am meisten entsprechen. Es besagt, daß bei der Ausbildung von Gleitflächen eine Substitution der Atome erfolge, und zwar in der Weise, daß die Bewegung der Gitterpunkte immer ganzen Atomabständen entspricht[2]), wobei sowohl die Gitter-

---

[1]) Materialienkunde 1912, S. 222.
[2]) Heyn konstatiert damit nur eine bestehende Ansicht, ohne daraus Schlußfolgerungen anderer Art abzuleiten. Er ist vielmehr der Ansicht, wie auch andere namhafte Forscher auf diesem Gebiete (Ludwik u. a.), daß

abstände als auch die Gitterwinkel unverändert beibehalten werden.

Von diesem Schema ausgehend wird eine Raumgitterstörung im Sinne der Verlagerungshypothese etwa so aufzufassen sein, wie dies das Schema Abb. 233 zum Ausdruck bringt. Punktreihen, die ursprünglich eine gerade Linie bildeten, werden nach und nach in solche umgewandelt, die irgendeiner nach Maßgabe der inneren Kräfte ununterbrochen verlaufenden Raumkurve folgen. Hieraus folgt, daß die Bewegung der Teilchen nicht ganzen Atomabständen entspricht, sondern beliebigen Bruchteilen von Atomabständen entsprechen kann, d. h. daß die

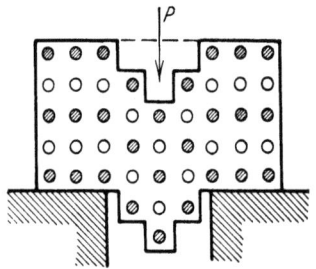 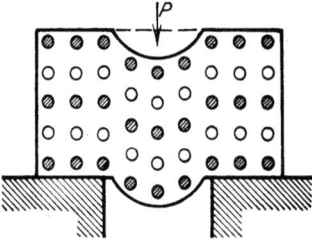

Abb. 232. Schematische Darstellung der Translation.
Abb. 233. Schematische Darstellung der Raumgitterstörung.

Atome von Gitterpunkt zu Gitterpunkt beliebige Zwischenlagen einnehmen können, sobald ein Metall überelastisch beansprucht wird, und zwar derart, daß die physikalischen Eigenschaften eine Änderung erfahren.

Eine Raumgitterstörung wäre demnach in erster Linie als eine Veränderung der Gitterwinkel aufzufassen. Offenbar wird die Tangentialbewegung auch von Drehungen der Atome um ihren Schwerpunkt begleitet. Ob auch die Gitterkonstante eine Veränderung erfährt, läßt sich vorerst nicht absehen. Aus der Verminderung des spezifischen Gewichts bei der überelastischen Beanspruchung müßte freilich mit einer geringfügigen Vergrößerung der Abstände gerechnet werden. Aufschluß über alle diese

---

noch ganz andere unbekannte Faktoren den Vorgang überelastischer Beanspruchung, so wie er sich in der Verfestigung äußert, beeinflussen müssen. Die Translationshypothese ist auch als Ursache der Verfestigung von diesem Forscher nie anerkannt worden.

Fragen ist zu erwarten, wenn die Röntgenforschung auf diesem Spezialgebiete in ein produktives Stadium gerückt sein wird. Bis jetzt war ihre Betätigung ganz ausschließlich reproduktiv, indem sie eine Bestätigung der auf anderem Wege gewonnenen Erkenntnisse gebracht hat.

Mit der Möglichkeit der Gitterverlagerung wird man sich einmal mutatis mutandis abfinden müssen. Daran ändern auch gelegentliche Anschauungen nichts, die für eine Erhaltung des Kristallgitters sprechen, zumal auch mit Hilfe der Röntgenstrahlen keine bündigen Gegenbeweise erbracht werden konnten. Die Bemühungen einer ausgedehnten wissenschaftlichen Forschung haben die Grundlagen zu einem wohldurchdachten Gebäude gelegt, die zum Raumgitteraufbau der Materie führten, wie er den heutigen Vorstellungen entspricht. Die Erfolge dieser Betrachtungsweise gingen zweifellos über alle Erwartungen hinaus. Die Gesetze der Beeinflussung des Raumgitters in seinem gesetzmäßigen Aufbau sind noch nicht geschrieben, soviel kann aber als sicher gelten, daß sie für die künftige Entwicklung der Wissenschaft von den Zuständen der in Kristallform sich darbietenden Materie von einschneidender Bedeutung sein werden und daß aus diesen dunklen Anfängen eine neue Wissenschaft wohl nach und nach emporblühen wird.

X. Grundlagen der Verfestigungsvorgänge.

Festigkeitseigenschaften und Bildsamkeit.

Festigkeit und Dehnung. Die Technologie der Metalle wird, wie dies wiederholt zu zeigen versucht wurde, im wesentlichen durch den ,,Kreislauf der Zustandsformen" und die damit verbundenen Eigenschaftsveränderungen bestimmt. Während nun aber über die Eigenschaften elastisch beanspruchter Kristalle die physikalische Forschung zu einem gewissen Abschluß gelangt ist, ist die Wissenschaft über deren Zustand und Verhalten bei überelastischer Beanspruchung erst im Werden. Über die elastischen Eigenschaften gehen die an einer großen Anzahl von Mineralien durchgeführten Untersuchungen nicht hinaus; Angaben über die Festigkeitseigenschaften sind äußerst spärlich. Für Steinsalz sind einige Zahlenwerte von Sella und Voigt[1]) angegeben worden.

Nach den Ergebnissen ändert sich bei Steinsalz der Wert der Festigkeit ähnlich wie der Wert des Koeffizienten der elastischen Dehnung mit der kristallographischen Orientierung der Richtung, in der der Zug ausgeübt wird. Bei Steinsalz verhalten sich die am meisten voneinander abweichenden Werte der Festigkeit etwa wie 1 : 10.

Wie liegen nun diese Verhältnisse bei Metallkristallen? Die Antwort auf die Frage sei in den in Abb. 234 und 235 und Zahlentafel 6, Längsreihen 1 bis 3 zusammengefaßten Versuchsergebnissen des Verfassers an einem Kupferkristall gegeben. In Abb. 234 ist die Oberfläche, welche die Festigkeitszahlen, in Abb. 235 die Oberfläche, welche die Dehnungsziffern miteinander verbindet, dargestellt. Für die Festigkeit sind die Höchstlastgrenzen[2]) eingesetzt worden. Wie aus den Versuchsergebnissen hervorgeht,

---

[1]) Ann. Physik. Neue Folge, 1893, S. 636.

[2]) Zugspannung bei der Höchstlast (am Rückgang der Spannung erkennbar) auf den jeweiligen Stabquerschnitt bezogen. Von der Höchstlastgrenze an fiel die Spannung bei diesen Versuchen unter plötzlicher Fließkegelbildung jäh ab; wahrscheinlich besteht bei Einkristallproben zwischen der Spannung und der Einschnürung eine ganz andere Beziehung als bei Vielkristallproben.

Festigkeitseigenschaften und Bildsamkeit.

Tabelle 6.

Bezeichnung der Proben	Orientierung des Kristallstreifens zur Zugrichtung	Prüfungsergebnisse der unbeanspruchten Kristallproben				Prüfungsergebnisse der kaltgereckten Kristallproben			
		1 Abmessungen der Probe (Meßlänge) mm	2 Höchstlastgrenze kg/mm²	3 Gleichförmige Dehnung %	4 Härte (Brinell) kg/mm²	5 Dickenabnahme beim Walzen mm	6 Abmessungen der Probe mm	7 Höchstlastgrenze kg/mm²	8 Dehnung %
1	Senkrecht zur Dodekaederfläche. (Senkrecht zu 110 und parallel zu 1$\bar{1}$0.)	1,5 × 2,00 × 10	20,15	50	37,2	1,46/0,15	0,15 × 3,60 × 30	34,0	< 1
2	In der Zone Würfel- zur Dodekaederfläche um 22½° zur Würfelnormalen geneigt. (Um 22½° geneigt gegen die Senkrechte auf 001 in der Zone 001 zu 100 gegen 101 hin und parallel zu 010.)	1,44 × 2,00 × 10	12,9	20	37,5	1,44/0,175	0,175 × 3,0 × 30	36,2	< 1
3	Senkrecht zur Oktaederfläche. (Um 35° geneigt gegen die Senkrechte auf 110 in der Zone 110 zu 00$\bar{1}$ gegen 00$\bar{1}$ hin und parallel zu 1$\bar{1}$0 = senkrecht zu 1$\bar{1}$1.)	1,46 × 2,00 × 10	35,0	33	35,0	1,36/0,12	0,12 × 4,25 × 30	39,6	< 1
4	In der Zone Dodekaeder- zur Oktaederfläche um 18° zur Dodekaedernormalen geneigt. (Um 18° geneigt gegen die Senkrechte auf 110 in der Zone 110 zu 00$\bar{1}$ gegen 1$\bar{1}$1.)	1,47 × 2,00 × 10	24,4	55	—	1,44/0,13	0,13 × 3,7 × 30	34,0	< 1
5	In der Zone Würfel- zur Oktaederfläche um 25° zur Würfelfläche geneigt. (Um 25° geneigt gegen die Senkrechte auf 00$\bar{1}$ in der Zone 110 zu 00$\bar{1}$ gegen 1$\bar{1}$1 hin und parallel zu 1$\bar{1}$0.)	1,49 × 2,00 × 7,0	22,6	50	35,5	1,49/0,25	0,25 × 3,2 × 30	39,5	< 1
6	Senkrecht zur Würfelfläche. (Senkrecht zu 001 und parallel zu 010.)	1,49 × 1,98 × 10	14,6	10	38,3	1,49/0,15	0,15 × 3,9 × 30	36,8	< 1

208   Grundlagen der Verfestigungsvorgänge.

ändern sich also auch bei Kupfer die Werte für die Festigkeit und die Dehnung mit der kristallographischen Orientierung, in der der Zug ausgeübt wird; die Festigkeit etwa im Verhältnis 1 : 3, die Dehnung in höherem Maße, und zwar etwa 1 : 5,5.

Die in Abb. 234 und 235 veranschaulichten Ergebnisse sind für die Vorgänge beim Fließen grundlegend. Zunächst einmal im Hinblick auf die Frage des Höchstlastpunktes. Sie beweisen, daß die Höchstlast je nach der Kristallorientierung in weiten Grenzen

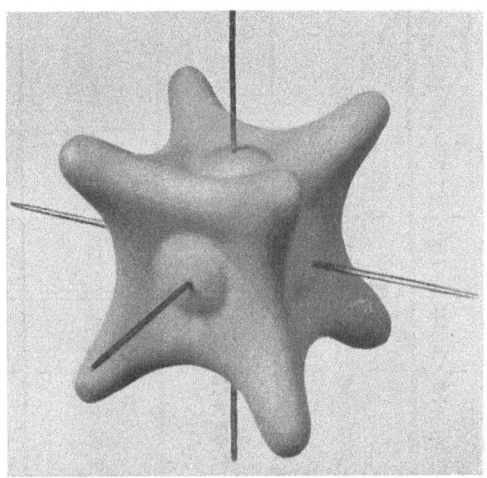

Abb. 234. Festigkeitskörper eines Kupferkristalls.

schwanken kann. An Vielkristallproben wurde sie von einigen Forschern für eine von dem physikalischen Zustand unabhängige Konstante erklärt[1]); von anderen wurden dagegen in Abhängigkeit vom physikalischen Zustand Zahlenwerte von 28 bis 44 kg/mm² beobachtet[2]). Auf Grund der vorliegenden Untersuchung ergeben sich für Kristalle, die keine zusätzliche mechanische Bearbeitung erlitten haben, je nach der kristallographischen Orientierung, in der die Prüfung erfolgt, Zahlenwerte zwischen 12,9 und 35,0 kg/mm².

Des weiteren, und das ist das überraschendste Ergebnis, treten im großen und ganzen die Niedrigstwerte der Festigkeit

---

[1]) Moellendorff u. Czochralski: Z. V. d. I. 1913, S. 938; vgl. hierzu Intern. Z. f. Metallographie 1914, S. 44.

[2]) Müller: Forsch.-Arb. Ing. H. 211, S. 38.

und Dehnung einander zugeordnet auf, während man nach den üblichen Vorstellungen wohl Entgegengesetztes zu erwarten hätte. Bei der Prüfung von Vielkristallproben stehen Festigkeit und Dehnung in umgekehrtem Verhältnis zueinander. Die Höchstwerte der Festigkeit zeichnen sich dagegen durch mittlere Deh-

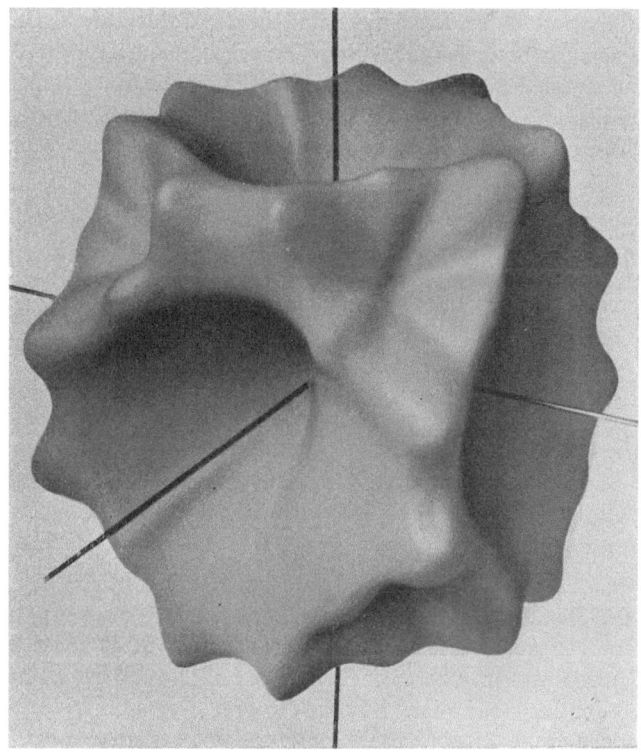

Abb. 235. Dehnungskörper eines Kupferkristalls.

nungszahlen, nämlich 35 kg/mm² bei 33 % Dehnung, die Höchstwerte der Dehnung durch mittlere Festigkeitszahlen, 50/50/55 % Dehnung bei 20/23/25 kg/mm² Festigkeit, aus.

Bei Steinsalz beobachteten Sella und Voigt, daß die Festigkeitswerte der Proben von der geometrischen Anordnung der Begrenzungsflächen abhängig sind. Bei den meisten Metallkristallen ist dies nach den Versuchsergebnissen des Verfassers nicht der Fall. Bei den regulär kristallisierenden Metallen, wie Kupfer und Aluminium, lagen die erhaltenen Zahlenwerte durchweg innerhalb der Versuchsfehlergrenzen.

Härte. Auch im Hinblick auf die Härte ergeben sich in den verschiedenen kristallographischen Richtungen wesentliche Unterschiede. Die nach dem Kugeldruckverfahren an einem Kupferkristall gewonnenen Ergebnisse sind in der Zahlentafel 6 (Längsreihe 4) zusammengestellt. Den Versuchsergebnissen gemäß sind in den Achsenrichtungen geringer Festigkeit die Härtezahlen beträchtlich höher als in den Achsenrichtungen hoher Festigkeit. Auch dieses Ergebnis ist insofern überraschend, als man nach den bisherigen Vorstellungen entgegengesetztes Verhalten zu erwarten hätte. Bekanntlich kann man bei den meisten Metallen und Legierungen, beispielsweise bei Kohlenstoffstahl, die Festigkeit aus der Härte errechnen. Härte und Festigkeit steigen in gleichem Maße. Der Umrechnungsfaktor entspricht einer Erfahrungszahl. Diese kann, je nach der chemischen Zusammensetzung und Art des Stoffes, verschieden sein. Bei einer Härtezahl von 30 Brinell-Einheiten beträgt beispielsweise die Festigkeit von Hartblei etwa 10 kg/mm^2, die von Eisen etwa 30 kg/mm^2. Im allgemeinen steigt aber die Festigkeit mit der Härte in gleichem Maße. Daß die Festigkeit und Härte, wie im vorliegenden Fall, auch in umgekehrtem Verhältnis zueinander stehen können, war bis jetzt wohl noch nie beobachtet worden. Diese Tatsache beweist, daß die Kugeldruckhärte auch in einer ganz anderen Beziehung zu den Eigenschaften eines Stoffes stehen kann, als man dies bisher angenommen hat. Die Härtezahlen weichen in den verschiedenen Kristallrichtungen um so mehr voneinander ab, je geringer die Tiefe der Eindrücke ist. Dies hängt damit zusammen, daß sich bei einer geringen Eindrucktiefe ein stärker gerichtetes Kraftfeld einstellt als bei einer erheblichen Eindrucktiefe der Kugel. Bei tiefen Kugeleindrücken kann sich die Beanspruchung gleichzeitig fast auf alle Kristallrichtungen erstrecken.

Das in der Technik ziemlich verbreitete Verfahren der Härteprüfung nach dem sogenannten Rücksprungverfahren liefert ebenfalls ähnliche Ergebnisse. Das Verfahren besteht bekanntlich darin, daß die Rücksprunghöhe eines kleinen Hammers, der auf die Probe von bestimmter Höhe frei niederfällt, gemessen wird. Die erhaltenen Zahlen stehen, wie die Werte der ersten Versuchsreihe, ebenfalls in umgekehrtem Verhältnis zu der Festigkeit. Dies dürfte um so weniger den Erwartungen entsprechen, als meist angenommen wird, daß die auf diese Weise bestimmten Härtezahlen mit der Elastizitätszahl in Beziehung stehen würden. Dies ist aber durchaus nicht der Fall. Wie später gezeigt werden soll, stehen bei Einkristallen wohl Festigkeit und Elastizität in gleichem Verhältnis zueinander, nicht aber auch die Härte. Dieser Widerspruch im Verhalten wird aber sogleich verständlich, wenn man berücksichtigt, daß auch bei diesem Verfahren die Oberfläche stets eine Deformation in Form von winzigen Kugeleindrücken erleidet. Grundsätzlich unterscheiden sich beide Verfahren so gut wie gar nicht voneinander. Das Rücksprunghärteverfahren ist gewissermaßen nur ein Kugeldruckverfahren im kleinen.

Aus den Ergebnissen geht hervor, daß durch die Härtezahlen auch ganz andere Eigenschaften, als die beabsichtigten, zahlenmäßig zum Ausdruck gebracht werden können. Die Härteziffern können allenfalls als Maß der Plastizität gelten, und zwar nur für Beanspruchungen, wie sie bei den technologischen Arbeitsprozessen, wie Walzen, Ziehen, Pressen auftreten. Wenn mit der Bearbeitung auch die Härte steigt, so liegt das eben daran, daß mit dem Grade der Bearbeitung in der Regel mit der Erhöhung der inneren Reibung auch die Plastizität in gleichem Maße erschöpft wird. Man wird sich künftighin entscheiden müssen, inwieweit man unter „Härte" Elastizität und inwieweit Plastizität zu verstehen hat. Auch die „Ritzhärte", die in der Mineralogie eine wichtige Rolle spielt, dürfte sich bei bildsamen Stoffen ebenfalls als Maß der Plastizität erweisen. In der Physik hat bis jetzt nur das Verfahren der Härteprüfung nach Hertz Eingang gefunden; dieses ist im wesentlichen Ausdruck der Elastizität eines Stoffes. Die nähere Erforschung des Zusammenhanges von Elastizität und Plastizität dürfte wohl große Vereinfachungen im Materialprüfungswesen mit sich bringen.

Innere Fließvorgänge. Welche Schlußfolgerungen ergeben sich nun aus dem Verhalten eines Kristalls in den verschiedenen Achsenrichtungen für das Verhalten metallischer Stoffe bei überelastischer Beanspruchung?

In erster Linie folgt daraus die sehr wichtige Tatsache, daß bei Kupfer die größte Dehnung entgegen den herrschenden Anschauungen in den Achsenrichtungen auftritt, in denen die Möglichkeit zur Gleitflächenbildung (Translationsebenen[1]) am geringsten ist. Nach den Untersuchungen von Mügge[2] u. a. erfolgt die Gleitflächenbildung bei Kupfer parallel zu den Oktaederflächen und am leichtesten bei einem Kraftangriff parallel zu den Seiten dieser Flächen. Im Einklang mit dieser Tatsache müßten nun die größten Dehnungen in den Achsenrichtungen auftreten, in denen die Lage der Ebenen am meisten einem Winkel von rund 45° entspricht[3]). Dieser Forderung genügen in erster Linie die Stäbe in der Richtung der Hauptachsen. Wie der Versuch lehrt, finden sich aber in diesen Achsenrichtungen die Niedrigstwerte der Dehnung.

In den Richtungen geringer, ja geringster Möglichkeit der Bildung von Gleitflächen, also senkrecht zu den Oktaeder- und Dodekaederflächen treten in vollem Gegensatz mit dieser Theorie die Höchstwerte der Dehnung auf.

Die Dehnung nimmt also nicht, wie man vielfach fälschlich glaubt, mit der Möglichkeit der Gleitflächenbildung proportional zu, sondern ganz im Gegenteil proportional ab.

Hieraus geht die Unhaltbarkeit der auf unzulänglichen kristallographischen Beobachtungen aufgebauten Translationshypothese notwendig hervor. Der Fehler aller dieser Annahmen liegt in dem Bestreben einer möglichst sinnfälligen Erklärung der Fließvorgänge, aus dem die Anlehnung an Vorbilder der älteren Mineralogie zu erkennen ist. Es war naheliegend, anzunehmen, daß das Fließen etwa auf ähnlichen Grundlagen beruhen müsse wie die Spaltbarkeit von Mineralien.

Um tiefer in das Wesen der Fließvorgänge von Kristallen und kristallinen Stoffen eindringen zu können, muß man sich zunächst von der Vorstellung der sichtbaren Gleitebenen befreien und für die Erklärung der Vorgänge ganz andere Gesichtspunkte hinzuziehen; in allererster Linie das Schubgesetz. Die exakte technologische Mechanik schenkte daher den Schubvorgängen im Innern beanspruchter Metalle besondere Aufmerksamkeit. Im Rahmen der technologischen Mechanik werden die Schubvorgänge so dargestellt, als ob das Fließen ebenfalls nach Gleit-

---

[1]) Tammann: Lehrbuch der Metallographie. 1921, S. 59/65.
[2]) Neues Jahrb. f. Mineralogie. 1899 Bd. II, S. 55.
[3]) Vgl. Ludwik: Technologische Mechanik. 1909, S. 11 u. ff.

ebenen erfolgte. Diese Ebenen haben aber weder mit Translations-, Zwillings- noch mit irgendwelchen kristallographischen Ebenen etwas gemein; sie sind reine Vorstellungsbilder und entziehen sich als solche der sinnfälligen Beobachtung. Im Gegensatz zu den kristallographischen Gleitebenen soll ihre Lage unter gewissen Bedingungen (beispielsweise bei gemischter Beanspruchung) beeinflußt werden, in der Regel verlaufen sie ungefähr 45^0 zur Richtung des Kraftangriffes. Das ist der Winkel, in dem stets die ersten bleibenden Materialverschiebungen auftreten, wenn Einflüsse vektorieller Natur nicht in Betracht zu ziehen sind. Über die Schubvorgänge in Kristallen ist nur wenig oder gar nichts bekannt.

Wertet man die in Abb. 235 veranschaulichte Fläche, die die Dehnungszahlen in den verschiedenen Kristallrichtungen des Kupfers wiedergibt, analytisch aus, so gelangt man, da die Kristallrichtungen größter Dehnung und das stärkste Fließen zusammenfallen, zu dem Ergebnis, daß auch die Lage der „fiktiven Gleitebenen" in diesen Richtungen eine sehr günstige gewesen sein muß, und zwar am günstigsten bei den in der Richtung senkrecht zu der Dodekaederfläche und nahe dieser nach der Oktaederfläche hin gelegenen Zerreißstäben, nicht ganz so günstig bei einer Neigung um 25^0 zur Würfelnormalen nach der Oktaederfläche hin. In der Richtung senkrecht zu der Oktaederfläche, in der ein schwächeres Fließen auftrat, müssen die „fiktiven Gleitebenen" schon eine ungünstigere Lage und eine ganz ungünstige in der Richtung senkrecht zur Würfelfläche eingenommen haben. Hieraus läßt sich ableiten, daß die Ebenen, in denen die ersten bleibenden Materialverschiebungen aufgetreten waren, einen Winkel von 45^0 mit den Richtungen größter Dehnung einschließen; in einem Streuungsbereich von etwa 30^0 hierzu verlaufen aber noch ganze Scharen von Ebenen fast ebenso günstiger Orientierung. Unbeachtet des großen Streuungsbereiches lehnen sie sich mehr oder weniger den Würfelflächen an[1]). Für eine vereinfachte Darstellung soll im folgenden ihre Lage in grober Annäherung parallel zu der Würfelfläche angenommen werden. Stellt man

---

[1]) Eine geschlossene Erklärung der Fließvorgänge ist an Hand von „Gleitebenen" nicht möglich, es müssen dann nämlich weitere Fließebenensysteme zu Hilfe genommen werden, die zu widersprechenden Ergebnissen führen.

diese „fiktiven Gleitebenen" den vermeintlichen „kristollographischen Gleitebenen[1])" gegenüber, so gelangt man zu der in Zahlentafel 7 wiedergegebenen Übersicht ihrer Lage in den Kristallstäben.

Tabelle 7.

Bezeichnung der Proben	Orientierung des Kristallstreifens zur Zugrichtung	Winkel der vermeintl. kristallogr. Gleitebenen („Hemmungsebene H") zur Zugrichtung	Winkel der „Fließebene F" zur Zugrichtung	Gleichförmige Dehnung %
1	Senkrecht zur Dodekaederfläche	55° (2 Systeme) 0° (2 „)	45° (2 Systeme) 0° (1 „)	50
2	In der Zone Würfel- zur Dodekaederfläche um $22^{1}/_{2}$° zur Würfelnormalen geneigt	18° (2 Systeme) (48° (2 „)	$67^{1}/_{2}$° 1 System) $22^{1}/_{2}$° (1 „) 0° (1 „)	20
3	Senkrecht zur Oktaederfläche	90° (1 System) 20° (3 „)	35° (3 Systeme)	33
4	In der Zone Dodekaeder- zur Oktaederfläche um 18° zur Dodekaedernormalen geneigt	10° (2 Systeme) 37° (1 „) 73° (1 „)	42° (2 Systeme) 18° (1 „)	55
5	In der Zone Würfel- zur Oktaederfläche um 25° zur Würfelfläche geneigt	10° (1 System) 30° (2 „) 60° (1 „)	65° (1 System) 18° (2 „)	50
6	Senkrecht zur Würfelfläche	$35^{1}/_{4}$° (4 Syst.)	0° (1 System) 90° (2 „)	10

Bei den Proben der ersten Zahlenreihe besteht keine Gesetzmäßigkeit der Dehnung zur Lage der „kristallographischen Gleitebenen", die Reihe wird willkürlich durchbrochen. Schlechthin ist die Dehnung um so geringer, je günstiger ihre Lage zur Richtung des Zuges ist, d. h. je mehr sie sich dem Winkel von 45° zur Zugrichtung nähert.

Ein ganz anderes Bild ergibt sich aus der Lage der „fiktiven Gleitebenen". Die Zahlenwerte der zweiten Reihe stehen in einer gesetzmäßigen Beziehung zur Dehnung; sie bilden eine geschlossene

---

[1]) Vereinzelte Angaben über Gleitflächensysteme senkrecht zu den Oktaederflächen beruhen zweifellos auf Täuschungen, die dadurch zu erklären sind, daß beim Kupfer zwei Gleitebenenpaare stets so zueinander stehen, daß sie nur um 20° von der senkrechten Lage abweichen.

Reihe. Die Dehnung ist um so größer, je mehr sich die Lage der „fiktiven Gleitebenen" dem Winkel von 45^0 zur Richtung des Zuges nähert. Vergleicht man die Stäbe 3 und 6, so erscheint die Dehnung des Stabes in der Richtung der Oktaederfläche etwas niedrig (vgl. Anmerkung S. 213); dieser Punkt wird noch zu erörtern sein.

So sehr die aus dieser Übersicht gewonnenen Ergebnisse zugunsten der „fiktiven Gleitebenen" sprechen, so sehr beweisen sie auch die Unwirksamkeit der vermeintlichen „kristallographischen Gleitebenen" beim Fließen. Es drängt sich daher die Frage auf, welche Stellung neben den „fiktiven Gleitebenen" die „kristallographischen Gleitebenen" (Translationsebenen, wie sie die Kristallographie kennt) wohl einnehmen mögen, denn als bevorzugte Ebenen sind sie durch mancherlei Anzeichen zweifellos gekennzeichnet.

Nach den vorangehenden Darlegungen findet ein bevorzugtes Fließen in der Richtung der „kristallographischen Gleitebenen" überhaupt nicht oder in um so geringerem Maße statt, je günstiger diese Ebenen zur Richtung des Kraftangriffes liegen; umgekehrt tritt das Fließen in um so stärkerem Maße auf, je mehr sie sich aus dieser Lage entfernen. Man gelangt also notgedrungen zu dem Ergebnis, daß die „kristallographischen Gleitebenen" die Gleitung nicht begünstigen, sondern ganz im Gegenteil in stärkstem Maße hemmen; sie sind also nicht „Gleit-", sondern ausgesprochene „Hemmungsebenen". Als Ebenen „größten mechanischen Schubwiderstandes" können sie auch an den Begrenzungsflächen der Kristalle sichtbar werden; mit dem Fließvorgang stehen sie aber in keinem Zusammenhang. Die Kennzeichnung der „Translationsebenen" als „Hemmungsebenen" vermittelt erst eine geordnete Behandlung der Vorgänge beim Fließen. Es erscheint daher empfehlenswert, im folgenden die beiden Arten der Ebenen besonders zu kennzeichnen und zwar die vermeintlichen „kristallographischen Gleitebenen" als „Hemmungsebenen $= H$", die „fiktiven Gleitebenen" als „Fließebenen $= F$". Die Hemmungsebenen (H) stimmen mit den Spaltebenen, wie sie die Mineralogie kennt, wahrscheinlich überein; bei plastischen Kristallen wird ihre Ausbildung durch den Einfluß der Fließebenen (F) verhindert. Die Fähigkeit der Teilchenverschiebung ist in der Richtung der Hemmungsebenen (H) am geringsten, in der Richtung der Fließebenen (F) am größten. Die Verschiebbarkeit der Netzebenen (Raumgitterebenen) ist also am geringsten parallel den Oktaederflächen und am größten parallel den Würfelflächen.

Äußere Fließerscheinungen. Beim Zerreißversuch erfahren sämtliche Proben je nach ihrer kristallographischen Orientierung eine geringere oder größere Längenänderung, dabei können aber oft noch weitere Gestaltsänderungen insbesondere in bezug auf die Ausbildung der Querschnitte beobachtet werden. Auf dieses Verhalten der Metalle wurde schon wiederholt hingewiesen. (Vgl. Abschn. V, S. 101.) Auch dieses Verhalten ist für die Wirkungsweise der Fließebenen charakteristisch.

Bei der Prüfung der Kupferkristalle konnte folgende Gesetzmäßigkeit im Verhalten beobachtet werden: Sowohl normal, als auch in einem gewissen Umkreis von Neigungswinkeln zu der Würfelfläche ist die Umgestaltung der Querschnitte von entsprechend orientierten Zerreißstäben nur geringfügig. Außer der Längenänderung bleibt die Proportionalität der Stäbe im wesentlichen ungeändert. Das gleiche Verhalten zeigen auch diejenigen Proben, die eine Orientierung normal zur Oktaederfläche aufweisen.

Die normal, als auch in einem gewissen Umkreis von Neigungswinkeln zur Dodekaederfläche entnommenen Proben zeigen dagegen nach dem Zerreißversuch die größten Verzerrungen; quadratische Querschnitte werden zu Rechtecken oder Rauten zusammengedrückt, runde Querschnitte elliptisch verzerrt (Verhältnis des kleinsten zum größten Durchmesser wie 1 : 2 und darüber). Probestäbe, deren Orientierung etwa dem Halbierungswinkel in der Zone Würfelfläche zur Oktaederfläche entspricht, zeigen bei ursprünglich rechtwinkligem Querschnitt eine starke Zusammendrückung parallel einem Dodekaederflächenpaar (2 Fließebenensysteme [F] von 25°), daneben eine leichtere senkrecht zu dieser Richtung (1 Fließebenensystem [F] von 54°). Die beiden Proben in der Zone Oktaederfläche zur Dodekaederfläche wurden ebenfalls parallel zu einem Dodekaederpaar stark zusammengedrückt (2 Fließebenensysteme [F] von 45°), wobei auch senkrecht hierzu mit zunehmender Neigung der Proben zur Dodekaedernormalen eine Querschnittsverminderung auftrat (2 Fließebenensysteme [F] von 43°, 1 Fließebenensystem [F] von 19°).

Die Beobachtungen beziehen sich auf die Teile der Proben von gleichförmiger Dehnung, also auf solche Deformationen, die sich über die ganze Länge des Zerreißstabes erstrecken. Im Fließkegel treten alle die beschriebenen Erscheinungen in viel stärkerem Maße auf, insbesondere kann das Verhältnis der kleinsten zu den größten Durchmessern der Querschnitte wesentlich ansteigen, und zwar häufig bis 1 : 20 und darüber. Im Fließkegelbereiche können alsdann weitere Querschnittsverzerrungen beobachtet werden.

Auch diese Feststellung beweist, daß das Fließen nicht in kristallographisch rationellen Ebenen sich vollzieht, sondern sich entsprechend den kräftemechanischen Bedingungen, wie sie im Gitteraufbau begründet sind, über diese Ebenen hinaus ausbreitet. Die kristallographisch rationellen Ebenen (010, 011, 111, etwaige Hemmungsebenen H einbegriffen) und die Fließebenen (F) können alle möglichen Winkel einschließen, wenn auch das Fließen in bestimmten Kristallbereichen bevorzugt stattfindet. Dies gelangt in den stetigen Erhebungen und Senkungen des Körpers, der die Dehnungszahlen veranschaulicht, deutlich zum Ausdruck.

Mit den Fließerscheinungen im Zusammenhang steht auch die Beobachtung, daß durch Einpressen einer gehärteten Stahlkugel in Stoffen bestimmter Beschaffenheit häufig unrunde Eindrücke[1]) entstehen. Besonders ist dies dann der Fall, wenn die Prüfung an Einkristallproben erfolgt. Gelegentlich kann man nahezu viereckige Eindrücke erhalten[2]). Auch bei Kupferkristallen kann Ähnliches beobachtet werden, wenn die Druckbeanspruchung senkrecht zur Würfelfläche erfolgt, vgl. Abb. 236. Die Kanten dieser Eindrücke verlaufen dabei parallel zu den Würfelkanten. Zur Erklärung der Erscheinung wurde angenommen, daß die Festigkeit in der Richtung der Ecken kleiner sei als um 45^0 dazu geneigt. Gemäß der Geometrie des Festigkeitskörpers liegen aber beim Kupfer in der Richtung der Ecken Zonen erhöhter Festigkeit vor. Die Erscheinung ist also lediglich eine Folge davon, daß das Fließen infolge der größeren Bildsamkeit trotz größerer Festigkeit in der Richtung der Ecken leichter vonstatten geht,

---

[1]) Martens-Heyn: Materialienkunde. 1912, S. 408.
[2]) Goerens: Einführung in die Metallographie. 1922, S. 9.

als in der um 45⁰ hierzu geneigten. Auf anderen Kristallflächen erhält man ebenfalls unrunde Eindrücke von bestimmter Gestaltung, und zwar senkrecht zur Oktaederfläche elliptisch verzerrte, senkrecht zur Dodekaederfläche dagegen fast kreisrunde Eindrücke und in allen übrigen Richtungen entsprechende Übergangsformen.

Andere Forscher, die Metallkristalle nur in wenigen oder nur in einer Kristallrichtung untersuchten, haben dieses grundsätzlich verschiedene Verhalten nicht wahrnehmen können. Bei Zink-Einkristallen soll die Umgestaltung der Querschnitte beim Zugversuch auf Gleitungen längs der Hemmungsebenen (*H*) und deren gleichzeitige Drehung zurückzuführen sein[1]). Eine solche Gleitung und Drehung findet bei Kupfer- und Aluminiumeinkristallen nicht statt; vielmehr ist die Plastizität dieser Metalle, entgegen den Voraussetzungen der kristallographischen Theorien in den einzelnen Kristallbereichen sehr verschieden. Auf die Geometrie des Raumgitters übertragen, scheint es den Versuchsergebnissen gemäß lediglich darauf anzukommen, ob der Kräfteangriff normal oder tangential zu einem Elementarwürfelkomplex erfolgt. Findet der Kraftangriff normal statt, so wird ein Fließen viel schwieriger eintreten als beim tangentialen Kraftangriff. Es scheint also ein bestimmter Zusammenhang zwischen der Geometrie des Raumgitters und dem Fließvermögen zu bestehen. Man gelangt etwa zur folgenden Definition: Neben der Vektorialität ist die Richtung des Kraftangriffes zum Elementarwürfelkomplex entscheidend für die Ausbildung der Fließebenen (*F*) und für das physikalische Verhalten eines Kristalls beim Fließen.

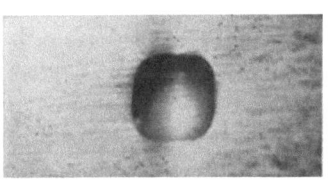

Abb. 236. Viereckig verzerrter Kugeleindruck auf der Würfelfläche eines Kupferkristalls. (Lin.Vgr.6,5).

Beschaffenheit der Kristallproben. Über die Beschaffenheit der verwendeten Kristalle sei noch vermerkt, daß diese aus Gußbarren gewonnen wurden, bei denen sich die Erstarrung und Abkühlung sehr langsam vollzog. Das Kupfer war sehr rein; die Gesamtverunreinigungen $< 0,01\,^0/_0$. Nach dem Ausschälen der

---

[1]) Polanyi: Z. Physik. Bd. 12, S. 58 u. f., 1922.

Kristalle wurde ihre Orientierung mit Hilfe verschiedener Ätzverfahren — wie Dendriten- und Kristallfigurenätzung — bestimmt; die Fehler der Lagenbestimmung dürften in keinem Falle 3 % überstiegen haben.

Festigkeit und Verfestigung.

Einordnung. Die bisherigen Betrachtungen erstreckten sich nur auf die Veränderungen der Eigenschaften bei überelastischen Beanspruchungen, wie sie beim Zerreißversuch auftreten. Wesentlich andere Verhältnisse ergeben sich bei Beanspruchungen anderer Art. Diese Unterschiede sind so wesentlich, daß es zweckmäßig erscheint, zwei Hauptarten der Deformationsvorgänge zu unterscheiden. Für eine solche Unterteilung gibt auch die einschlägige Literatur einige Anhaltspunkte.

Die eine Hauptgruppe der Deformationsvorgänge tritt hauptsächlich im Arbeitsfeld der Materialprüfung auf, die andere im Tätigkeitsbereich der mechanischen Technologie. Rein äußerlich unterscheiden sich die beiden Gruppen dadurch, daß die Formausbildung das eine Mal „freiwillig" vor sich geht, das andere Mal dem Werkstück gewissermaßen „aufgenötigt" wird. Man versucht dies durch Bezeichnungen zum Ausdruck zu bringen wie: „freier Zug" oder Beanspruchung in mehr oder weniger geschlossenen „Kalibern"; wobei man unter diesen Zug-, Biege-, Drehungsbeanspruchungen, unter jenen dagegen Beanspruchungen im Gesenk, Zieheisen und Walzwerk, aber auch in der Düse und unterm Hammer versteht.

Es dürfte von Wichtigkeit sein, zunächst einmal festzustellen, daß die beiden Arten der Beanspruchung auf die Eigenschaften von sehr verschiedenem Einfluß sind. Während bei der ersten Art die Eigenschaften nur in gewissen eng bemessenen Grenzen verändert werden, können sie bei jener weit über diese Grenzen hinaus verändert werden; die Festigkeit über die sonst erreichbaren Beträge hinaus, die Dehnung unter die sonst gültigen Mindestbeträge herunter. Das Gleiche gilt unter anderem in bezug auf Härte und Elastizität. Eine Einteilung der Deformationsarten in zwei Hauptgruppen, kenntlich durch die unterschiedlichen Eigenschaften, erscheint daher wohl geboten. Im folgenden soll im Gegensatz zu der eigentlichen „Festigkeit", wie sie im Zerreißversuch charakteristisch hervortritt, die dem Metall gewissermaßen aufgenötigte erhöhte Festigkeit mit „Verfestigung" (im Sinne von „fester machen") bezeichnet werden.

Verfestigungswirkung. Es ist wichtig, die Wirkung der Verfestigung in Abhängigkeit von der Kristallorientierung näher kennenzulernen. Die Versuchsergebnisse sind in der Zahlentafel 6, Längsreihen 5 bis 8, zusammengefaßt.

Bei der Verfestigung der Stäbe, deren Orientierung der Kristallrichtung größter Festigkeit und mittlerer Dehnung entsprach, konnte durch stärkstes Kaltstrecken eine Erhöhung der Festigkeit von 35,0 auf 39,6 kg/mm^2 erzielt werden, die Dehnung wurde dagegen stärker beeinflußt, und zwar von 33% fast auf den Wert Null vermindert.

Bei allen anderen Stäben, deren Orientierung den Kristallrichtungen geringerer Festigkeit entsprach, konnte dagegen durch starkes Kaltstrecken die Festigkeit auf den bei allen Proben ziemlich nahe übereinstimmenden Endwert von 34,0 bis 39,6 kg/mm^2 gesteigert werden.

Je niedriger die Festigkeit der unbeanspruchten Kristallproben war, um so größere Verfestigungswirkungen konnten beim Kaltstreckvorgang erreicht werden.

Dies geht anschaulich aus Abb. 237 hervor, die die Oberfläche wiedergibt, welche die Festigkeitszahlen der durch das Kaltstrecken verfestigten Kristallproben miteinander verbindet. Die Senkungen auf den ursprünglichen Würfelflächen, gemäß Abb. 234, erscheinen nunmehr in gleich starkem Maße gewölbt; der Körper ist fast zu einer Kugel angeschwollen. Die ursprünglichen Dodekaederflächen werden durch kleine Senkungen eben noch angedeutet. Die äußerste Begrenzung der neuen Oberfläche geht etwas über die früheren Höchstwerte der Festigkeit hinaus.

Der Kristallkörper verhält sich nunmehr Zugbeanspruchungen gegenüber schlechthin ähnlich einem isotropen Stoff; seine Festigkeit ist in allen Achsenrichtungen praktisch gleich, seine Dehnbarkeit für Zug in allen Achsenrichtungen erschöpft. Der Körper hat seine Kristallnatur fast vollständig eingebüßt, sein Verhalten ist ähnlicher dem eines isotropen Körpers, denn eines Kristalls.

Festigkeitseigenschaften unbeanspruchter Kristalle. Der Gegensatz zwischen der eigentlichen Festigkeit, wie sie beim Zerreiß-

Festigkeit und Verfestigung. 221

versuch charakteristisch hervortritt, und der künstlich gesteigerten Festigkeit, wie sie sich in den verfestigten Kristallproben darbietet, geht aus diesen Versuchsergebnissen deutlich hervor. Es entsteht aber nunmehr die Frage, inwieweit schon die beim Zerreißversuch sich ergebenden Festigkeitswerte in der Kristallnatur begründet bzw. inwieweit sie bereits auf ungewollte Verfestigungswirkungen zurückzuführen sind. Eine exakte Lösung der Frage ist derzeitig nicht möglich, dagegen kann ein hinreichender Ein-

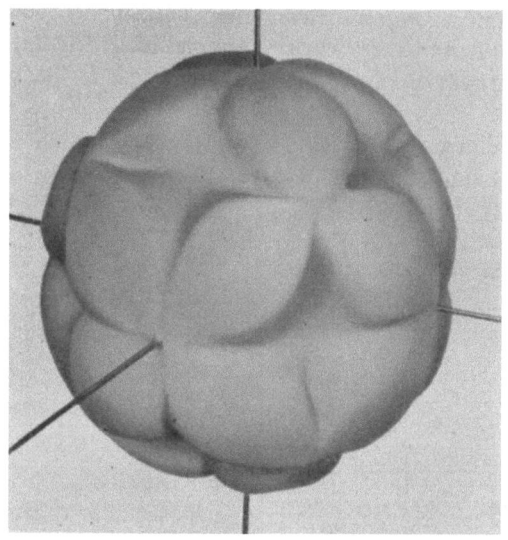

Abb. 237. Verfestigungskörper eines Kupferkristalls.

blick in die Verhältnisse auf experimentellem Wege gegeben werden. Bekanntlich gibt die Größe des rekristallisierten Kornes eines Metalles ein Maß für den Grad der stattgehabten Kaltbearbeitung; die Größe des Kornes und der Bearbeitungsgrad stehen in umgekehrten Verhältnissen zueinander (vgl. Abschn. VII). Rekristallisationsversuche an den Zerreißproben der Kupferkristalle ergaben folgendes Bild.

Alle Proben waren bei 750° nach einer Ausglühdauer von 30 Minuten bereits deutlich rekristallisiert. Während bei den Proben normal zur Dodekaederfläche und in der Zone Dodekaeder-

zur Würfelfläche um 18° geneigt hierzu ein Korn von 0,20 und 0,23 mm Durchmesser festgestellt werden konnte, zeigte die normal zur Würfelfläche entnommene Probe ein Korn von 0,40 mm Durchmesser. Alle übrigen Proben hatten ein Korn von 0,28 bis 0,32 mm Durchmesser. Mit Ausnahme der normal zur Würfelfläche entnommenen Probe breitete sich die Rekristallisation bei allen übrigen Proben über den ganzen Querschnitt aus, also über alle gleichförmig gedehnten Teile der Stäbe. Bei dem normal zur Würfelfläche entnommenen Zerreißstab konnte dagegen eine Gefügeveränderung nur in den Fließkegelzonen beobachtet werden. Bei Anwendung einer Rekristallisationstemperatur von 1000° rekristallisierten auch die übrigen Teile des Querschnittes[1]).

Aus diesen Ergebnissen folgt, daß normal zur Würfelfläche die geringsten, normal zur Dodekaederfläche und in der Zone Würfel- zur Dodekaederfläche um 18° geneigt hierzu die größten Verfestigungswirkungen aufgetreten waren. In allen anderen Richtungen traten dagegen nur mittlere Effekte auf. Die in Abb. 234 dargestellte Fläche der Festigkeitszahlen müßte demnach etwa so berichtigt werden, daß die Werte normal zur Dodekaederfläche und des angrenzenden Umkreises etwa den Werten der Würfelfläche gleich zu setzen wären (rd. 15 kg/qmm). Die Werte normal zur Oktaederfläche und des angrenzenden Umkreises sind vielleicht um ein Drittel (rd. 24 kg/qmm) herabzusetzen[2]). Der Körper zeigt in einzelnen Richtungen eine beträchtliche Verminderung seiner Ausmaße, wenn auch im großen und ganzen seine Grundform erhalten geblieben ist. Die sich so ergebenden Festigkeitszahlen werden den wahren Kristalleigenschaften wohl am nächsten kommen.

Auch wenn die Festigkeitszahlen auf ihre ungefähren Grundwerte herabgesetzt werden, ergeben sich im Hinblick auf die erhaltenen Zahlenwerte in den verschiedenen Kristallrichtungen wesentliche Unterschiede. Nach allgemeinen Vorstellungen steht

---

[1]) Bei ähnlich beanspruchten Einkristallen des Zinks soll Rekristallisation ausgeblieben sein (Polanyi: Z. Physik. Bd. 12, S. 58ff., 1922), Dauerrekristallisation bei hohen Temperaturen dürfte aber zweifellos auch hier zum Erfolg führen.

[2]) Vergleiche hierzu das Rekristallisations-Diagramm des Kupfer von Rassow u. Velde, Z. Metallkunde. 1920, S. 369.

wohl die Festigkeit mit der Dichte der Netzebenenbesetzung im engen Zusammenhang. Die Dichten der Flächen 011, 010, 111 des Kupfers verhalten sich wie 0,846 : 1 : 1,384 und in ungefährer Übereinstimmung hierzu die auf ihre Grundwerte herabgesetzte Festigkeit wie 15 : 15 : 24.

Festigkeitseigenschaften beanspruchter Kristalle. Viel schwieriger ist zu entscheiden, worauf die bei überelastischer Beanspruchung auftretende Erhöhung der Festigkeit zurückzuführen ist. Es ist unter anderem versucht worden, die Verfestigung mit Kristalldrehungen in Beziehung zu bringen. Anderseits wird auch für die Erklärung der Verfestigung die geringere oder größere Homogenität des Kraftfeldes als wirksamer Faktor mit hinzugezogen[1]).

Die Anschauung, daß sich bei feinkörnigem Metall infolge der größeren Homogenität des Kraftfeldes auch größere Festigkeit ergeben soll, ist aber ohne eine schärfere Fassung schwer verständlich.

Wenn man Kristalldrehungen für die Erklärung der Vorgänge heranzieht und annimmt, daß sich die Kristalle beim Zugversuch in die Richtung des größten Widerstandes einstellen, so ist auch damit nichts gewonnen. Unter Zugrundelegung dieser Vorstellung müßte die Bruchbildung, gleichgültig bei welcher Kristallorientierung, stets bei konstanter Spannung erfolgen. Dem laufen aber die Ergebnisse der Zerreißversuche an den unverfestigten Kristallproben entgegen (Zahlentafel 6, Längsreihen 1 bis 3).

Es könnten nun Zweifel darüber bestehen, ob der Grad der Deformation bei dieser Versuchsreihe für die völlige Umlenkung der Kristalle ausreichend war. Die an den hochbeanspruchten Kristallproben gewonnenen Versuchsergebnisse (Zahlentafel 6, Längsreihen 5 bis 8) scheinen dem zunächst auch nicht zu widersprechen; träfe dies aber in Wirklichkeit zu, so müßten an den Einkristallproben alle ursprünglichen Eigenschaften, wie sie der unbeanspruchte Kristallkörper in den verschiedenen Achsenrichtungen darbietet, wieder auffindbar sein. Dies wird jedoch durch den Versuch nicht bestätigt.

Die Ergebnisse der an einem Kupferkristall angestellten Ver-

---

[1]) Tammann: Lehrbuch der Metallographie. 1914 S. 73.

suche sind in Abb. 238 wiedergegeben. Bei einer Dickenabnahme der Kristallplatte von 90 % ist die Festigkeit des parallel zu einer Würfelkante ausgewalzten Kristallstreifens in allen Achsenrichtungen auf die Endwerte von 36 bis 41 kg/mm² angestiegen, die Dehnung dagegen auf rund 2 % gefallen. Im unverfestigten Zustand betrug die Festigkeit in der Lage parallel und quer zur

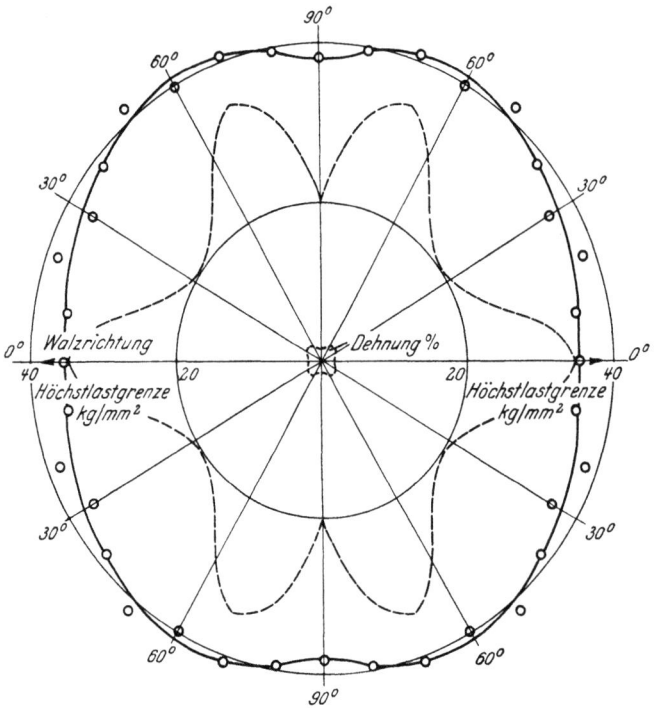

Abb. 238. Abhängigkeit der Verfestigung von der Walzrichtung.

Walzrichtung bei beiden Proben 14,6 kg/mm² bei einer Dehnung von 10 %. Demnach ist eine durchgreifende Veränderung der Eigenschaften in allen Walzrichtungen der Proben erfolgt. Würde der Kristall eine Umlenkung in der angegebenen Weise erfahren, so müßte auch bei einer beliebigen Lage der beiden anderen Achsen ein Bild erhalten werden, das sich bei Walzrichtungen von 90° und 30° durch Minima auszeichnen müßte und das in einem Umriß, wie sich kristallgeometrisch leicht ableiten läßt, über die gestrichelte Kurve nicht hinausgehen dürfte. Wie aus der Abbildung hervorgeht, geht dieser Kurvenzug an allen Stellen weit über die ursprünglichen Grenzen hinaus.

Wichtiger ist schon ein weiterer im Zusammenhang mit der Translationshypothese geäußerter Gesichtspunkt, daß auch die Lage der „vermeintlichen kristallographischen Gleitebenen" zu der Richtung, in der der Zug wirkt, auf die Festigkeit von Einfluß sei. Über die Auslegung dieser Anschauung scheint aber keine Einigkeit zu bestehen. Fraenkel[1]) legt die Beziehung zwischen Gleitflächenbildung und Festigkeit etwa so aus: „Da nun auch wieder die Festigkeit an plastische Deformation gebunden ist, so ist also auch die Verfestigung mit Gleitflächenbildung untrennbar vereint."

Für das Verhalten von Einkristallen ergeben sich daraus folgende Schlußfolgerungen: Kristalle, deren „Gleitebenen" einen Winkel von mehr als 45^0 zur Zugrichtung bilden, müßten durch fortschreitende Deformation entfestigt werden, wobei das Minimum der Festigkeit bei einer Lage der „Gleitebenen" von annähernd 45^0 zur Zugrichtung auftreten müßte. Bei weiterer Zugbeanspruchung würde anderseits die Zugspannung in gleichem Maße ansteigen müssen. Nur bei Kristallen, deren „Gleitebenen" von vornherein einen Winkel von 45^0 zur Zugrichtung einnehmen, würde das Fließen unter Anstieg der Spannung vor sich gehen. Diese Folgerungen stehen aber in Widerspruch mit den an Kupfereinkristallen erhaltenen Versuchsergebnissen. Bei allen Proben konnte nämlich mit zunehmender Verlängerung auch ein regelmäßiger Anstieg der Spannung beobachtet werden.

Demnach dürfte auch bei dieser Überlegung eine Verwechslung der funktionellen Beziehungen in gleicher Weise, wie dies in bezug auf die Dehnung gezeigt werden konnte, vorliegen.

Die Vorgänge bei der Verfestigung widersprechen mithin allen kristallographischen Deutungsversuchen, sie scheinen wohl nur dann verständlich, wenn ihnen Störungen im gesetzmäßigen Aufbau des Gitters zugrunde gelegt werden (vgl. Abschn. IX).

Sind die von der Verlagerungshypothese[2]) gemachten Voraussetzungen richtig, so ergeben sich aus ihnen wichtige experimentelle Schlußfolgerungen, die auch für die Theorie von grundsätzlicher

---

[1]) Die Verfestigung der Metalle durch mechanische Beanspruchung. 1920, S. 6.

[2]) Czochralski: Intern. Z. f. Metallographie. 1916, S. 1f.

Bedeutung sein dürften. Wird nämlich das Raumgitter durch überelastische Beanspruchung in seinem gesetzmäßigen Aufbau gestört, so muß die Störung auch auf das Gefügebild von Einfluß sein. Diese Frage kann an Hand des Ätzgefüges von Einkristallen geprüft werden. Durch geeignete Ätzmittel werden nämlich nicht nur die Bereiche der einzelnen Kristallkörper bloßgelegt (vgl. Abschn. IV), sondern zugleich auch die Unterschiede in der Kornorientierung angezeigt. Diese kann einmal an der Form der sog. Ätzfiguren, oder aber an der Reflexionsintensität der einzelnen Kristallflächen erkannt werden. Jede durch ein Kristallkorn gelegte Schnittfläche hat eine bestimmte Reflexionsintensität, deren Stärke an allen Stellen ein und derselben Kristallfläche die gleiche ist. Da nun die Plastizität der Kristalle in den einzelnen Achsenrichtungen sehr verschieden ist, so ist auch die Fließgeschwindigkeit der Teilchen je nach der Kristallrichtung eine wechselnde. Die verschiedene Fließgeschwindigkeit ist auf die äußere Gestalt des Kristalles nicht ohne Einfluß. Daher erleiden Einkristallproben im Gegensatz zu Vielkristallproben beim Fließen die merkwürdigsten Gestaltsverzerrungen. Besonders augenfällig sind diese Wirkungen beim Verdrehungsversuch; dies veranschaulicht Abb. 239 an einem Aluminiumeinkristallstab. Der ursprünglich zylindrische Stab von kreisrundem Querschnitt hat seine Gestalt völlig verändert und die ungefähre Form einer flämischen Säule angenommen. Außer der stark ausgeprägten schraubenförmig verlaufenden Rippe sind an der Probe noch mehrere parallel zu dieser verlaufende Furchen sichtbar. Die Furchen sind, wie durch Einritzen eines Netzes an der Oberfläche der Probe leicht festgestellt werden kann, durch starkes Einschnüren entstanden, entsprechend der Lage der Ebenen geringsten Verschiebungswiderstandes. Art und Größe der Verformung lassen sich aus der Lage der Fließebenen (F), wie dies bei den Zerreißversuchen gezeigt wurde, unschwer ableiten.

Dieses unterschiedliche Verhalten muß sich auch in den Schliffbildern ausdrücken, wenn das Fließen unter Störung des gesetzmäßigen Gitteraufbaues (Abschn. IX) vonstatten geht. Gemäß der verschiedenen Fließgeschwindigkeit muß also die Reflexionsintensität von Stelle zu Stelle wechseln, entsprechend der jeweiligen Ausgestaltung des Fließfeldes. Versuche an Einkristallproben des Aluminiums haben nun folgendes ergeben.

Abb. 240 zeigt einen Teil des bereits in Abb. 239 wiedergegebenen verdrehten Stabes nach dem Entfernen der Ober-

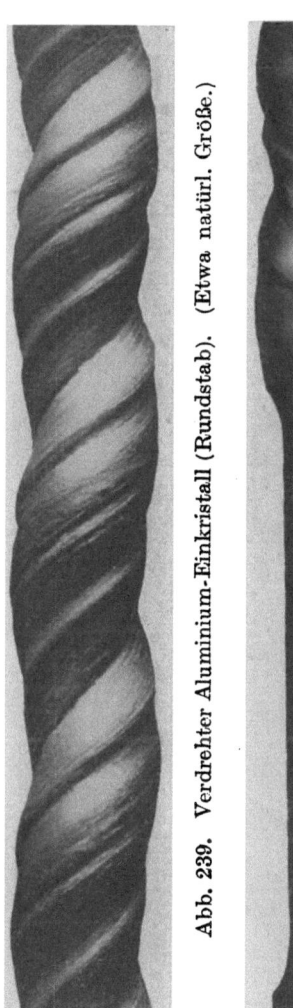

Abb. 239. Verdrehter Aluminium-Einkristall (Rundstab). (Etwa natürl. Größe.)

Abb. 240. Derselbe Stab nach dem Abdrehen. Geätzt mit Flußsäure-Salzsäure. (Etwa natürl. Größe.)

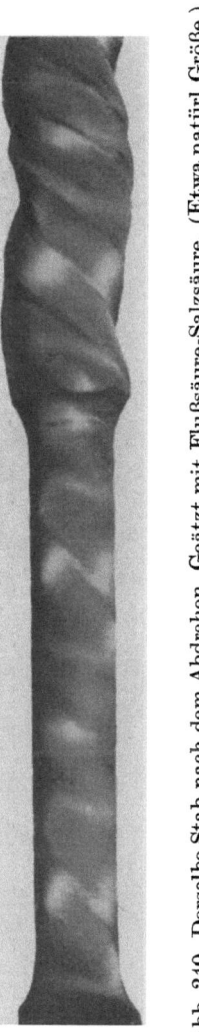

Abb. 241. Längsschnitt desselben Stabes. Geätzt mit Flußsäure-Salzsäure. (Etwa natürl. Größe.)

flächenschichten durch Abdrehen; Abb. 241 einen Teil desselben Stabes im Längsschnitt nach wiederholt abwechselndem Ätzen in verdünnter Flußsäure (10 bis 20 %) und konzentrierter Salzsäure

228 Grundlagen der Verfestigungsvorgänge.

(1,12)¹). Den Abbildungen gemäß ist die Reflexionsintensität der Proben äußerst verschieden und wechselt in mannigfaltiger Folge. Gleiches Verhalten zeigen auch die in den Abb. 242 bis 244

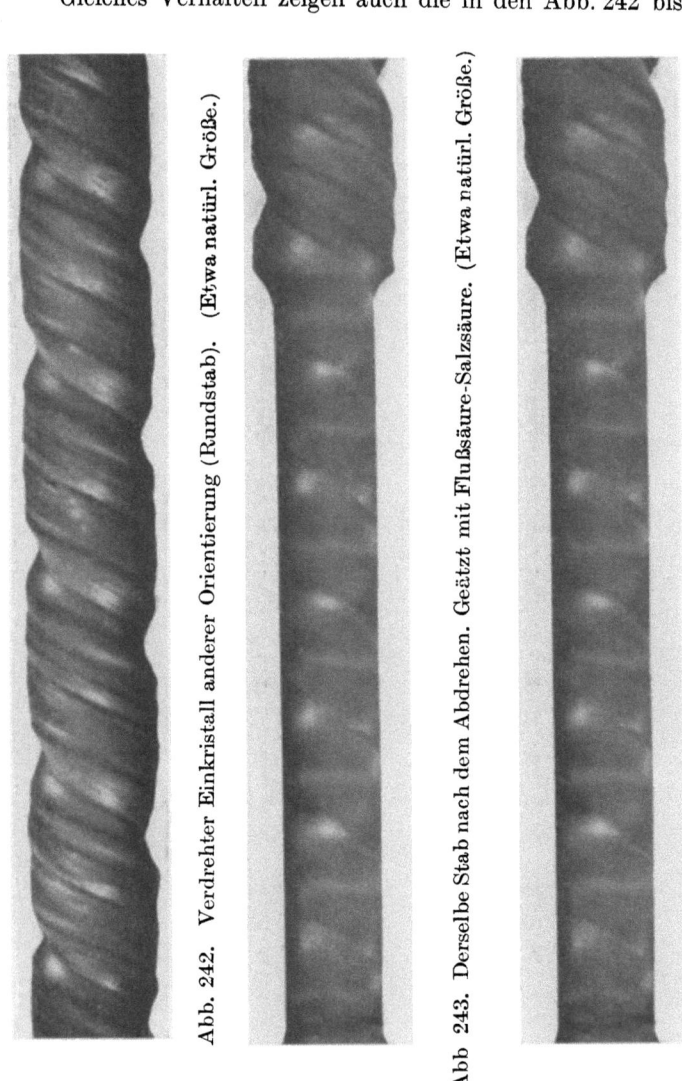

Abb. 242. Verdrehter Einkristall anderer Orientierung (Rundstab). (Etwa natürl. Größe.)

Abb. 243. Derselbe Stab nach dem Abdrehen. Geätzt mit Flußsäure-Salzsäure. (Etwa natürl. Größe.)

Abb. 244. Längsschnitt desselben Stabes. Geätzt mit Flußsäure-Salzsäure. (Etwa natürl. Größe.)

¹) Statt Flußsäure kann auch 10 bis 20%ige Natronlauge Verwendung finden.

Festigkeit und Verfestigung.

und 245 und 246 wiedergegebenen Aluminiumeinkristallproben anderer Orientierung. Von ganz ausgezeichneter Schönheit sind insbesondere die Längsschnitte Abb. 244 und 246.

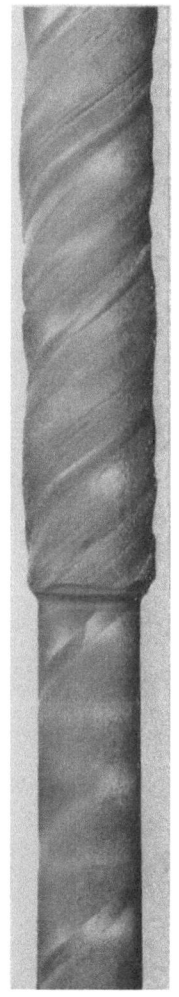

Abb. 245. Verdrehter Aluminium-Einkristall, linke Hälfte nach dem Abdrehen. Geätzt mit Flußsäure-Salzsäure. (Etwa natürl. Größe.)

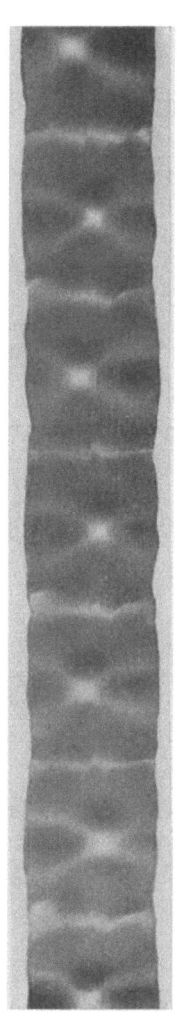

Abb. 246. Längsschnitt desselben Stabes. Geätzt mit Flußsäure-Salzsäure. (Etwa natürl. Größe.)

Die Reflexionsintensität der meisten Proben zeigt so schroffe Übergänge, daß sie fast sprunghaft erscheint; in Wirklichkeit

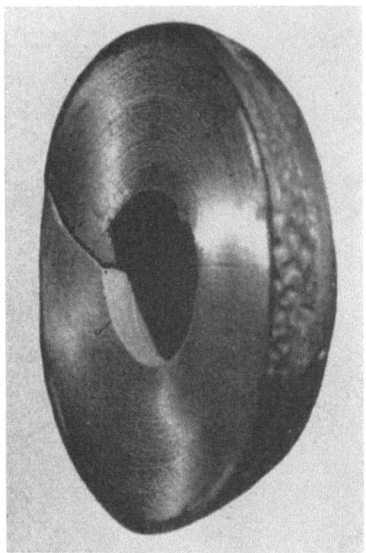

Abb. 247. Ringförmig gebogener Aluminium-Einkristall; Schnitt parallel zur Längsachse des Stabes. Geätzt mit Flußsäure-Salzsäure. (Etwa natürl. Größe.)

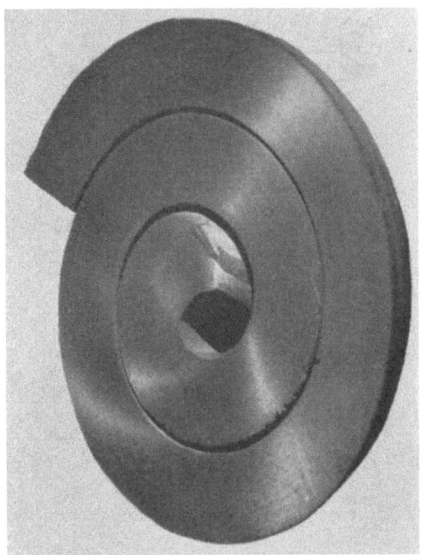

Abb. 248. Spiralartig gebogener Aluminium-Einkristall; Schnitt parallel zur Längsachse des Stabes. Geätzt mit Flußsäure-Salzsäure. (Etwa natürl. Größe.)

besteht aber vollkommene Kontinuität. Dies kommt daher, daß das Fließen in einzelnen Kristallrichtungen voreilt, in anderen nachbleibt. Die Kristalle müssen auch schon darum als Ganzes in ihrem gesetzmäßigen Aufbau tiefgreifende Störungen erlitten haben.

In der gleichen Weise kann das Auftreten inhomogener Reflexion bei allen anderen Arten der überelastischen Beanspru-

Abb. 249. Derselbe Kristall bei verändertem Einfallswinkel der Lichtquelle. (Etwa natürl. Größe.)

chung nachgewiesen werden. Abb. 247 zeigt einen geätzten Aluminiumeinkristall, der zu einem geschlossenen Ring gebogen und darauf mit einer Schlifffläche versehen wurde. Das Reflexionsbild ist vierstrahlig.

Das Reflexionsbild eines Aluminiumeinkristalls von kreisrundem Querschnitt, der zu einer Spirale aufgerollt und nach dem Anlegen der Schlifffläche geätzt wurde, veranschaulicht Abb. 248. Entsprechend der Orientierung des Kristalls erscheint das Reflexionsbild in Form eines dreistrahligen Sternes. Relativverschiebungen von Lichtquelle und Kristall ergeben wechselnde Reflexionsbilder; bei bestimmten Beobachtungswinkeln können,

232   Grundlagen der Verfestigungsvorgänge.

wie Abb. 249 veranschaulicht, Reflexionsbilder in Form von Spiralen beobachtet werden.

Je vielfältiger die Ausgestaltung des Fließfeldes, um so lebhaftere Reflexionswirkungen können erzielt werden, wie dies Abb. 250 an einer verdrehten und darauf zu einer Spirale aufgerollten Aluminiumeinkristallprobe wirksam zum Ausdruck

Abb. 250. Verdrehter und darauf spiralartig gebogener Aluminium-Einkristall.
(Etwa natürl. Größe.)

bringt. Daß alle diese Erscheinungen durch sehr weitgehende Beanspruchungen allmählich zurücktreten und nach und nach ganz verwischt werden, braucht kaum besonders hervorgehoben zu werden (vgl. Abschn. VI).

Versuche, die Störungen in der gesetzmäßigen Reflexion in anderer Weise, z. B. durch die Annahme von Kristallzertrümmerungen, deuten zu wollen, sind ergebnislos, auch dann, wenn angenommen wird, daß sich die Kristalltrümmer unter der Einwirkung des Fließvorganges in irgendeiner Weise gesetzmäßig anordnen. Verdrehungsversuche an Vielkristallproben zeigen nämlich die beschriebenen Reflexionswirkungen nicht oder aber in um so geringerem Maße, je feiner das Korn des Versuchsmaterials ist. Kristallzertrümmerungen müßten sich aber auch dessenungeachtet im Schliffbild in irgendeiner Weise objektiv nachweisen lassen, insbesondere zu Beginn der Formveränderung, wo grobe Bruchstücke der Kristalle noch vorliegen müßten.

In gleicher Weise widersprechen auch die Verformungserscheinungen sowie die beobachtete Inhomogenität der Reflexionsbilder der Annahme einer Kristallzertrümmerung. Im Gegensatz zu Vielkristallproben, bei denen eine bestimmte Proportionalität im Hinblick auf die Gestalt der Proben vor und nach der Formveränderung bestehen bleibt, können bei Einkristallen neben der Inhomogenität in der Reflexion je nach ihrer Orientierung erhebliche Unterschiede in der Ausbildung der Gestalt auftreten. Aber nirgends äußert sich der unverlierbare Richtungssinn der Kristalle so deutlich, wie in diesem Verhalten. Der beanspruchte Kristall ist und bleibt eine homogene Einheit, und zwar auch dann, wenn er seine Kristallnatur bereits fast gänzlich eingebüßt hat.

So verschieden die beobachteten Reflexionswirkungen von überelastisch beanspruchten Kristallen sind, so ist ihre Mannigfaltigkeit einzig und allein in der Ausgestaltung des Fließfeldes und den damit verbundenen Störungen im gesetzmäßigen Aufbau begründet. Man kann sich wohl nicht der Tatsache verschließen, daß diese Erscheinungen mit Störungen im Raumgitteraufbau im Zusammenhang stehen und daß in ihnen ein Ausdrucksmittel für diese Störungen zu erblicken ist.

Die Beziehungen, die sich zwischen den Eigenschaften und der Geometrie des Raumgitteraufbaues ergeben, scheinen geeignet, in besonderer Weise die Vorgänge der Umgestaltung des Raumgitters zu erhellen. Sie sprechen vielleicht dafür, daß die Atome nach und nach in der Weise verlagert werden, daß die Abstände der Gitterpunkte in den verschiedenen Netzebenen durch den Umbildungsvorgang zunächst einmal mehr oder weniger stark ausgeglichen werden. Dadurch wird die ursprüngliche Symmetrie der Netzebenen und damit die des Raumgitters zerstört. Das Wesen der Verfestigung würde also gewissermaßen in dem Ausgleich der Atomabstände zu erblicken sein, vielleicht in loser Anlehnung an die Geometrie der dichtesten Kugelpackung. Dieser Vorstellung scheinen auch Ergebnisse der Röntgenforschung keineswegs zu widersprechen[1]).

Überblickt man die gesamten vorliegenden Versuchsergebnisse, so gewinnt man den Eindruck, daß der Kreis der Vorstellungen über das Fließen von Metallkristallen sich immer mehr schließt. So sicher wie die Kristallographie aus der Lage der Ätzfiguren die ersten Schlußfolgerungen für den gesetzmäßigen Aufbau der Kristalle gezogen hat, so sicher kann aus der inhomogenen Reflexion auf eine tiefgreifende Verlagerung des Raumgitters geschlossen werden.

Eine Quelle, die über den Rahmen der Verlagerungshypothese hinaus auf die Erklärung der Fließ- und Verfestigungsvorgänge in gleichem Sinne Bezug nimmt, ist bis jetzt kaum bekannt geworden. Aber auch die Bestimmung des Begriffes „Verfestigung" läßt sich quellenmäßig wohl nicht belegen. Wahrscheinlich hat sich der Begriff „Verfestigung" nach und nach von selbst entwickelt. Soweit man nun unter dem Begriff „Verfestigung" in der hergebrachten Form eine Erhöhung der Kohäsion versteht, dürfte die Berechtigung für eine solche Auffassung aber mehr als zweifelhaft sein. Nach den bisherigen Feststellungen an Vielkristallproben ist es nämlich nie gelungen, bei geringeren effektiven Spannungen als 48 bis 55 kg/mm^2 die Kohäsion des Kupfers aufzuheben. Diese Feststellung dürfte also eher dazu berechtigt haben, den Begriff der Verfestigung überhaupt abzulehnen. Auf Grund der mitgeteilten Versuchsergebnisse gelang zum erstenmal die Feststellung, daß auch Einkristalle, ähnlich wie Vielkristallaggregate, im Sinne einer Kohäsionserhöhung verfestigt werden können, eine Anschauung, die der Verlagerungshypothese seit langem als Grundlage dient. Dadurch wird eine grundsätzliche Stellungnahme zu der Frage der Verfestigung erst ermöglicht.

Zustandsschema. Versucht man nun die gesamten Fließ- und Verfestigungsvorgänge in ihren Zusammenhängen zeichnerisch darzustellen, so gelangt man zu dem in Abb. 251 wiedergegebenen Schaubild[2]), dem die bei Kupfer erhaltenen Versuchsergebnisse zugrunde liegen.

---

[1]) Vgl. dagegen Masing u. Polanyi: Kaltreckung und Verfestigung. Ergebnisse der exakten Naturwissenschaften Bd. II, S. 177, 1923, in Gegensatz zu diesen aber vor allem Gross: Z. Metallkunde 1924, S. 19.
[2]) Czochralski: Stahl u. Eisen 1916, S. 863.

Festigkeit und Verfestigung.

In ihrem grundsätzlichen Verlauf ist die Abhängigkeit der Festigkeits- und Dehnungseigenschaften des natürlich kristallisierten Metalls (ungestreckten Gußmetalls) von der mittleren Korngröße (φm) in der Schaulinie c—z wiedergegeben: also Festigkeitsanstieg bei Erniedrigung der Dehnung.

Die wiedergegebene Schaulinie ist nur unter der Voraussetzung gleichförmigen mechanischen Verhaltens (Quasiisotropie) des Materials streng gültig. Bekanntlich macht sich aber auch die

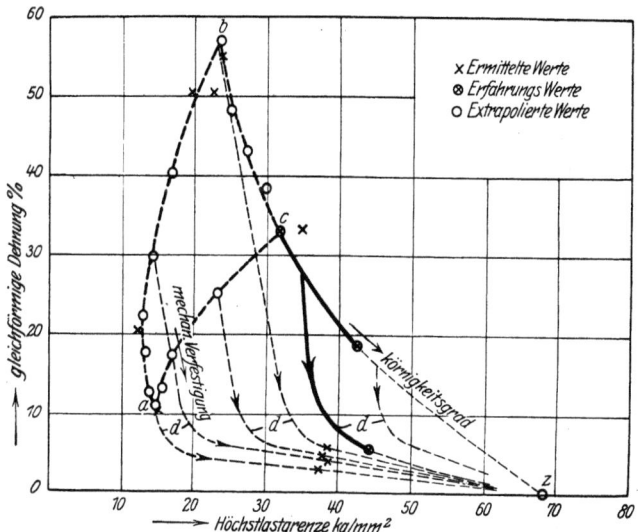

Abb. 251. Zustandsschema für Kupfer.

Körnigkeit, also das Verhältnis der mittleren Korngröße zum Volumen $\left(\dfrac{\varphi m}{v}\right)$ auf das mechanisch gleichförmige Verhalten eines Stoffes bemerkbar. Am größten sind diese Einflüsse innerhalb eines Kristallkornes selbst. Den Grenzfall, daß der Körper nur aus einem einzigen Kristall bestehe ($\varphi m = v$), bezeichnet die Kurve a—b. In diesem Fall wird die Festigkeit und Dehnung, je nachdem, ob die Beanspruchung in den Achsenrichtungen größter bzw. geringster Festigkeit und Dehnung stattfindet, alle möglichen zugeordneten Werte, die die Kurve a—b einschließt, aufweisen können. Mit wachsender Kornzahl wird der Abstand der Punkte a und b, die die Grenzwerte darstellen, immer kleiner, bis er endlich ganz zusammenschrumpft; dieser Punkt, der in dem Schaubild mit c bezeichnet ist, wird bei den meisten Metallen erreicht, wenn die Korngröße φm, geometrische Gleichachsigkeit des Arbeitsgutes vorausgesetzt, auf $^1/_{1000}$ des gesamten Volumens sinkt. Die Zahl entspricht einem groben Erfahrungswert. Verbindet man die Höchst- und Niedrigstpunkte a und b der Festigkeit und Dehnung für $\varphi\, m = v$, so erhält man unter Einschluß des Punktes c eine Dreiecksfläche abc, die das Gebiet mangelnder Quasiisotropie begrenzt.

Der Einfluß der Kaltbearbeitung macht sich dagegen in dem Schaubild in der Weise bemerkbar, wie dies die Transversalkurven d ausdrücken. Sie deuten den Anstieg der Höchstlastgrenze an, wie er abhängig von der Lage des Ausgangspunktes in nicht näher bekannter Weise zum Punkte z hin fortschreitet. Anlassen übt auf die Eigenschaften entgegengesetzte Wirkungen aus, indem die Höchstlastgrenze etwa nach Maßgabe der Transversalkurven erniedrigt wird.

Die stark ausgezogenen Kurven geben die Verhältnisse für Einkristalle und für solche Vielkristallproben wieder, bei denen sich der Einfluß der Kristallnatur noch deutlich bemerkbar macht (Gebiete mangelnder Quasiisotropie), die dünn ausgezogenen Kurven für Vielkristallproben, in denen die Einflüsse der Kristallnatur praktisch unwirksam sind. Das Schaubild gibt also die Beziehungen der Festigkeits- und Dehnungseigenschaften zu den verschiedenen Zuständen der Einkristalle[1] und Vielkristallproben verschiedener Körnigkeit in umfassender Weise wieder.

---

[1] Polanyi nimmt diese bereits 1916 vom Verfasser gemachte Feststellung auch für sich in Anspruch; a. a. O. S. 210. (Vgl. Anmerkung S. 234.)

XI. Kräftemechanik der Verfestigungsvorgänge.

Fließkurven von Vielkristallproben.

Wenn auch ein Versuch, die kräftemechanischen Zusammenhänge in ihrer Gesamtheit zu behandeln, durchaus verfrüht sein dürfte, so ergeben sich auf Grund der vorangehenden Abschnitte gewisse Fragestellungen, deren Beantwortung praktisch wie theoretisch äußerst bemerkenswert sein dürfte. Insbesondere berechtigen umfangsreiche Forschungsarbeiten, die von ganz anderen Gesichtspunkten aus die Lösung der Verfestigungsfrage anstreben, diese Dinge, wenn auch ganz kurz zu berühren.

Läßt man nun die vermeintlichen „kristallographischen Gleitflächen" (Hemmungsebenen H) auf Grund ihrer eindeutig erwiesenen Unwirksamkeit bei den Fließ- und Verfestigungsvorgängen außer Betracht (vgl. Abschn. X), so führen unsere Folgerungen auf einen Weg, den unsere namhaftesten Technologen Rejtö, Martens, Heyn, vor allem aber Ludwik[1]) durch ihre Forschungen gewiesen haben, nämlich den, die gesamten Fließ- und Verfestigungsvorgänge von Vielkristallproben zu der inneren Reibung in Beziehung zu bringen. Doch erst Ludwik war es durch seine klassischen Untersuchungen geglückt, die Vorgänge der inneren Reibung in der Weise zu deuten, daß ihm die Aufteilung einer hypothetischen Fließkurve gelang.

Im Hinblick auf die Beschaffenheit der Proben werden von Ludwik folgende Anforderungen gestellt: Der Körper bestehe aus elastischen Elementen (Molekülgruppen, Massenteilchen), die sich berühren und (unter gewissen Bedingungen) gegeneinander bleibend verschieben lassen. Im Verhältnis zu den zu betrach-

---

[1]) Rejtö: Die innere Reibung der festen Körper, 1897 und Baumaterialienkunde 1900, S. 305f. — Martens: Mitt. Kgl. Techn. Versuchsanst. Berlin 1884, S. 93. — Heyn: Metall und Erz 1918, S. 411 u. 436. — Ludwik, insbesondere: Elemente der technologischen Mechanik. 1909.

tenden Formveränderungen sei die Größe dieser Körperteilchen verschwindend klein und der ganze Körper homogen und isotrop.

Weiter werden von Ludwik nachstehende einfache Begriffsentwicklungen gegeben: Jene spezifische Normalkraft (Zugspannung), die erforderlich ist, eine Berührung benachbarter Körperelemente aufzuheben, sei mit „Kohäsion", jene spezifische Tangentialkraft (Schubspannung), die nötig ist, eine bleibende relative Verschiebung derselben einzuleiten, mit „innere Reibung" angesprochen. Die Größe der inneren Reibung sei insbesondere abhängig von der ursprünglichen Materialbeschaffenheit, der Art und Größe der vorangegangenen spezifischen Schiebung (also vom Fließvorgange), der Größe der Normalspannung (Zug- oder Druckspannung) senkrecht zur Schubrichtung und von der Größe der Schubgeschwindigkeit. Dem schließen sich folgende Ableitungen und Ansätze an:

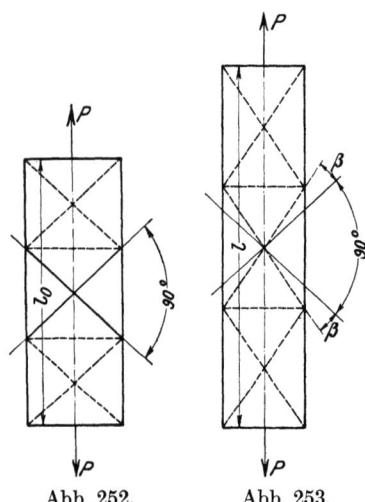

Abb. 252. Abb. 253.
Schematische Darstellung des Schubvorganges Abb. 252 vor, Abb. 253 nach der Dehnung (nach Ludwik).

Jede bleibende Formänderung beruht auf dauernder relativer Verschiebung der Massenteilchen. Der Schubbewegung wirkt die innere Reibung entgegen. Diese Reibung wird mit R und die bei der Beanspruchung auftretenden Schubspannungen mit τ bezeichnet. Die ersten bleibenden Formveränderungen treten auf, sobald $\tau = R$ ist.

Wird der Zerreißversuch an einem Stab verfolgt, der mit einem Netz von Linien versehen ist, die gemäß Abb. 252 im Winkel von 45° zur Zugrichtung verlaufen, so können häufig regelmäßige Streifen und Linien („Fließfiguren") an der Oberfläche der Proben beobachtet werden, die meist parallel zu den Netzlinien verlaufen. Sie entsprechen den Schnittlinien der Oberfläche mit den Fließebenen (bei Ludwik mit Gleitebenen G bezeichnet), in denen die ersten bleibenden Formveränderungen auftreten.

Beim Zugversuch wird dieses Netz mit zunehmender Verlängerung (beispielsweise von l_0 auf l) in das in Abb. 253 dargestellte übergehen, indem mit wachsender Dehnung die Neigung der Netzlinien zu den Ebenen, in denen die ersten bleibenden Formveränderungen auftreten, immer größer wird. Der Winkel, den beide einschließen, wird mit β bezeichnet.

Bei Stoffen, bei denen die innere Reibung unabhängig von der Belastung ist (Harze, Gläser), schließen diese Ebenen, in denen die ersten Formveränderungen auftreten, einen Winkel von genau 45° zur Kraftrichtung ein. Dies ergibt sich aus dem bekannten Schubgesetz

$$\tau = \tfrac{1}{2}\frac{P}{f_0}\sin 2\omega \quad \ldots \ldots \ldots \ldots (1)$$

worin $\dfrac{P}{f_0}$ die Belastung der Querschnittseinheit bedeutet; der Neigungswinkel der Schubflächen gegen die Zugrichtung wird als Wirkungswinkel ω bezeichnet. Für $\omega = 45°$ ergibt sich bei einem Minimum von P ein Maximum von τ.

Unterschiede in bezug auf die Lage dieser Ebenen werden sich noch dadurch ergeben, daß die aufeinandergleitenden Ebenen durch die am Probestück angreifenden Kräfte entweder aufeinandergepreßt oder voneinandergezerrt werden (Abhängigkeit vom Normaldruck $-\sigma$ oder Normalzug $+\sigma$), so daß der Winkel, den die Ebenen, in denen die ersten Formveränderungen auftreten, mit der Kraftrichtung einschließen, bei Zug größer als 45° und bei Druck kleiner als 45° ist. Die Abweichungen von 45° sind aber in der Regel sehr geringfügig.

Die relative Bewegung der Massenteilchen längs der Fließebenen F wird durch die „spezifische Schiebung" gekennzeichnet, sie wird durch γ ausgedrückt; ihr Einfluß überragt denjenigen aller übrigen Faktoren (β, σ). Die spezifische Schiebung γ läßt sich aus der Längenänderung der Probe beim Zerreißversuch, die mit λ bezeichnet wird[1]), wie folgt berechnen. Die Beziehung zwischen der Schiebung γ und der Dehnung λ ist:

$$\gamma = \frac{4{,}6\log(1+\lambda)}{\sin 2\omega} \quad \ldots \ldots \ldots (2)$$

---

[1]) $\lambda = \dfrac{l-l_0}{l_0}$, wobei l_0 die ursprüngliche, l die jeweilige Meßlänge bedeutet.

oder, falls $\omega \sim 45^0$ ist:
$$\gamma \sim 4{,}6 \log (1 + \lambda) \quad \ldots \ldots \ldots \quad (3)^1)$$

Durch diese Beziehung zwischen γ und λ ist dann auch jene zwischen γ und der auf den Ursprungsquerschnitt $\dfrac{P}{f_0}$ oder auf

---

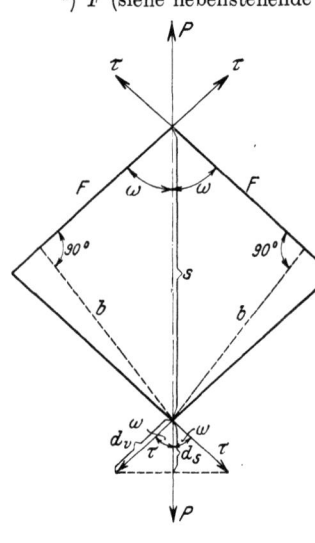

[1]) F (siehe nebenstehende Zeichnung) seien je 2 im Abstande b voneinander befindliche Fließebenenpaare, die mit der Zugrichtung P den Wirkungswinkel ω bilden. Unter dem Einfluß der paarweise auftretenden Schubspannungen τ werden bei der Verlängerung der Strecke s um ds die Fließebenen F um dv gegeneinander verschoben. Es entspricht also der effektiven (d. h. auf die jeweilige Länge bezogenen) spezifischen Dehnung $d\alpha = \dfrac{ds}{s}$ die spezifische Schiebung $d\gamma = \dfrac{dv}{b}$.

Hieraus ergibt sich:
$$dv = \dfrac{ds}{\cos \omega} \quad \text{und} \quad b = s \cdot \sin \omega$$
folglich:
$$d\gamma = \dfrac{ds}{s \cdot \sin \omega \cdot \cos \omega} = \dfrac{d\alpha}{\sin \omega \cdot \cos \omega} = \dfrac{2\,d\alpha}{\sin 2\omega}.$$

Unter der Annahme, daß ω konstant ist, gilt:
$$\gamma = \dfrac{2\alpha}{\sin 2\omega} \quad \text{oder für } \omega = 45^0: \gamma = 2\alpha.$$

Die spezifische Dehnung α, die stets auf die jeweilige Länge l zu beziehen ist, ergibt sich aus l_0 und l gemäß:
$$\alpha = \int_{l_0}^{l} \dfrac{dl}{l} = \log \text{nat} \dfrac{l}{l_0} = 2{,}3 \log \dfrac{l}{l_0} = 2{,}3 \log (1 + \lambda),$$

folglich ($\omega =$ konstant)
$$\gamma = \dfrac{4{,}6 \log (1 + \lambda)}{\sin 2\omega}$$

oder, falls $\omega \sim 45^0$:
$$\gamma \sim 4{,}6 \log (1 + \lambda).$$

den jeweiligen Querschnitt bezogenen Zugspannung $\frac{P}{f}$, wenn f_0 der der Anfangsbelastung, f der der jeweiligen Belastung P entsprechende Stabquerschnitt ist, in einfacher Weise bestimmt, falls das Zugdiagramm des betreffenden Materials gegeben ist[1]). Trägt man die spezifische Schiebung γ und die Werte der inneren Reibung R in ein Schaubild auf, so erhält man eine Kurve, die die Beziehungen zwischen diesen beiden Faktoren zum Ausdruck bringt und als „Fließkurve" bezeichnet wird. Diese Kurve bringt die innere Reibung und ihre Änderung durch den Fließvorgang in eindeutiger Weise zum Ausdruck. Ein Beispiel möge die Ableitung der Fließkurve aus dem Zugdiagramm näher erläutern.

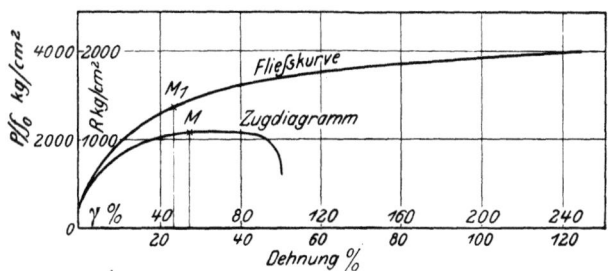

Abb. 254. Beziehungen zwischen der Fließkurve und dem Zugdiagramm von Weichkupfer (nach Ludwik).

In Abb. 254 ist ein Zugdiagramm für Weichkupfer wiedergegeben. Besitzt ein Punkt beispielsweise M des üblichen Zugdiagramms die Koordinaten $\frac{P}{f_0} = 2160$ kg/cm² und $\lambda = 0{,}25$ (= 25 % Dehnung), so ergeben sich für den entsprechenden Punkt M_1 der Fließkurve die folgenden Werte, wobei ω konstant und $= 45°$ angenommen wird:

$R = 1/2 \, \dfrac{P}{f} = 1/2 \cdot 2700 = 1350$ kg/cm²,

$\gamma = 4{,}6 \log (1 + 0{,}25) = 0{,}446$ (entsprechend einer spezifischen Schiebung von 44,6 %).

Auf gleicher Grundlage ist es auch möglich, aus den Druck- und Verdrehungsschaubildern die Fließkurve abzuleiten; um-

---

[1]) Ludwik: Elemente der technolog. Mechanik. 1909, S. 18.

gekehrt können auch die Zug-, Druck- und Verdrehungsschaubilder ohne weiteres aus der Fließkurve abgeleitet und auch ineinander übergeführt werden. Beim Druckversuch ist die Längenänderung λ negativ. Beim Verdrehungsversuch fällt die Längenänderung außer Betracht. Die Fließkurve läßt sich meist noch einfacher bestimmen, da das Verdrehungsschaubild den gleichen Charakter wie die Fließkurve hat. Selbst bei wechselndem oder entgegengesetzt gerichtetem Kraftangriff (Zug-Drehung, Hin- und Herdrehung) werden wie auch bei aussetzender (intermittierender) Beanspruchung grundsätzlich die gleichen Ergebnisse erhalten[1]). Die aus den Zug-, Druck- und Verdrehungsschaubildern abgeleiteten Fließkurven weichen alle nur wenig voneinander ab. Das beweist, daß die Formänderungsschaubilder bei einfachen Beanspruchungsarten in gesetzmäßiger gegenseitiger Beziehung stehen und daß die Fließkurve, was am meisten zu ihren Gunsten spricht, nur wenig von der Art der Beanspruchung beeinflußt wird. Aber gerade in der Erkenntnis dieser Zusammenhänge schuf Ludwik die breite Grundlage seiner auf den wichtigsten Beobachtungstatsachen aufgebauten Theorien, im Gegensatz zu vielen anderen Theorien, deren Ausbau auf unwirksamen oder untergeordneten Nebenerscheinungen begründet wurde. Diese „hypothetische" Kurve bringt das Verhalten des Materials bei verschiedenen Beanspruchungsarten einheitlich zum Ausdruck; ihr kommt also die Bedeutung einer überaus wertvollen technologischen Materialcharakteristik zu, der das elementare Schubgesetz zugrunde liegt.

Fließkurven von Einkristallen.

Den Fließkurven von Vielkristallproben liegen ganz bestimmte Annahmen über die Materialbeschaffenheit zugrunde, sie betreffen in erster Linie das gleichförmige Verhalten.

Ludwik hat also die Gültigkeitsbereiche seiner Theorie von vornherein richtig erkannt, wenn er im Hinblick auf gleichförmiges Verhalten (Quasiisotropie) des Prüfungsmaterials ganz bestimmte

---

[1]) Dagegen ist die Formänderungsgeschwindigkeit von bedeutendem Einfluß auf die Größe der inneren Reibung, mit zunehmender Formänderungsgeschwindigkeit klingt ihr Einfluß aber schnell ab. Vgl. insbesondere Ludwik u. Scheu: Z. V. d. I. 1923, S. 122.

Forderungen stellt. Nur wenn diese Bedingungen erfüllt sind, kann die Größe des Wirkungswinkels ω mit 45^0 oder $\sim 45^0$ in die Gleichung eingesetzt werden. Anders, wenn diesen Bedingungen nicht Genüge getan ist und grobkörnige Materialien von mangelnder Quasiisotropie und mangelnder Homogenität und im äußersten Grenzfall Einkristalle der Prüfung unterzogen werden. Alsdann muß der Wirkungswinkel ω, der jeweils in Rechnung zu setzen ist, besonders ermittelt werden. Dies kann insofern in einfacher Weise geschehen, als bei Einkristallen durch die Lage der Fließebenen F gleichzeitig der Wirkungswinkel ω (allerdings nur in sehr grober Annäherung) gekennzeichnet ist, und zwar ist jeweils jenes Fließebenensystem (F) (vgl. Abschn. X, S.214) in Anrechnung zu setzen, das einem Winkel von 45^0 zur Richtung des Kraftangriffes am nächsten kommt. Wird

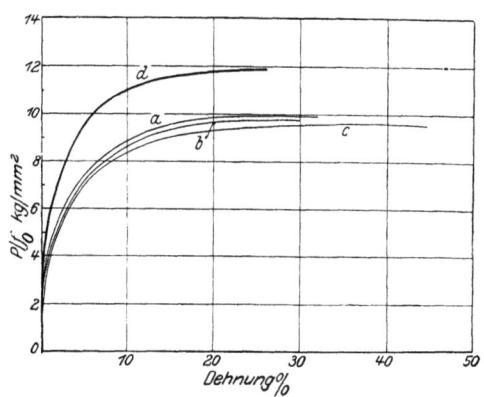

Abb. 255. Zerreißkurven verschieden orientierter Aluminium-Einkristallstäbe.

die Rechnung diesem Ansatz entsprechend durchgeführt, so ergeben sich für Einkristallproben Fließkurven, die in ihrem Verlauf je nach der Lage der Fließebenen F voneinander abweichen können.

In Abb. 255 geben die Linien a, b und c die einfachen (nicht effektiven) Zerreißkurven verschieden orientierter Aluminiumeinkristalle und die stark ausgezogene Linie d diejenige einer Vielkristallprobe wieder. Die Ableitung der Fließkurven aus diesen Linienzügen kann nun in der gleichen Weise erfolgen, wie dies bereits an Hand der Ergebnisse Ludwiks gezeigt worden ist, nur muß statt

$$R = 1/2 \frac{P}{f} \sin 2\omega \text{ gesetzt werden,}$$

$$R = \frac{P}{f}(1 - 1/2 \sin 2\omega) \quad \ldots \ldots \quad (4)$$

244 Kräftemechanik der Verfestigungsvorgänge.

Dies ergibt sich aus folgender Überlegung: Das Fließen tritt am leichtesten ein, wenn die Fließebenen F um 45^0 geneigt zur Richtung des Kraftangriffes verlaufen; für $\omega = 45^0$ ergibt sich bei einem Minimum von P ein Maximum von τ. Je mehr die Lage der Gleitebenen von dem Winkel von 45^0 abweicht, um so höhere Werte wird also auch die innere Reibung R erreichen. Der Wert der inneren Reibung ergibt sich alsdann, indem man zu dem

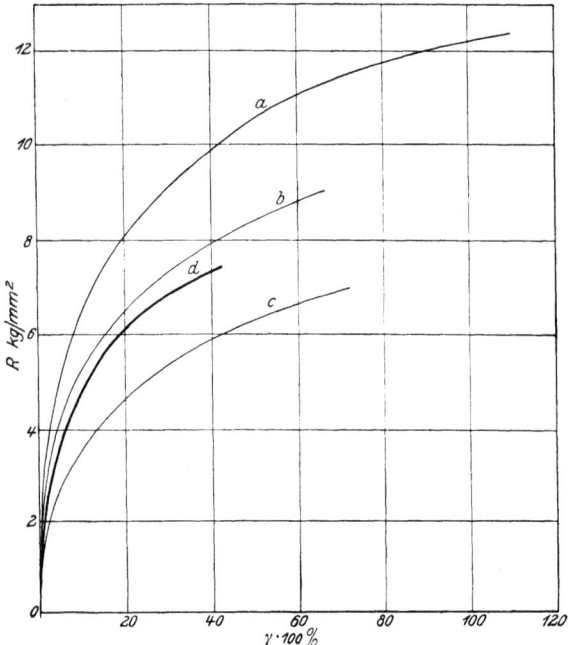

Abb. 256. Fließkurven verschieden orientierter Aluminium-Einkristallstäbe.

Wert der inneren Reibung bei 45^0 noch den sich aus der jeweiligen Lage der Gleitebenen F ergebenden Differenzbetrag von τ hinzuzählt. Die in Abb. 256 wiedergegebenen Fließkurven a, b und c mögen hierfür als Beispiel dienen; die der Vielkristallprobe zugehörige Kurve d wurde wiederum stark ausgezogen. Die jeweils angewendeten Winkel sind in der Tabelle 8 aufgeführt.

Aus den Kurvenzügen lassen sich sehr bemerkenswerte Schlüsse ziehen: Die Kurven verlaufen um so steiler, je niedriger, und um so flacher, je höher die Dehnungswerte der Proben liegen;

Tabelle 8.

Bezeichnung	Orientierung des Kristallstreifens zur Zugrichtung ϱ^0 φ^0		Winkel der Fließebenen F zur Zugrichtung	Angewendeter Winkel
a	15	3	0°, 15° u. 75°	15°
b	25	20	8°, 23° u. 65°	65°
c	40	0	0°, 40° u. 50°	40°
d	Vielkristallprobe (Weichaluminium)		—	45°

je mehr die Fließebenen F der Proben sich dem Winkel von 45° zur Zugrichtung nähern, um so geringere Werte für die innere Reibung R und für die spezifische Schiebung γ werden erhalten; je mehr die Lage der Fließebenen F von diesem Winkel abweicht, um so höher liegen die Werte für R und τ. Die der Vielkristallprobe zugehörige Kurve nimmt eine mittlere Lage ein. Hieraus folgt, daß die innere Reibung bei Einkristallproben ihre Höchst- und Mindestwerte erreichen kann, dahingegen bei Vielkristallproben etwa dem arithmetischen Mittel dieser Zahlen entspricht. Dieses Ergebnis ist durchaus verständlich; einer gleichmäßigen Orientierung innerhalb kleiner Bereiche steht eine ausgezeichnete Gruppierung, die sich auf den gesamten Querschnitt erstreckt, gegenüber. Solche Systeme werden einerseits durch Mittelwerte, anderseits durch Grenzwerte der inneren Reibung R ausgezeichnet sein müssen.

Würden nun die im Hinblick auf die Lage der Gleitebenen F gemachten Annahmen völlig zutreffen, so würden damit die Fließvorgänge in Kristallen hinreichend erklärt. Es wurde aber bereits anfangs erwähnt, daß eine geschlossene Darstellung der Fließvorgänge auf dieser Grundlage überhaupt nicht möglich sei. Die genaue Analyse des Dehnungskörpers führt zur Annahme immer weiterer Fließebenensysteme und schließlich widerspricht eines dieser Systeme dem andern. Aus Gründen der Einfachheit wurde trotzdem diese Darstellungsweise beibehalten; die Fehler der Ableitung wurden dadurch verringert, daß nur günstig orientierte Kristallproben für die Auswertung in Betracht gezogen wurden. Für eine einwandfreie Ableitung muß ein anderer Weg eingeschlagen werden. Dieser ergibt sich aus den vorliegenden Versuchsergebnissen auf ziemlich einfache Weise.

Die Annahme ausgezeichneter Fließebenensysteme schließt sich aus der Geometrie des Dehnungskörpers von selbst aus. Man gelangt im Gegenteil zu einer unbegrenzten Mannigfaltigkeit von Fließebenen, die jede Lage zu den kristallographisch rationellen Ebenen (010, 011, 111, etwaige Hemmungsebenen H usw.) einnehmen können, wenn sie auch in gewissen Kristallbereichen bevorzugt auftreten können. Die Ebenen F verändern nach Maßgabe der Orientierung fortgesetzt ihren Winkel zur Richtung des Kraftangriffes. Sie nehmen also scheinbar alle möglichen Lagen ein, daher versetzte sie der eine Forscher in diese, der andere in jene rationelle Kristallebene[1]). Die Vorstellung der veränderlichen Fließebenen F legt aber sofort nahe, daß bei den Fließvorgängen in Kristallen nicht so sehr die rationellen kristallgeometrischen als die **kräftegeometrischen** Beziehungen (Beziehungen im Aufbau des Gitters zu den Gitterkräften) eine entscheidende Rolle spielen. Mit anderen Worten ist das Verhalten eines Massenpunktes (Atoms) von der Lage der Nachbarpunkte abhängig.

Es lassen sich auf Grund dieser Betrachtung für die kristallographischen Hauptrichtungen sehr einfache „Schubelemente" angeben, und zwar: das reguläre Oktaeder für die Würfelnormale; eine zusammengedrückte vierseitige Bipyramide für die Dodekaedernormale und schließlich ein reguläres Tetraeder in der Richtung der Oktaedernormalen. Obwohl sich jedes dieser Schubelemente aus dem anderen aufbaut, sind sie doch mechanisch ungleichwertig. Die Atombindungen verlaufen beim ersten alle in einen Winkel von 45^0, beim zweiten von 45^0 und 60^0 und beim Tetraeder in einen solchen von 30^0. Bei Schubbeanspruchungen ist dieser Neigungswinkel von einem Massenteilchen zum andern allein ausschlaggebend für das Verhalten; die günstigste Schubrichtung ist zugleich immer auch die Richtung geringer Atomdichte, darin liegen ganz neuartige Ausblicke.

Die Schubvorgänge müßten also im einfachsten Falle in Beziehung zu diesen Winkeln stehen. Da aber in einem System von Massenteilchen die Gesamtheit der Einzelelemente über das Ver-

---

[1]) Mark, Polanyi u. Schmid: Z. Physik, Bd. 12, S. 58ff., 1922; Mark u. Weißenberg: ebenda, Bd. 14, S. 328, 1923; Taylor: Engg. 1923, S. 403; siehe auch: Ettisch, Polanyi u. Weißenberg: Z. Physik. Bd. 7, S. 181, 1921; Weißenberg: ETZ. 1921, S. 1295; Ono: Mem. of the College of Eng. Kyushu Imp. Univ. Fukuoka, Japan, Bd. 2, Nr. 5, 1922; Körber: Z. angew. Chem., 1923, S. 278.

halten bestimmt, kommt dieser einfache Ansatz praktisch nicht in Betracht. Vielmehr entscheidet über das Verhalten eines solchen Systems die **resultierende Kräftekomponente**. Diese kann wohl auch mathematisch abgeleitet werden, ergibt sich aber unmittelbar aus der Gestalt des Dehnungskörpers.

Versieht man ein Symmetrieelement dieses Körpers mit Linienzügen gleichen Abstandes (vom Mittelpunkt des Körpers), so erhält man Niveaulinien gleicher Dehnung. Die Dehnung steht in umgekehrter Proportion zur inneren Reibung R; diese wird in erster Linie durch die Lage der Fließebenen F bestimmt. Die jeweilige Lage der Fließebenen F und die innere Reibung R stehen in gleichem Verhältnis zueinander. Um die Lage der Gleitebenen F zu erfahren, ist es erforderlich, die der Orientierung zugeordnete Dehnung in den entsprechenden Betrag der inneren Reibung umzuwandeln, um aus dieser Zahl die Lage der Fließebenen F ableiten zu können. Eine Anzahl von Beispielen ist in dieser Weise durchgerechnet worden; die so erhaltenen Kurvenzüge ergeben das erste geordnete Bild der Fließvorgänge in Kristallen. Die grundsätzlichen Ergebnisse sind nicht nur für das Verhalten des Kupfers kennzeichnend, sondern umfassen alle anderen Metalle gleichen Elementarwürfelaufbaus wie Aluminium, Gold, Silber, Blei, Eisen u. a.

Das Fließen von Ein- und Vielkristallproben vollzieht sich grundsätzlich in der gleichen Weise. Bei Ludwik findet sich zwar ein Fall, bei dem der Wirkungswinkel ω weit von 45^0 abweicht, nicht verwirklicht, was aber darin begründet ist, daß bisher kein Weg angegeben werden konnte, die Lage der Fließebenen F jeweils zu bestimmen. Daher galt auch der Wirkungswinkel ω als eine recht hypothetische Größe, deren berechtigte Einführung vielen noch nicht recht erwiesen schien. Nichtsdestoweniger ist er von Ludwik zum Ausgangspunkt seines Ansatzes gewählt worden; dieser Ideengang war so folgerichtig wie umfassend. Demnach haben die von Ludwik gegebenen Beispiele als Sonderfälle des von ihm aufgestellten Schubgesetzes, das die Kräftemechanik aller Fließvorgänge fester Körper umfaßt, zu gelten. Eine geschlossene Darstellung der Verhältnisse dürfte nur bei weiterer Sicherung der Untersuchungsergebnisse von Wert sein; eine Aufgabe, die im Rahmen technischer Forschung nur langsam der Lösung zugeführt werden kann. Aus alledem geht aber schon jetzt die umfassende Bedeutung des Schubgesetzes auch bei den Fließvorgängen in Kristallen deutlich hervor.

Ein Überblick der hier dargelegten Zusammenhänge zwischen den Eigenschaften und der Bildsamkeit plastischer Metalle läßt die Unzulänglichkeit derzeitiger Anschauungen über die Fließ- und Verfestigungsvorgänge auf das deutlichste erkennen. Anderseits erlangt man die Gewißheit, daß diese „beiläufigen technischen Fragen" in viel tieferen physikalischen Problemen wurzeln, als dies angenommen zu werden pflegt. Dies beweisen insbesondere die gesetzmäßigen Zusammenhänge, wie sie sich in den Oberflächen der Körper darbieten, die die Eigenschaften in Abhängigkeit der Kristallrichtungen veranschaulichen. Diese Ergebnisse erscheinen zugleich auch geeignet, die gesamte Fragestellung dem Gedankenkreis exakter Wissenschaft näherzubringen.

Alle Versuche, die Fließ- und Verfestigungsvorgänge rein kristallographisch zu deuten, stehen mit zahlreichen experimentellen Feststellungen im Widerspruch. Aber auch bei Mineralkristallen scheinen ähnliche Widersprüche sich zu ergeben. Wie gelegentlich gezeigt werden soll, sind auch die vermeintlichen Gleitebenen des Kalkspaltes nicht „Fließebenen", sondern eher „Hemmungsebenen". Schon Voigt beanstandet ihre hergebrachte Ableitung[1]). Die Unhaltbarkeit der kristallographischen Theorien tritt immer schärfer hervor. Zahlreiche andere Beobachtungen beweisen immer eindeutiger, daß die Ursache des merkwürdigen Verhaltens von Metallkristallen bei ihrer Umbildung ganz außerhalb von kristallographischen Erscheinungen zu suchen sein dürfte. Die Vorgänge scheinen wohl nur dann einigermaßen verständlich, wenn ihnen, wie dies die Verlagerungshypothese voraussetzt, Störungen im gesetzmäßigen Aufbau des Gitters zugrunde gelegt werden. Dafür liefern die Formänderungsbilder, wie sie im Innern von Einkristallen leicht beobachtet werden können (vgl. Abschn. X), unleugbare Beweise. So verschieden auch die beobachteten Reflexionserscheinungen sind, so ist ihre Mannigfaltigkeit einzig und allein in der Ausgestaltung des Fließfeldes und der damit verbundenen Störung im gesetzmäßigen Aufbau des Gitters begründet.

---

[1]) Kristallphysik. 1910.

Demnach findet das Fließen in Kristallen vorzugsweise in kristallographisch unrationellen Ebenen statt. Die Teilchenverschiebung erfolgt auf Grund dieser Vorstellung ebenfalls in Ebenen, die aber nur als fiktive Vorstellungsbilder Bestand haben. Ein solches Fließen wird auf Grund des elementaren Schubgesetzes auch der mathematischen Behandlung zugänglich. Bei den Fließvorgängen in Kristallen kommt es nicht auf die rationellen kristallographischen Beziehungen an, sondern auf die Beziehungen im Aufbau des Gitters zu den Gitterkräften. Durch diese wird die Größe der inneren Reibung bestimmt. Die Ebenen leichtesten Fließens sind zugleich auch Ebenen schwacher Besetzung des Gitters. In ähnlicher Weise machen sich diese Beziehungen auch in der äußeren Ausgestaltung der Proben beim Fließen bemerkbar; die „Verformung" der Proben ist in hohem Maße von der Verteilung der Gitterkräfte abhängig, die in ihrer Gesamtwirkung in dem Verlauf der Fließkurven zum Ausdruck kommen. Diese Ergebnisse sprechen zugunsten der von Ludwik abgeleiteten Ebene des leichtesten Fließens und somit zugunsten der von ihm begründeten technologischen Mechanik der inneren Fließvorgänge in plastischen Metallen.

Für die Erklärung der Erhöhung der inneren Reibung in beanspruchten Metallen dürfte vielleicht diese Vorstellung den ersten Ansatz bieten, etwa derart, daß die Möglichkeit instabiler Atombindungen zu erwägen wäre. Der mittlere durchschnittliche Atomabstand dürfte dabei wohl unverändert erhalten bleiben. Dafür spricht der Umstand, daß das Leitungsvermögen für Elektrizität bei Einkristallen, wie dies durch Messungen an etwa 20 cm langen Einkristalldrähten festgestellt werden konnte, weder vom Zustand (Grad der Kaltbearbeitung) noch von der Kristallrichtung nennenswert abhängig ist.

Der Verlagerungshypothese ist auch im wesentlichen die wissenschaftliche Erfassung der Rekristallisationsvorgänge zu verdanken[1]). Dadurch wurde zum erstenmal die Möglichkeit geschaffen, Metallkristalle von unbegrenzten Abmessungen in einfacher Weise zu erzeugen. Die genaue Erforschung der Einkristalle dürfte noch manche Überraschung mit sich bringen. Infolge ihrer Homogenität dürften in der Erforschung der elasti-

---

[1]) Intern. Z. f. Metallographie. 1916, S. 1.

schen Eigenschaften der Kristalle alsbald weitere Fortschritte zu verzeichnen sein. Bei Aluminium konnte die Elastizitätsgrenze in den Richtungen 001, 011, 111 mit 0,6; 0,8 und 1,2 kg/mm^2 festgestellt werden. Ebenso bemerkenswert ist die Tatsache, daß sich die Klangfarbe von Einkristallen infolge vollkommener Elastizität durch besondere Reinheit und Klangfülle auszeichnet. Durch Druckversuche konnte festgestellt werden, daß die Druckfestigkeit von Einkristallen grundsätzlich mit den Ergebnissen von Zugversuchen übereinstimmt. Bemerkenswert ist die Veränderung der Querschnitte von Druckkörpern: zylindrische Druckkörper ergeben in der Würfelnormalen quadratische, in der Dodekaedernormalen rautenartige, in der Oktaedernormalen elliptische Endformen von deutlicher Prägung.

Eine Reihe von Erscheinungen (Lüdersche Linien, banale Fließlinien, Kristallrutschungen usw.) könnten in diesem Zusammenhang noch näher behandelt werden; sie alle stehen aber, ebenso wie die Translations- und Zwillingsstreifen, in keinem primären Zusammenhang mit den Vorgängen der Verfestigung.

XII. Die inneren Fließvorgänge und ihre Bedeutung für die Knetbearbeitung der Metalle im Betriebe[1]).

Für den Technologen, der die Metalle der Knetbearbeitung in seinem Betriebe unterzieht, ist die Kenntnis der zulässigen Grenzen, innerhalb welcher er die Metalle bei den einzelnen Arbeitsvorgängen beanspruchen darf, von großer Wichtigkeit. Aber nur die genaue Kenntnis der Eigenschaften der Rohstoffe und der aus ihnen gewonnenen Erzeugnisse gemeinsam mit der genauen Kenntnis der inneren Fließvorgänge kann ein bewußtes Können auf diesem immerhin ziemlich verwickelten und wenig durchforschten Gebiete der technologischen Mechanik vermitteln[2]).

---

[1]) Nach einem Vortrag, gehalten vor der Arbeitsgemeinschaft der Betriebsingenieure. Frankfurt a. Main, 13. Juni 1922.

[2]) In letzter Zeit versucht man, die Bearbeitung der Metalle durch plastische Formgebung in das Wort „Verarbeitung" hineinzugeheimnissen, obwohl der Sprachgebrauch hierfür nicht den geringsten Anhalt bietet. Es dürfte außerordentlich schwer sein, einen Sammelnamen für diese sehr vielfältige Gruppe von Bearbeitungsvorgängen zu finden. Das Handwerk, als Vorgänger jeder technischen Tätigkeit, hat hierfür das Wort „Kneten", das auch begrifflich das Wesen aller dieser Vorgänge am besten wiedergibt, bereits vorbenutzt. Wenn diese Bezeichnung in den vorangehenden Abschnitten wiederholt benutzt worden ist, so sei darauf hingewiesen, daß dieser Terminus in der Technologie der Metalle nicht neu ist, sondern schon von vielen anderen Autoren vorbenutzt worden ist. Die Bezeichnung „Verarbeitung" hat vielfach schon infolge Verwechslung mit der „spanabhebenden Bearbeitung" zu vielen unliebsamen Irrtümern geführt, insbesondere bei der Auslegung von Patenten. Die Schaffung einer eindeutigen Terminologie dürfte daher im allgemeinen Interesse liegen. Einstweilen empfiehlt es sich, in Ermangelung eines Besseren das Wort „Knetbearbeitung" beizubehalten. Unter anderem bietet es auch den Vorzug, daß man alsdann für die „spanabhebende Bearbeitung" die analoge Wortbildung „Schnittbearbeitung" verwenden kann.

252 Die inneren Fließvorgänge u. ihre Bedeutung f. d. Knetbearbeitung.

Die inneren Fließvorgänge, sowie die damit verbundene Veränderung des Zustandes und der Eigenschaften der Metalle seien im folgenden durch eine Reihe von Beispielen belegt.

Warm- und Kaltkneten.

Die Art der Knetbearbeitung der Metalle kann zweckmäßig in zwei Hauptgruppen eingeteilt werden und zwar in das Kalt- und das Warmkneten.

Beim Kaltkneten, z. B. Kaltschmieden und Kaltpressen wird, so widerspruchsvoll es zunächst klingt, das Korn nicht zertrümmert, sondern nur in einfacher Weise umgeformt (Abschn. VI), die Korndeformation ist etwa der Stabdeformation proportional. In Abb. 257 ist das Gefüge einer Aluminiumwalzplatte wiedergegeben. Die Kristalle sind so groß, daß die Vorgänge auch ohne Zuhilfenahme des Mikroskops sich leicht verfolgen lassen. Wird eine solche Platte kalt gewalzt, so kann, wie dies die folgende Abb. 258 zeigt, beobachtet werden, daß die Kristalle eine wesentliche Verlängerung erfahren haben, ohne zertrümmert zu werden, (Höhenabnahme $75^0/_0$). Sehr stark kaltgestreckte Metalle zeigen die Eigentümlichkeit, daß sie beim Ätzen keine Verschiedenheit in der Kornfärbung zeigen. Dies steht mit einem inneren molekularen Verlagerungsprozeß in Zusammenhang. Abb. 259 veranschaulicht dies an der gleichen Aluminiumwalzplatte nach einer Höhenabnahme von $99^0/_0$.

Ganz ähnliches Verhalten beim Kaltkneten zeigen auch alle übrigen Metalle und Legierungen.

Verwendet man beispielsweise Legierungen mit zwei Gefügebestandteilen, wie α-β-Messing, so können die Vorgänge noch deutlicher dargestellt werden, wie dies die Abb. 260 und 261 dartun. Abb. 260 gibt das Gefüge vor dem Kaltstrecken wieder, Abb. 261 das Gefüge desselben Metalls nach starkem Kaltstrecken. Die Körner, die ursprünglich keine bevorzugte Richtung zeigten, erscheinen jetzt in der Zugrichtung stark gelängt.

Zu ganz anderen Ergebnissen im Hinblick auf die Gefügeausbildung gelangt man bei der Knetbearbeitung in der Wärme (Warmkneten). In Abb. 262, die das Gefüge eines Al-Barrens wiedergibt, sind im Kern verhältnismäßig kleine gleichachsige Kristalle zu beobachten, während nach dem Rande zu grobnadeliges Gefüge vorherrscht.

Warm- und Kaltkneten. 253

Abb. 257. Aluminiumwalzplatte im Gußzustand. Die einzelnen Kristalle sind an den Helligkeitsunterschieden erkennbar. Ätzung Flußsäure-Salzsäure. (Lin. Vgr. 1,3.)

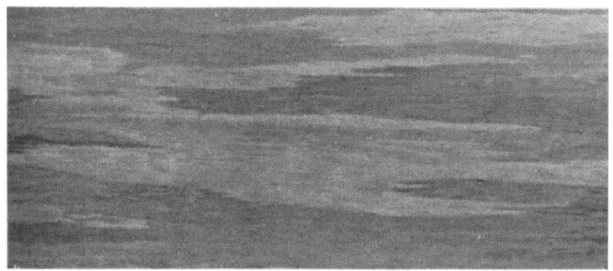

Abb. 258. Dieselbe Platte kaltgewalzt (Höhenabnahme 75%). Kornverbände erhalten, Helligkeitsunterschiede ziemlich verwischt. Ätzung Flußsäure-Salzsäure. (Lin. Vgr. 1,3.)

Abb. 259. Dieselbe Platte stärker kaltgewalzt (Höhenabnahme 99%). Die Helligkeitsunterschiede der einzelnen Kristalle sind fast völlig verwischt. Ätzung Flußsäure-Salzsäure. (Lin. Vgr. 1,3.)

254 Die inneren Fließvorgänge u. ihre Bedeutung f. d. Knetbearbeitung.

Nach dem Warmkneten, Abb. 263, sind die nadligen Kristalle am Rande verschwunden und haben eine Umgruppierung in gleichachsiges Korn erfahren.

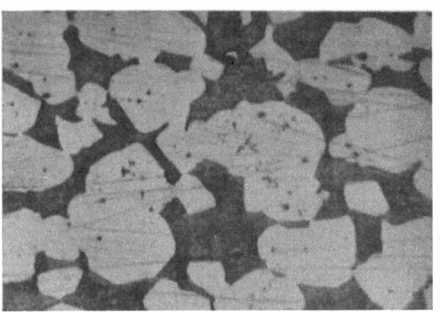

Abb. 260. α-β-Messing vor dem Kaltstrecken. Geätzt in warmer Schwefelsäure 1:1. (Lin. Vgr. 210.)

Durch Glühen allein wird das nadlige Gefüge, selbst bei monatelanger Versuchsdauer, nicht verändert, vorangegangene Knetbearbeitung ist hierfür die unumgängliche Voraussetzung. Es sei auf diesen Umstand besonders hingewiesen, weil die gegenteiligen Behauptungen auf einer irrtümlichen Auffassung der Vorgänge beruhen (vgl. Abschn. VIII).

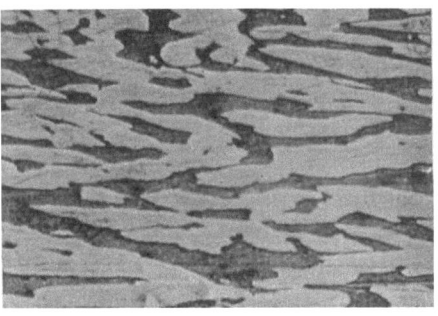

Abb. 261. Gefüge derselben Probe nach starkem Kaltstrecken. Kristalle gelängt. Geätzt in warmer Schwefelsäure 1:1. (Lin. Vgr. 210.)

Durch das Warmkneten kann also eine tiefgreifende Veränderung des Kornes bewirkt werden.

Das Warmkneten ist gewissermaßen als Kombination von Kneten und Glühen aufzufassen.

Es ist ohne weiteres ersichtlich, daß je nach den Versuchsbedingungen beide Prozesse innerhalb der beiden Grenzfälle, nämlich des Kalt- und Warmknetens, sich mehr oder weniger überdecken können. Findet beim Kaltkneten beispielsweise durch starke innere Reibung eine nennenswerte Wärmeentwicklung statt, so können im Gefüge die typischen Kennzeichen eines Warmknetprozesses nachgewiesen werden. Zu solchen Metallen, bei denen Umgruppierung des Gefüges bei der Knetbearbeitung schon bei sehr niedrigen

Temperaturen ein setzt, gehören das Blei, Zinn, Kadmium und u. a. auch das Natrium. Umgekehrt gibt es viele Metalle, bei

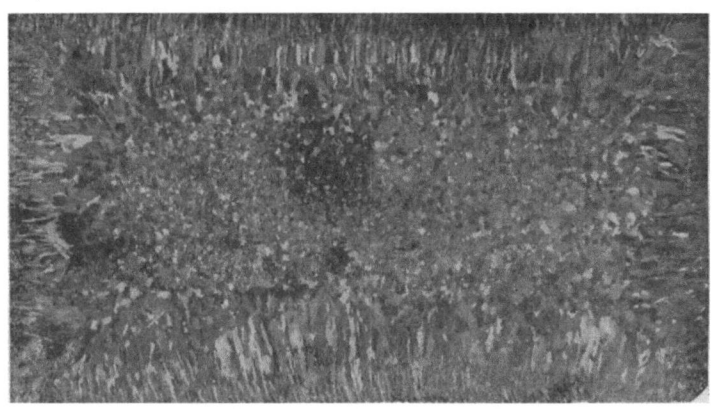

Abb. 262. Aluminiumwalzbarren vor dem Warmwalzen. Ätzung Flußsäure-Salzsäure. (Lin. Vgr. 0,5.)

denen die Umgruppierung des Gefüges erst bei verhältnismäßig hohen Temperaturen einsetzt. In solchen Fällen wird das Ge-

Abb. 263. Dieselbe Probe nach dem Warmwalzen. Gefüge völlig umgruppiert. Ätzung Flußsäure-Salzsäure. (Lin. Vgr. 0,5.)

füge stets die typischen Kennzeichen eines kaltgestreckten Metalles aufweisen.

Die grundsätzlich verschiedene Wirkung der beiden Bearbeitungsarten auf das Gefüge geht aus diesen Beispielen eindeutig hervor. Beim Warmkneten findet eine völlige Umgruppierung der Kornelemente statt, während beim Kaltkneten der ursprüngliche Kornverband erhalten bleibt und nur eine geringere oder größere Umbildung der Korngestalt erfolgt. Die meisten technologischen Arbeitsprozesse wie Walzen, Ziehen, Pressen und dergleichen scheinen sich zwischen diesen beiden Grenzfällen abzuspielen. Einige Bearbeitungsarten, beispielsweise Zug- und Druckbeanspruchung, können dagegen wohl als reine Kaltbearbeitungsprozesse angesprochen werden.

Festigkeits- und Dehnungseigenschaften in Abhängigkeit vom Bearbeitungsgrade.

Wie im Gefüge gelangt der Unterschied zwischen dem Warm- und Kaltkneten auch in den mechanischen Eigenschaften zum Ausdruck.

Beim Warmkneten, z. B. Warmschmieden und Warmpressen, werden die Eigenschaften von Metallen und Legierungen nicht verändert oder aber nur insoweit, als dies durch Ungleichmäßigkeit des Materials bedingt ist. Bei einer Prüfung auf Festigkeit ergeben warmbearbeitete Proben annähernd die gleichen Qualitätszahlen wie das Ausgangsmaterial, allenfalls kann durch den verschiedenen Körnigkeitsgrad ein gewisser engbegrenzter Unterschied in den Eigenschaften nachgewiesen werden (Abschn. V, Abb. 65).

Erfolgt die Prüfung bei einer anderen als der Raumtemperatur, so gelangt man zu anderen Zahlen. Dies gilt auch im Hinblick auf die anderen Eigenschaften.

So kann der Formänderungswiderstand und das Formänderungsvermögen von Preßmessing sehr weitgehend vermindert werden, wenn man die Schmiedetemperatur bis zur hellen Gelbglut steigert. Ähnlich verhalten sich auch Eisen und andere Metalle. Genauere Anhaltspunkte über den Grad des Formänderungswiderstandes bieten die Untersuchungen der Eigenschaften bei hohen Temperaturen.

Eine mehr oder weniger willkürliche Reihe von Bezeichnungen wie hämmerbar, knetbar, preßbar, prägbar, schmiedbar, walzbar, ziehbar und dergleichen werden zur näheren Kennzeichnung dieser Eigenschaften herangezogen. Über das Formänderungsvermögen lassen jedoch diese Bezeichnungen keine näheren Schlußfolgerungen zu; eine vollkommene Charakteristik

Festigkeits- u. Dehnungseigensch. i. Abhängigkeit v. Bearbeitungsgrade. 257

bieten vor allem Zerreißversuche bei hohen Temperaturen, wie sie in den Abb. 264 bis 267 für Eisen, Kupfer, Messing und Aluminium nach Bengough[1]) u. a. wiedergegeben sind.

Allen diesen Kurven ist das eine gemeinsam, daß mit steigender Temperatur die Festigkeit allmählich herabsinkt, die Dehnung dagegen bis zu einem kritischen Punkt ansteigt. Bei dieser kritischen Temperatur, die sich mehr oder weniger dem

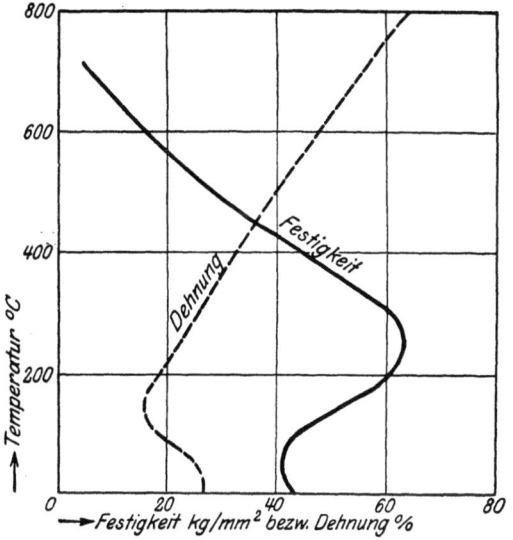

Abb. 264. Einfluß der Temperatur auf die Festigkeit und Dehnung des Eisens (nach Goerens).

Schmelzpunkt nähert, beginnen die Metalle sehr spröde zu werden, so daß die meisten von ihnen zu Pulver verrieben werden können. Typisch kann die Erscheinung an Aluminium beobachtet werden.

In der Mehrzahl der Fälle werden durch das Kneten nur Gestaltsänderungen angestrebt. Sehr häufig wird jedoch, sei es, daß es nicht immer möglich ist, nur diese allein zu erzeugen, sei es, daß man diese oder jene Eigenschaft auf Kosten der anderen durch das Kneten bewußt zu beeinflussen trachtet, die mechanisch-physikalische Beschaffenheit des Arbeitsgutes mehr oder weniger stark verändert.

---

[1]) J. Inst. of Metals. Bd. 7, S. 123, 1912.

258 Die inneren Fließvorgänge u. ihre Bedeutung f. d. Knetbearbeitung.

Der Einfluß des Kaltknetens auf die mechanischen Eigenschaften geht aus der Abb. 252, S. 235 deutlich hervor. Die Transversalkurven d (Einzelheiten vgl. dortselbst) geben den Verlauf der Verfestigung durch Kaltkneten, wie sie abhängig von der Lage des Ausgangspunktes nach gewissen für jedes Material charakteristischen Gesetzen zum Punkte z hin fortschreitet.

Erfolgt die Kaltbearbeitung unter einer nennenswerten Wärmeentwicklung, so werden die Transversalkurven um so mehr sich der Kurve c—z nähern, je größer die Wärmeentwicklung bei der Kaltbearbeitung war. Dies kann schließlich dazu führen, daß das scheinbare Kaltkneten in Wirklichkeit einem Warmkneten gleichkommt, wobei eine Verfestigung des Materials ausbleibt.

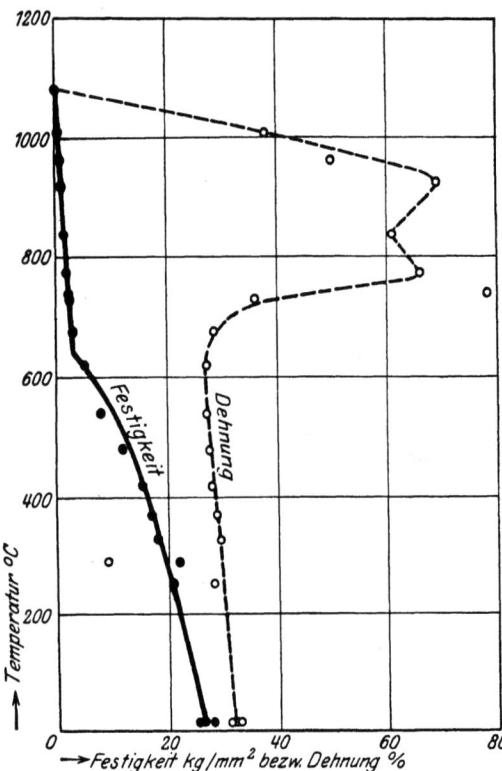

Abb. 265. Einfluß der Temperatur auf die Festigkeit und Dehnung des Kupfers (99,8 %) (nach Bengough).

Beim Kaltkneten ist also im Gegensatz zum Warmkneten eine tiefgreifende Veränderung der Festigkeits- und Dehnungseigenschaften oder, was das gleiche ist, von Formänderungswiderstand und Formänderungsvermögen festzustellen. Eine vollkommene Charakteristik des Verhaltens bieten die folgenden Streckdiagramme.

Festigkeits- u. Dehnungseigensch. i. Abhängigkeit v. Bearbeitungsgrade. 259

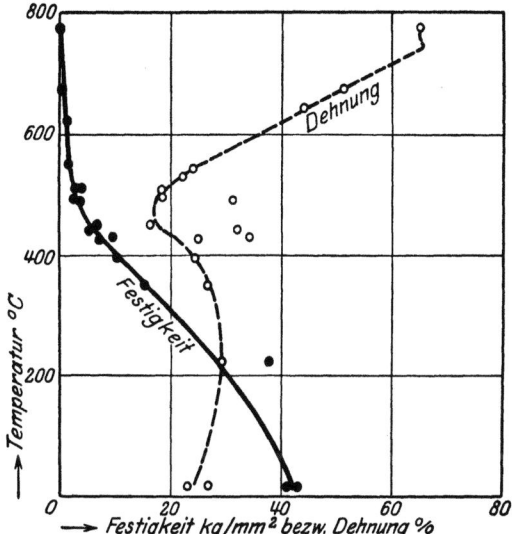

Abb. 266. Einfluß der Temperatur auf die Festigkeit und Dehnung des Messings (60% Cu, 40% Zn) (nach Bengough).

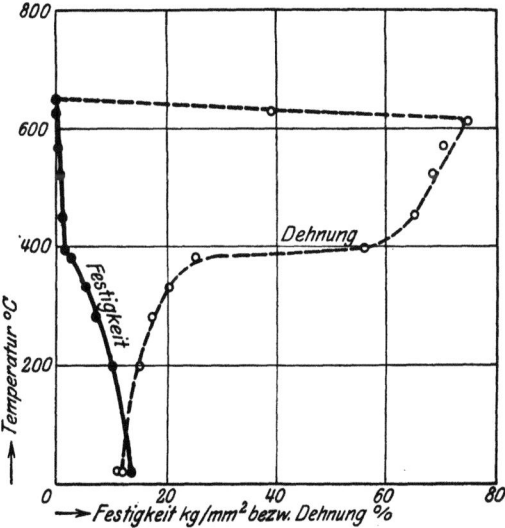

Abb. 267. Einfluß der Temperatur auf die Festigkeit und Dehnung des Aluminiums (99,56%) (nach Bengough).

17*

In Abb. 268 ist der Einfluß des Kaltstreckens auf die Festigkeit und Dehnung von Flußeisen wiedergegeben. Die Werte für die Festigkeit und Dehnung sind auf der Senkrechten, die Verhältnisse $f_0 : f$ (Streckzahlen) auf der Wagerechten abgetragen; dabei ist der ursprüngliche Querschnitt mit f_0, der Querschnitt nach dem Strecken mit f bezeichnet. Die Kurve, die den Einfluß des Kaltstreckens auf die Festigkeit wiedergibt, zeigt anfangs einen steilen Anstieg, um alsbald einen flachen Verlauf zu nehmen.

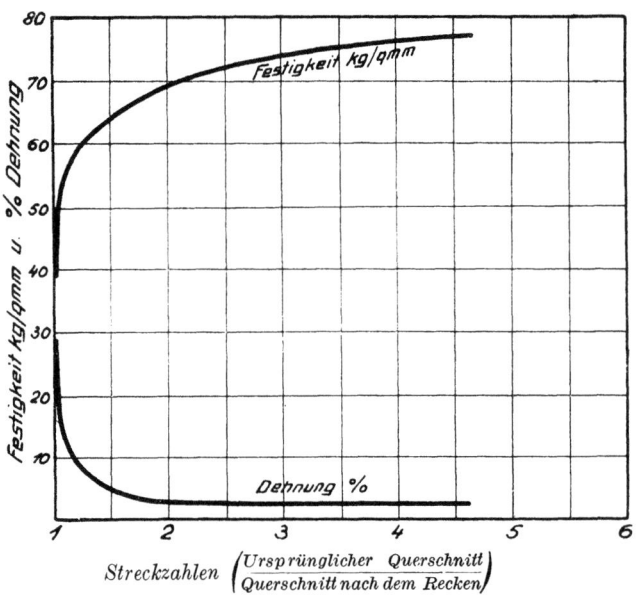

Abb. 268. Einfluß des Kaltstreckens auf die Festigkeit und Dehnung von Flußeisen (nach Rudeloff).

Die Anfangswerte von 40 kg Festigkeit erfahren eine Steigerung um den doppelten Betrag. Die Dehnungskurve nimmt etwa einen spiegelbildlichen Verlauf. Sie fällt von 30 auf nur einige wenige Prozent.

Die Kurven für Flußstahl Abb. 269 zeigen einen mehr linearen Verlauf. Die Anfangsfestigkeit von 100 kg erfährt eine Steigerung auf etwa den doppelten Betrag. Die an sich unbeträchtliche Dehnung wird noch weiter vermindert.

Das Streckdiagramm des Kupfers Abb. 270 ähnelt im großen und ganzen dem von Flußeisen, nur liegen die mechanischen Werte

Festigkeits- u. Dehnungseigensch. i. Abhängigkeit v. Bearbeitungsgrade. 261

etwa um die Hälfte niedriger, wie diese für Kupfer charakteristisch sind.

Das Streckdiagramm des Messing Abb. 271 mit 67 % Kupfer stimmt mit den bei Flußeisen erhaltenen Ergebnissen noch mehr überein, nur ist die Dehnung des Ausgangsmaterials eine wesentlich größere.

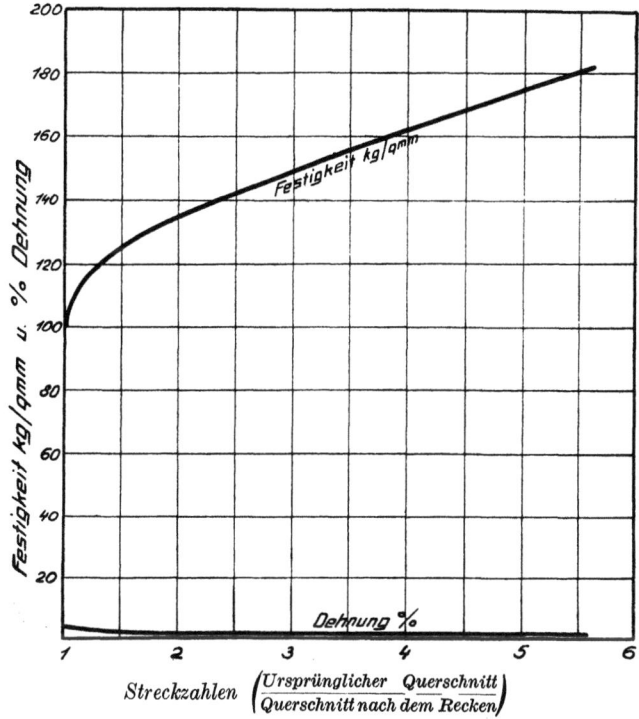

Streckzahlen $\left(\dfrac{\text{Ursprünglicher Querschnitt}}{\text{Querschnitt nach dem Recken}}\right)$

Abb. 269. Einfluß des Kaltstreckens auf die Festigkeit und Dehnung von Flußstahl (nach Speer u. Winter).

Das Streckdiagramm des Aluminiums, Abb. 272, nach Versuchen des Verfassers aufgestellt, stimmt ebenfalls mit den Diagrammen der anderen Metalle grundsätzlich überein, nur liegen die Festigkeitszahlen, wie dies für Aluminium kennzeichnend ist, bei guten Dehnungszahlen verhältnismäßig tief.

Erfolgt die Prüfung bei höheren Temperaturen als der Raumtemperatur, so verändern sich die Zahlen gemäß den bereits wiedergegebenen Diagrammen für Warmzerreißversuche. Die

262 Die inneren Fließvorgänge u. ihre Bedeutung f. d. Knetbearbeitung.

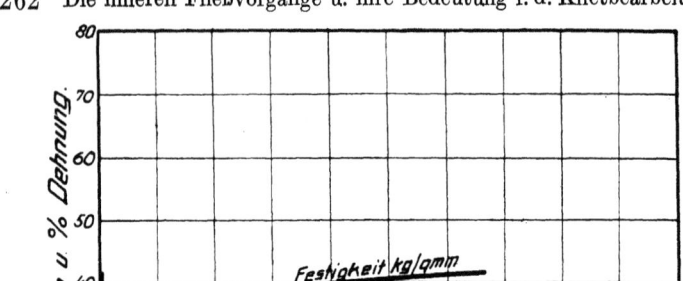

Abb. 270. Einfluß des Kaltstreckens auf die Festigkeit und Dehnung von Elektrolyt-Kupfer (nach Grard).

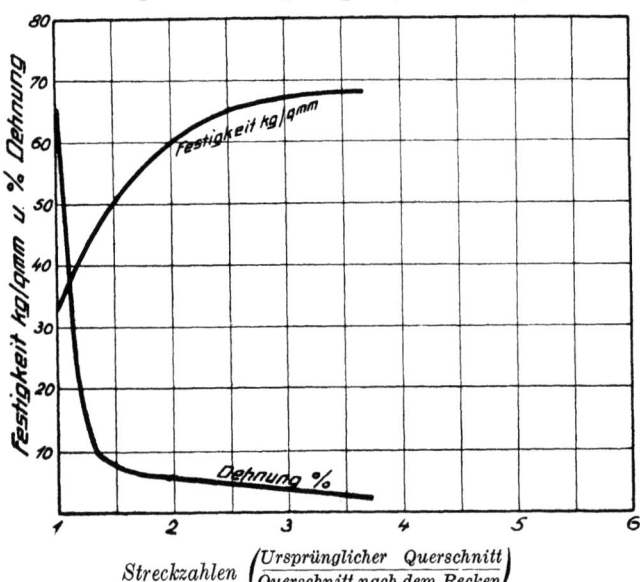

Abb. 271. Einfluß des Kaltstreckens auf die Festigkeit und Dehnung von Messing (67 % Cu, 33 % Zn) (nach Grard).

Festigkeits- u. Dehnungseigensch. i. Abhängigkeit v. Bearbeitungsgrade. 263

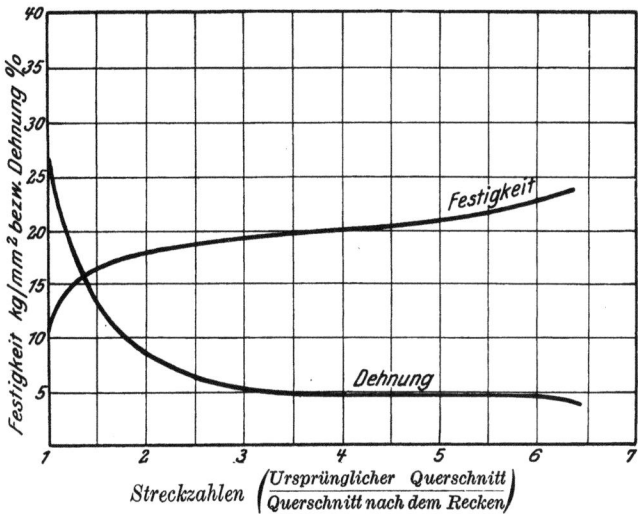

Abb. 272. Einfluß des Kaltstreckens auf die Festigkeit und Dehnung von Aluminium.

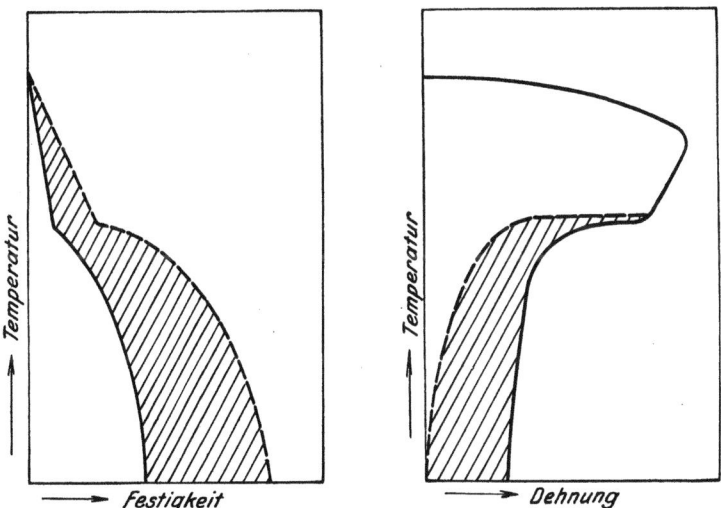

Abb. 273. Einfluß der Temperatur auf die Festigkeit und Dehnung von kaltgestreckten und ungestreckten Metallen.

Kurvenzüge verbreitern sich zu Flächen, die alle möglichen Zustände der Verfestigung einschließen, wie dies die Abb. 273 andeutet. Bei hohen Temperaturen kann die Wirkung des Kalt-

264 Die inneren Fließvorgänge u. ihre Bedeutung f. d. Knetbearbeitung.

knetens unter Umständen völlig beseitigt werden, so daß alle Eigenschaften auf die von warmgekneteten Metallen herabsinken.

Die Angaben der Literatur über die Abhängigkeit von Festigkeit und Dehnung von den Querschnittsabnahmen beim Kaltkneten zeigen häufig große Abweichungen. Diese Unterschiede werden aber weder durch methodische Schwierigkeiten, noch durch Verschiedenheit des Materials verschuldet. Sie sind lediglich darin begründet, daß von den einzelnen Forschern für die Versuche meist Proben von ungleichen Abmessungen verwendet werden. Dadurch können sehr unterschiedliche Ergebnisse

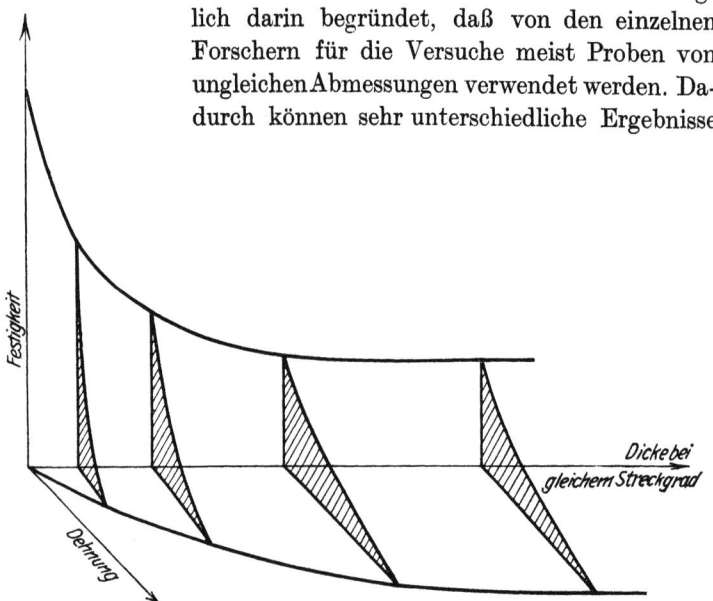

Abb. 274. Einfluß der absoluten Abmessungen der Probestücke auf die Streckdiagramme.

erhalten werden; denn die Festigkeit und Dehnung steht nicht nur in Abhängigkeit von der prozentualen Querschnittsabnahme, sondern auch von den absoluten Abmessungen der Proben. Während man bei Arbeitsgut von beträchtlichen Abmessungen des Querschnittes Verfestigungen erzielt, die etwa 50 % des Anfangswertes betragen, kann man bei sehr dünnen Blechen oder Drähten Festigkeitswerte erzielen, die um 400 bis 500 % ansteigen können.

Der Einfluß, den die absoluten Abmessungen auf die Streckdiagramme ausüben, ist in dem folgenden Raumdiagramm, Abb. 274, schematisch veranschaulicht. Die eine Achse gibt die absolute Dicke bei gleichem Streckgrad wieder, die beiden anderen Achsen die Festigkeits- bzw. Dehnungswerte. Die Fläche, die die Festigkeitszahlen miteinander verbindet, steigt um so mehr an, je geringer die Dicke bei gleichem Streckgrad ist; und liegt umgekehrt um so tiefer, je größer die Dicke des Stückes ist.

Dieses Verhalten ist teils darin begründet, daß die Reibungseinflüsse je nach den absoluten Abmessungen wechseln können, vollends ist dies aber der Fall, wenn die Gestalt der Ausgangsmaterialien verschieden ist. Bei Verwendung eines rechteckigen Querschnittes wird man zu ganz anderen Ergebnissen gelangen als bei quadratischen Querschnitten.

Aber selbst bei Formproportionalität können durch Reibungseinflüsse ganz verschiedene Ergebnisse erhalten werden (z. B. beim Drahtziehen), wenn die Abmessungen der Proben ein gewisses Mindestmaß unterschreiten, weil dann die Reibungsübertragung durch das Werkzeug einen übermäßigen Einfluß gewinnt.

Es dürfte sich also wohl als notwendig erweisen, bei künftigen Versuchen entweder von einmal festgelegten Querschnitten und gleichen Abmessungen auszugehen oder aber vollständige Diagramme gemäß dem dargestellten Raumbild aufzustellen.

Wärmebehandlung.

Einfluß der Glühtemperatur. Die Wirkungen des Kaltknetens können, worauf schon hingewiesen wurde, durch geeignete Wärmebehandlung wieder beseitigt werden. Die wichtigsten Ergebnisse solcher Ausglühversuche sind in den folgenden Schaubildern zusammengefaßt.

Abb. 275 zeigt den Einfluß des Glühens bei verschiedenen Wärmegraden auf die Festigkeits- und Dehnungseigenschaften von kaltgezogenem Flußeisendraht mit 0,05 % Kohlenstoff (Glühdauer jeweils 30 Minuten, Drahtdurchmesser 3,7 mm)[1]. Ein Einfluß des Glühens macht sich erst bei Temperaturen oberhalb 200° bemerkbar. Die Festigkeit zeigt einen stetigen Abfall, die Dehnung einen gleichartigen Anstieg. Von etwa 550° an nehmen die Kurven einen ziemlich flachen Verlauf und verändern sich auch bei höheren Temperaturen nicht mehr wesentlich.

---

[1] Martens-Heyn: Materialienkunde. 1912, S. 270.

266 Die inneren Fließvorgänge u. ihre Bedeutung f. d. Knetbearbeitung.

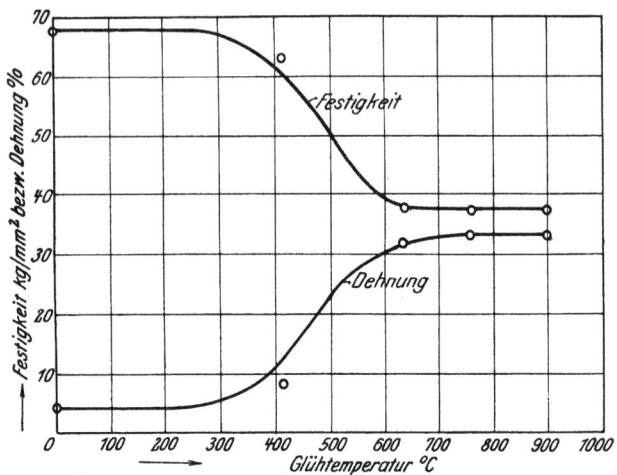

Abb. 275. Einfluß der Glühtemperatur auf die Festigkeit und Dehnung von kaltgezogenem Flußeisendraht (nach Martens-Heyn).

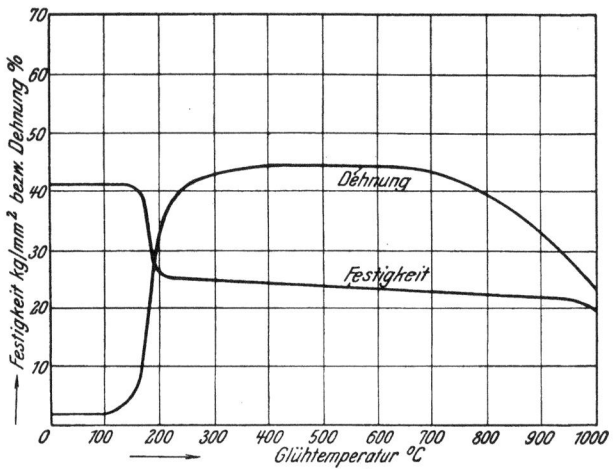

Abb. 276. Einfluß der Glühtemperatur auf die Festigkeit und Dehnung von kaltgezogenem Kupferdraht (nach Grard).

Abb. 276 zeigt den Einfluß des Glühens bei verschiedenen Wärmegraden für kaltgezogenen Kupferdraht (Glühdauer jeweils 50-Minuten, Drahtdurchmesser 8 mm)[1]. Bei Kupfer erfolgt die Einwirkung bereits bei Temperaturen oberhalb 100°. Im übrigen

---

[1] Grard: Rev. Mét. 1909. S. 1109.

zeigen die Kurven ganz ähnlichen Verlauf wie die bei Flußeisen erhaltenen, nur liegen die Festigkeitswerte in den dem Kupfer eigenen niedrigen Bereichen. Steigt die Glühtemperatur über 700⁰, so kann eine wesentliche Verminderung der Festigkeits-, insbesondere aber der Dehnungswerte beobachtet werden. Dies ist auf den Einfluß der Überhitzung zurückzuführen. Bei Eisen machen sich Überhitzungserscheinungen erst oberhalb 1000⁰ bemerkbar.

Abb. 277 veranschaulicht den Einfluß der Glühtemperatur

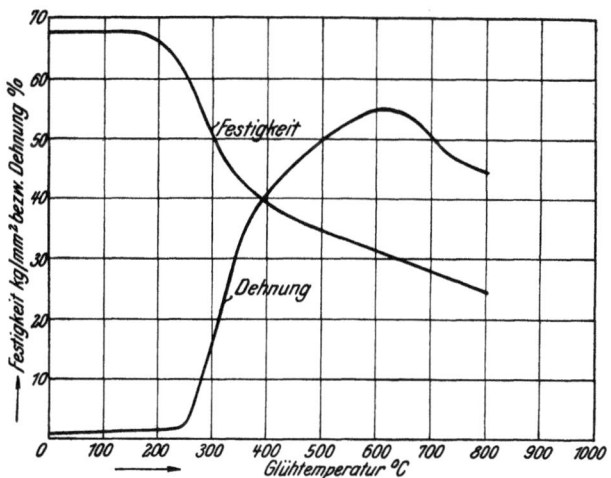

Abb. 277. Einfluß der Glühtemperatur auf die Festigkeit und Dehnung von kaltgewalztem Messing mit 67 % Cu (nach Grard).

auf die mechanischen Eigenschaften von kaltgewalztem Messing mit 67 % Kupfer (Glühdauer jeweils 50 Minuten, Blechdicke 0,3 bis 6 mm)[1]). Bei dieser Legierung macht sich der Einfluß der Glühtemperatur bei etwa 200⁰ bemerkbar. Oberhalb 600⁰ ist der Einfluß der Überhitzung ebenfalls deutlich zu erkennen.

Abb. 278 veranschaulicht den Einfluß des Glühens auf kaltgewalztes Aluminium (Glühdauer jeweils 60 Minuten, Blechdicke 0,5 mm)[2]). Der Einfluß der Glühtemperatur setzt bei 240⁰ ein, oberhalb 600⁰ macht sich schon der Einfluß des Überhitzens

---

[1]) Grard: Rev. Mét. 1909. S. 1091.
[2]) Versuche des Verfassers.

268 Die inneren Fließvorgänge u. ihre Bedeutung f. d. Knetbearbeitung.

durch Abfallen der Festigkeits- und Dehnungswerte deutlich bemerkbar.

Einfluß der Glühdauer. Aus den Versuchsergebnissen geht hervor, daß es unterhalb gewisser Temperaturgrenzen nicht mehr möglich ist, eine Erweichung des Materials zu erzielen. Wohl lassen sich bei sehr übertriebenen Glühdauern unterhalb der angegebenen Glühtemperaturen geringfügige Einflüsse nachweisen; die Glühzeiten liegen aber ganz außerhalb der in den Betrieben üblichen Grenzen.

Der Einfluß der Glühdauer auf die Eigenschaften eines

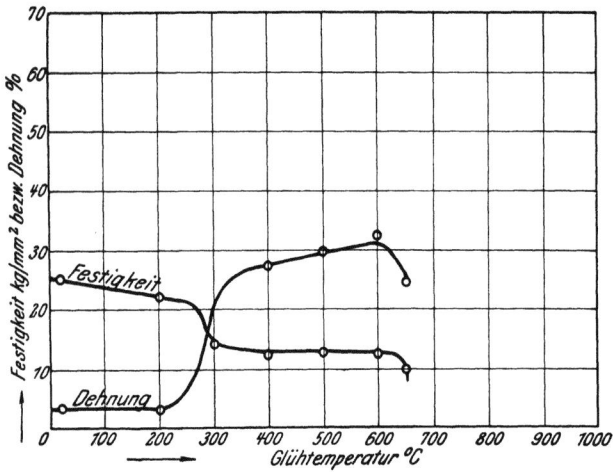

Abb. 278. Einfluß der Glühtemperatur auf die Festigkeit und Dehnung von kaltgewalztem Aluminium.

Aluminiumbleches, das von 10 mm auf 0,5 mm Dicke kaltgewalzt war, ist in Abb. 279 wiedergegeben. Auf der Wagerechten sind die Glühzeiten, auf der Senkrechten die Festigkeits- und Dehnungswerte abgetragen. Die Kurven entsprechen Glühtemperaturen von 200 bis 250°, 300° und 400 bis 600°. Bei Temperaturen unterhalb 250° ist der Einfluß des Glühens nur äußerst gering; selbst bei einer Glühzeit von etwa 60 Minuten beträgt die Festigkeitsabnahme nur rund 2 kg/mm², während eine Veränderung der Dehnung überhaupt nicht nachgewiesen werden kann. Bei 300° ist die Wirkung des Glühens schon nach kurzer Zeit sehr intensiv; nach einer Dauer von 60 Minuten kann das Metall als fast erweicht angesehen werden; der Einfluß der Glühdauer ist also praktisch beendet; bei 400° bis 600° ist dies nach etwa $2^1/_2$ Minuten erreicht. Die Entfestigung der kaltgestreckten Metalle vollzieht sich also um so vollständiger und in um so kürzerer Zeit, bei je höheren Temperaturen die Glühung erfolgte und je schneller das Werkstück den gewünschten Glühgrad in seiner ganzen Masse erreichte.

Durch hohe Glühtemperaturen können die Glühzeiten also nötigenfalls herabgesetzt werden.

Hat das Glühgut gegenüber dem Wärmebad eine große Masse, so ist die Wärmezufuhr träge, und außerdem wird durch die Masse der eingebrachten Proben die Temperatur des Wärmebades stark herabgedrückt. In diesem Falle werden die Kurven

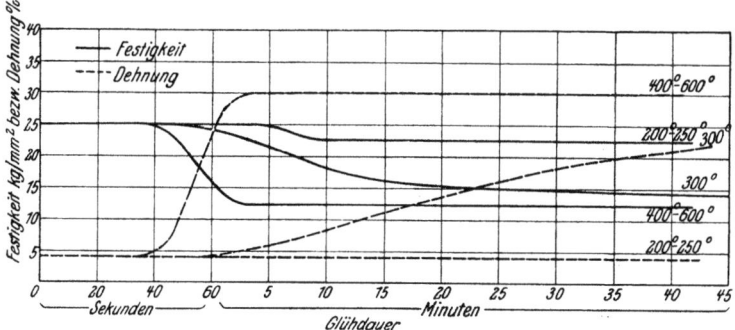

Abb. 279. Einfluß der Glühdauer auf die Festigkeit und Dehnung eines kaltgewalzten Aluminiumblechs.

nur langsam von ihrer anfänglichen wagerechten Lage abweichen.

In der Praxis ist für jedes Glühgut eine besondere Ausglühzeit erforderlich, die von der im Ofen herrschenden Glühtemperatur und von der Art der Beschickung sowohl der Masse als auch der Form nach abhängig ist und die für jeden besonderen Fall durch Versuche ermittelt werden muß.

Das Erweichen des Metalls wird durch gewisse Gesetze geregelt, aus denen sich allgemein gültige Gesichtspunkte für die Bemessung der Glühzeiten ableiten lassen. Dies ist bis jetzt wohl kaum beachtet worden. Letzten Endes ist die thermische Entfestigung eine Funktion der Glühtemperatur und der Glühzeit; es müßte also möglich sein, als Ausdruck dieser Beziehungen eine bestimmte Zeittemperaturkurve abzuleiten.

270 Die inneren Fließvorgänge u. ihre Bedeutung f. d. Knetbearbeitung.

Trägt man nämlich die Glühtemperaturen und die für jede Temperatur ermittelte Mindestglühzeit (Punkte stärkster Krümmung) in ein Koordinatensystem ein, so erhält man eine Kurve gemäß Abb. 280, die diese Abhängigkeit kennzeichnet. Die Glühdauer nimmt mit der Höhe der Glühtemperatur nicht linear ab, sondern in stärkerem Maße, der Kurvenverlauf nähert sich offenbar einer Hyperbel. Solcherart abgeleitete Kurve bringt zum Ausdruck, welches die erforderliche Mindestglühzeit ist, um bei einer bestimmten Temperatur ein vollständiges Ausglühen des Arbeitsgutes zu gewährleisten. Der Charakter der Kurve wird durch die

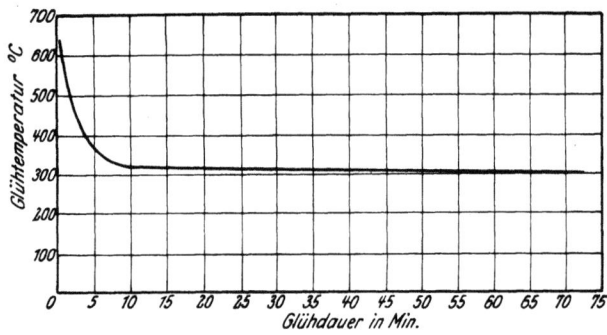

Abb. 280. Abhängigkeit der Glühtemperatur von der Glühdauer (Aluminium).

verschiedenen Glühbedingungen nicht verändert, wohl aber ihre allgemeine Lage.

Ist die Glühzeit unter den gegebenen Betriebsbedingungen für eine bestimmte Temperatur ermittelt, so ist es ohne weiteres möglich, an Hand der Zeittemperaturkurve auch für jede andere Glühtemperatur die Glühzeit abzuleiten, die zur vollständigen Ausglühung des Arbeitsgutes erforderlich ist.

Auch beim Ausglühen von Metallen müssen, wie aus diesen Ausführungen hervorgeht, gewisse Richtlinien beobachtet werden, wenn dem Arbeitsgut optimale Eigenschaften unter Vermeidung schädlicher Einflüsse verliehen werden sollen.

Rekristallisation. Welche Bedeutung der Korngröße auf die mechanischen Eigenschaften zukommt, wurde bereits in Abschn. X gezeigt. Es ist daher für den Technologen von Interesse, die Methoden kennenzulernen, die es gestatten, auch bei den gestreckten Metallen die Korngröße dem speziellen Zweck entsprechend zu bemessen. Dies sei in aller Kürze erläutert. Es wurde gezeigt, daß durch Warmstrecken stets eine Umgruppierung des Gefüges (Rekristallisation genannt) eintritt. Diese Umgruppierung ist ein dem Kristallisationsvorgang völlig analoger Prozeß, der mit dem Grade der Kaltstreckung und der Höhe der Temperatur im Zusammenhang steht.

Glüht man ein Metall von einem bestimmten Grad der Kaltstreckung, so resultiert gemäß Abb. 281a ein um so gröberes Korn,

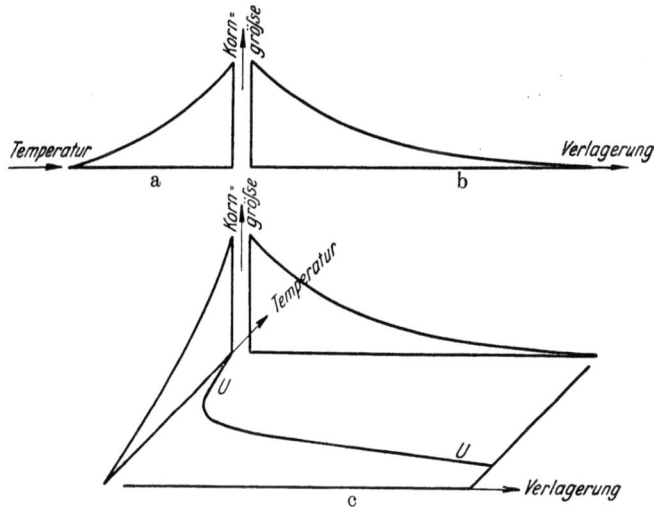

Abb. 281a, b und c. Abhängigkeit der Korngröße von der Glühtemperatur und dem Grade der Kaltstreckung.

je höhere Temperaturen zur Anwendung gelangen. Wird dagegen ein verschieden stark kalt vorgestrecktes Metall bei ein und derselben Temperatur geglüht, so erhält man gemäß Abb. 281b ein um so gröberes Korn, je geringer der Grad der Kaltstreckung war.

Vereinigt man diese Ergebnisse, so erhält man das im Raumdiagramm Abb. 281c wiedergegebene Bild. Auf Achse t ist die Temperatur, auf Achse v der Grad der Streckung und auf Achse φ die Korngröße abgetragen. Die Fläche, die die Körnigkeitszahlen miteinander verbindet, zeigt also um so steileren Anstieg bei um so höherer Temperatur und um so niedrigeren Streckgraden die Glühung erfolgte; sie flacht um so mehr ab, je höhere Streckgrade und um so niedrigere Ausglühtemperaturen zur Anwendung gelangen. Unterhalb einer bestimmten Grenztemperatur (Kurve $u-u$) ist es nicht möglich, eine Änderung der Korngröße zu erreichen. Diese Grenztemperatur liegt um so höher, je geringer der Grad der Streckung ist.

Solche Diagramme sind bis jetzt für Zinn, Eisen, Kupfer und Aluminium aufgestellt worden (vgl. S. 135—137). Sie bieten dem Technologen ein erwünschtes Hilfsmittel, den Körnigkeitsgrad und damit die mechanisch-physikalischen Eigenschaften den bestimmten Verwendungszwecken entsprechend anzupassen. Es ist vielleicht nicht hinreichend bekannt,

Abb. 282. Druckblech aus α-Messing mit groben Kristallen, die zum Teil die ganze Blechdicke erfüllen. Geätzt mit Ammoniumpersulfat 1:10. (Lin. Vgr. 30.)

daß die Verwendbarkeit von Blechen für Scheinwerfer (Reflektoren) und für Ätzzwecke in hohem Maße von der Korngröße bestimmt wird. Bei Ätzblechen kommt es vor allem auf große Kornfeinheit an, während die mechanischen Eigenschaften eine mehr untergeordnete Rolle spielen. Scheinwerferbleche müssen sich indes auch gut tiefziehen lassen. Bei Messing, Kupfer und Aluminiumblechen kommt es häufig vor, daß sie sich trotz anormal hoher Dehnung für Tiefziehzwecke als ungeeignet erweisen und dies nur infolge ungenügender Kornfeinheit. Schon das Auftreten von vielen groben Einzelkörnern, gemäß Abb. 282, kann sich als schädlich erweisen. Die gleichbleibende optimale Güte der Erzeugnisse kann nur verbürgt werden durch strenge Beachtung der physikalischen und wärmetechnischen Vorgänge (vgl. Abschn. VII).

Verarbeitungsfehler und ihre Bekämpfung.

Schubvorgänge. Ein allgemeines, allen Arten des Streckens zugrunde liegendes Kennzeichen ist der „Schubvorgang". Wird der Fließdruck des Materials erreicht und daraufhin konstant erhalten, so nimmt die Verschiebung mit der Zeit zu, der Stoff fließt, und zwar in Richtungen (Fließebene F, Abschn. XI) unter etwa 45° zu den Hauptspannungsrichtungen, Abb. 283. Dabei bilden sich an den Schnittlinien der Fließebenen und der Mantelfläche (also im Winkel von 45° zu den Hauptspannungsrichtungen) durch Hervortreten einzelner Materialschichten häufig charakteristische Fältelungen, die man nach dem deutschen Forscher, der sie zuerst 1854 beschrieben hat, als „Lüderssche Linien" oder „Fließlinien" bezeichnet. Diese Linien gehen auf der Mantelfläche eines zylindrischen

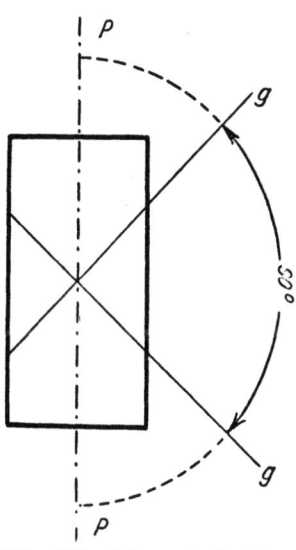

Abb. 283. Schematische Darstellung des Schubvorganges.

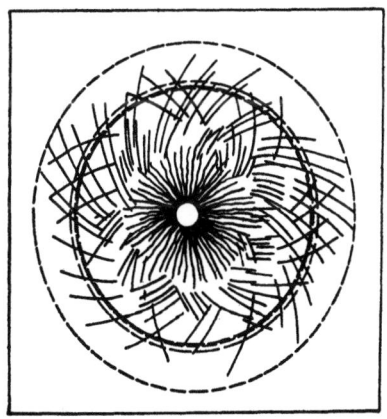

Abb. 284. Fließlinien, hervorgerufen durch Drücken einer Rundscheibe mit einem runden Stempel (nach Hartmann).

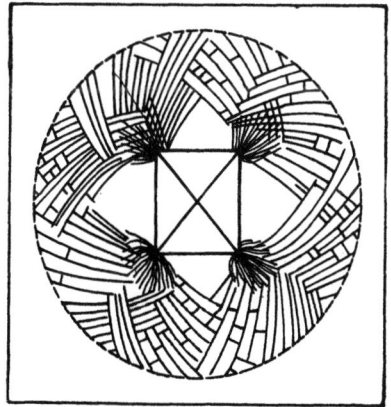

Abb. 285. Fließlinien, hervorgerufen durch Drücken einer Rundscheibe mit einem viereckigen Stempel (nach Hartmann).

Czochralski, Metallkunde.

Körpers in zwei Schraubensysteme über, die zueinander entgegengesetzt verlaufen, wie dies in Abb. 121, Abschn. VI gezeigt wurde. Gleiches Ergebnis erhält man auch bei der Beanspruchung

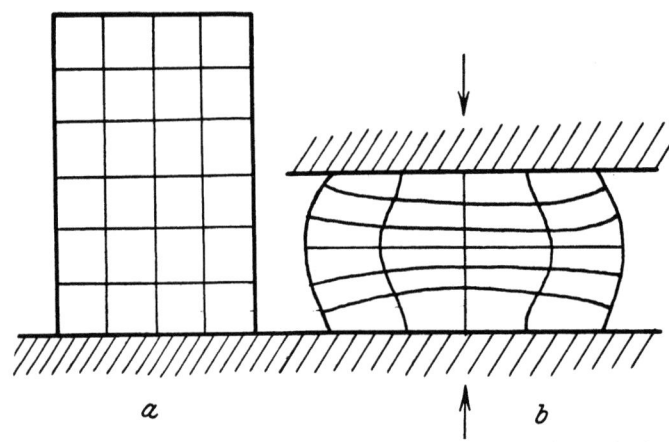

Abb. 286. Materialverschiebung im Innern eines kubisch geschichteten Versuchskörpers aus Porzellanmasse beim Stauchen. a) vor, b) nach dem Stauchen.

eines Hohlkörpers (Patronenhülsen) oder eines Rohres durch inneren oder äußeren Überdruck. Beim Drücken einer Rundscheibe treten Druck-, Zug- und Biegebeanspruchungen gleich-

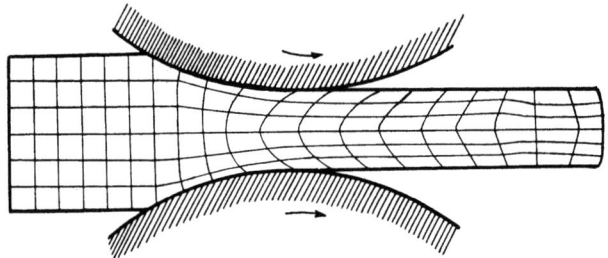

Abb. 287. Materialverschiebung im Innern eines kubisch geschichteten Versuchskörpers aus Porzellanmasse beim Walzen (nach Kick u. Polack).

zeitig auf; die Fließlinien verlaufen vorwiegend radial, Abb. 284. Sobald der runde Stempel durch einen viereckigen ausgewechselt wird, werden die Stellen größter Beanspruchung dadurch angezeigt, daß jetzt die Fließlinien der Kraftverteilung gemäß von den Ecken des vierkantigen Stempels ausgehen, Abb. 285.

Die inneren Vorgänge, nach denen die unter Druck entstehenden Materialverschiebungen vor sich gehen, sind sehr mannigfaltig. Die Abb. 286 bis 288 geben in groben Zügen die Materialverschiebungen wieder, wie sie für die wichtigsten technologischen Arbeitsprozesse, und zwar an geschichteten Probekörpern ermittelt worden sind.

Bei dem Stauchvorgang, Abb. 286, ist charakteristisch die Reibung an den Druckflächen; diese hat eine ungleiche Verteilung der Fließgeschwindigkeit zur Folge. Durch die größere Fließgeschwindigkeit in den Mittelzonen wird ein Ausbauchen der Proben verursacht.

Auch beim Walzvorgang macht sich der Einfluß der Reibung an den Walzenflächen in ähnlicher Weise bemerkbar. Die Mittel-

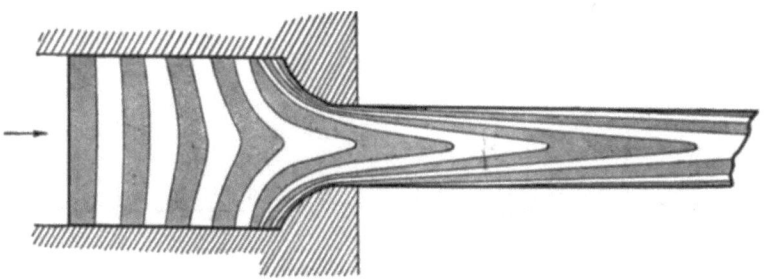

Abb. 288. Materialverschiebung im Innern eines quergeschichteten Versuchskörpers aus Knetwachs beim Pressen.

zonen des Walzgutes eilen auf beiden Seiten der Walze den Mantelzonen voran, wie dies aus der Abb. 287 hervorgeht.

In stärkstem Maße kann das Voreilen der Mittelzonen beim Preßvorgang beobachtet werden, Abb. 288.

In der Praxis sucht man die Materialverschiebungen in einfachen Fällen in der Weise festzustellen, daß man die Verzerrung von konzentrischen in die Oberfläche eingeritzten Kreisen oder quadratischen Netzzeichnungen feststellt und daraus auf die inneren Materialbewegungen Rückschlüsse zieht. Solche Oberflächenbilder dürften über die inneren Materialverschiebungen freilich nur selten Anhalt geben.

Weist das Material im Inneren zonenweise Verlagerungen, Schichtungen, regelmäßig angeordnete Einschlüsse und dergleichen auf, so können vielfach noch nachträglich die stattgehabten

18*

Materialverschiebungen durch Ätzbilder sichtbar gemacht werden und zum Feststellen etwaiger unzulässig hoher Beanspruchungen herangezogen werden. Die Nutzanwendung der metallographischen Gefügebeobachtung auf diese besonders bei technischen Unfällen wichtige Frage erläutern am Schweißeisen die Abb. 289 und 290. Die hellen Streifen a, b und c weisen an den Stellen w und w' starke doppelte Krümmungen (einen Wendepunkt) auf; dies sind die Stellen, die stets eine erhöhte Beanspruchung des Materials anzeigen. Zeichnet man die Krümmungskreise für die Kurven a, b und c vor und hinter dem Wendepunkt ein, Abb. 289, so darf der Abstand der zueinander parallel versetzten Teile der Linien a, b und c höchstens ein Fünftel des betreffenden Kreishalbmessers betragen, wenn der Gefahr einer Zerstörung des Materials durch Scherspannungen an den entsprechenden Stellen vorgebeugt werden soll. Dieser Wert ist in den Abb. 289 und 290 schon um ein Vielfaches überschritten. Während in dem Probestück Abb. 289 erst eine latente Materialzerstörung vor sich gegangen ist, ist in dem zweiten Stück, Abb. 290, bereits eine völlige Materiallostrennung erfolgt.

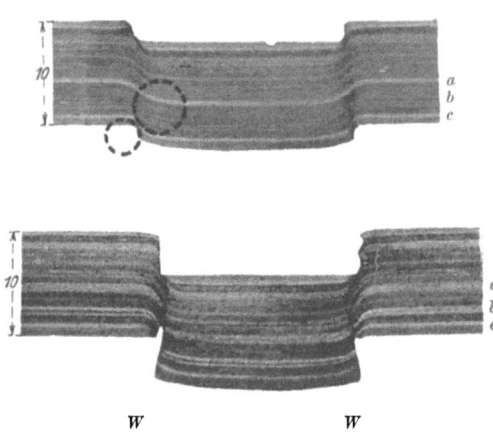

Abb. 289 und 290. Materialverschiebung beim Lochen von Schweißeisen. Aufdeckung von innerer Materialzerstörung durch Bestimmung des Krümmungshalbmessers der Fließlinien.

Bei Messing, Kupfer und dergleichen, wo das beschriebene Verfahren nicht zum Ziele führt, können durch Einritzen eines quadratischen Netzes auf der Schnittebene eines aus zwei symmetrischen Hälften zusammengepaßten Versuchskörpers ähnliche, wenigstens für die Kontrolle der Arbeitsverfahren wertvolle Bilder über die innere Materialverschiebung erhalten werden, wenn man die so hergerichteten Körper nachträglich der Deformation unterwirft. Dieses Verfahren wurde wohl zuerst von O. Lehmann[1]) angewandt.

Die Verarbeitung der Metalle durch Strecken ist ein ziemlich komplizierter Arbeitsvorgang, so daß Verarbeitungsfehler häufig auftreten können, die die Qualität der Erzeugnisse nachteilig beeinflussen.

So kann durch zu weit getriebenes Kaltstrecken „Überziehen" oder „Überstrecken" und damit eine Zerstörung des Materials eintreten. Beim Drahtziehen macht sich das Überstrecken bekanntlich häufig durch trichterförmige Brüche im Innern bemerk-

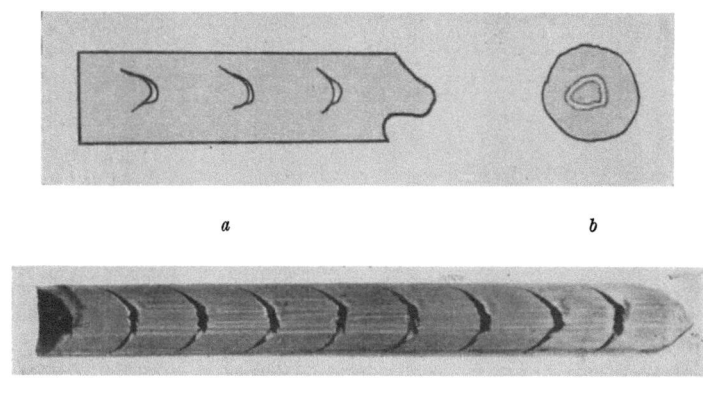

Abb. 291. a und b Überstreckter Flußeisendraht mit trichterförmigen Brüchen im Innern (Skizze nach Heyn), c überstreckter Aluminiumdraht. (Nat. Größe.)

bar, Abb. 291, schematische Zeichnung a und b, weil die inneren Schichten im Zieheisen in der Längsrichtung stärker gestreckt werden als die äußeren und daher früher erschöpft werden. In Abb. 291c ist dies an einem Aluminiumdraht dargestellt.

Da durch das Strecken die einzelnen Schichten verschieden starke Verlängerung erfahren und demzufolge bestrebt sind, verschiedene Längen anzunehmen, birgt die Steigerung der Zerreißfestigkeit, so sehr sie auch vielfach erwünscht ist, infolge innerer Spannungserregung manche Gefahr in sich. Latente Streckspan-

---

[1]) Die neue Welt der flüssigen Kristalle. 1911.

278 Die inneren Fließvorgänge u. ihre Bedeutung f. d. Knetbearbeitung.

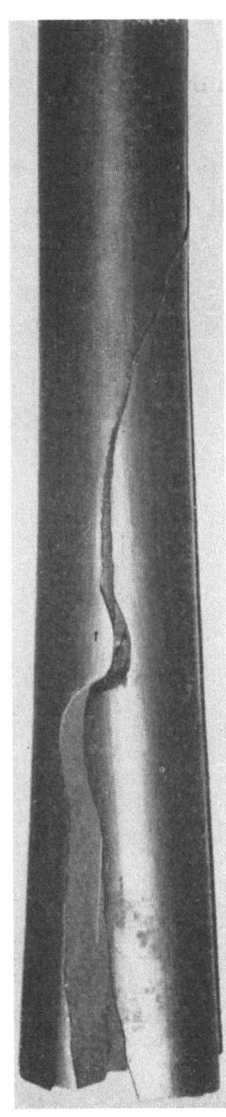

Abb. 292. Rundmessingstange, die beim Lagern durch innere Streckspannungen in der Längsrichtung aufriß (Nat. Größe).

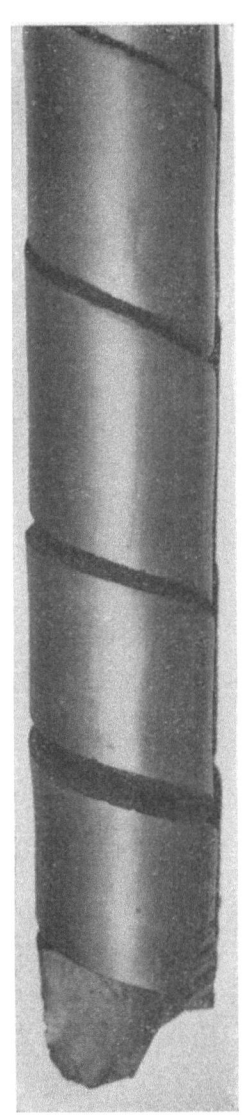

Abb. 293. Rundmessingstange, die beim Lagern durch innere Spannungen spiralförmig aufriß. (Nat. Größe.)

nungen bilden nicht selten die Ursache plötzlicher oder allmählicher Rißbildung. Typische Fälle sind in den Abb. 292 und 293 wiedergegeben. Die Rißbildung der in Abb. 292 wiedergegebenen

Messingstange wurde noch durch eine unfreiwillige Verunreinigung des Metalls mit Antimon begünstigt[1]).

Abb. 293 stellt einen besonders interessanten Fall von spiralenförmig ausgebildeten Rissen durch Auslösen von Streckspannungen dar, während Abb. 292 einen typischen Längsriß wiedergibt. Nach den Untersuchungen Heyns[2]) kann das Vorhandensein solcher ungleichförmiger Spannungen dadurch nachgewiesen werden, daß man zylindrische Stücke des Materials von genauer Meßlänge an ihrer Manteloberfläche schichtweise abdreht und jedesmal die dabei auftretende Längenänderung bestimmt.

In Messing lassen sich durch mäßiges Erwärmen unter 230° die Streckspannungen beträchtlich vermindern, so daß die Gefahr des freiwilligen Aufreißens beim Lagern, beim Verarbeiten oder im Betrieb geringer wird.

Abb. 294. Preßbarren aus α-Messing, der beim Herausnehmen aus dem Rezipienten infolge innerer Spannungen aufblätterte. (Lin.Vgr. 0,17.)

---

[1]) Antimonhaltiges Messing wird in 10%iger Salpetersäure in etwa 10 bis 30 Minuten geschwärzt; 0,005% Antimon können auf diese Weise im Messing noch leicht nachgewiesen werden.

[2]) Materialienkunde 1912, S. 282.

280 Die inneren Fließvorgänge u. ihre Bedeutung f. d. Knetbearbeitung.

Bekannt sind ähnliche Wirkungen der Streckspannungen bei gezogenen Hohlkörpern, Rohren, Lampenfassungen und anderen Erzeugnissen.

Aber auch beim Warmstrecken können Störungserscheinungen infolge mangelnden Formänderungsvermögens auftreten. Besonders häufig kann dies bei gepreßten Messing-, Kupfer- und Aluminiumerzeugnissen beobachtet werden. In den Abb. 294 und 295 sind derartige typische Fälle wiedergegeben. Abb. 294 zeigt einen Preßbarren aus α-Messing, der infolge schlechter Preßbarkeit aus dem Rezipienten entfernt werden mußte. Infolge der aufgenommenen inneren Spannungen blätterte der Barren beim Herausziehen aus dem Rezipienten in der wiedergegebenen Weise palmenartig auf.

Abb. 295. Profilstange aus α-Messing mit groben regelmäßigen Einrissen, die beim Austritt des Profils aus der Matrize auftraten. (Lin. Vgr. 0,17.)

Abb. 295 zeigt eine Profilstange mit groben regelmäßigen Einrissen, die beim Austritt des Profils aus der Matrize auftraten. Fehler dieser Art sind beim Pressen von Messing häufig zu beobachten. In den Abb. 296 und 298 sind ähnliche Preßfehler an Rundstangen und an einer rechteckigen Stange wiedergegeben. Die Proben zeigen eine gewisse Gleichmäßigkeit in der Anordnung der Risse. Diese Erscheinungen treten nicht örtlich auf, sondern erstrecken sich auf Stangenlängen von vielen Metern.

Die in den Abb. 295 bis 298 wiedergegebenen Fehler sind gemeinsam darauf zurückzuführen, daß statt des warmschmied-

Verarbeitungsfehler und ihre Bekämpfung. 281

Abb. 296. Preßfehler an Messingstangen.
Abb. 296. Rundmessingstange mit schuppenartig ausgebildeten Querrissen, die beim Austritt des Profils aus der Matrize auftraten. (Nat. Größe.)
Abb. 297. Messingrundstange. Kernzone gut preßbar, Mantelzone infolge falscher Zusammensetzung gerissen. (Nat. Größe.)

baren α-β-Messings infolge falscher Zusammensetzung der Schmelze α-Messing verwendet wurde.

Die Probe, Abb. 297, ist noch insofern besonders interes-

282 Die inneren Fließvorgänge u. ihre Bedeutung f. d. Knetbearbeitung.

Abb. 298. Rechteckige Messingstange mit zackig ausgebildeten Querrissen, die beim Austritt des Profils aus der Matrize auftraten. (Nat. Größe). Preßfehler an Messingstangen.

sant, als sie teils aus warmschmiedbarem α-β-Messing und teils aus dem in der Hitze unbildsamen α-Messing bestand. Der warmschmiedbare Kern hat seinen Zusammenhang beibehalten, während die Mantelzonen, die nur aus α-Kristallen bestanden, völlig ihren Zusammenhang aufgegeben haben (vgl. Abschn. III, Abb. 21).

Sollen Fehler dieser Art vermieden werden, so ist es erforderlich, die Zwischenfabrikate auf ihre Zusammensetzung hin streng zu kontrollieren.

Die Vorausbestimmung der für die einzelnen Formänderungen erforderlichen Arbeitsgrößen ist eine der Hauptaufgaben der technologischen Mechanik. Es bestand aber bis vor kurzem keine Methode, die die für die einzelnen Arbeitsgattungen der Technik erforderlichen Deformationskräfte zu erechnen gestattete. Man wendete daher in der Praxis zumeist den empirischen Weg an, indem man aus Miniaturversuchen mit Hilfe der Ähnlichkeitsregel die für die jeweilige Formänderung erforderlichen Kräfte ableitete. Das Verfahren läßt sich mit einiger Sicherheit überall da anwenden, wo gleiche Arbeitsbedingungen (auch gleiche Deformationsgeschwindigkeiten) als gegeben vorausgesetzt werden dürfen. Der Weg wird benutzt, seit Kick nachgewiesen hat, daß unter gleichen Arbeitsbedingungen die für die Deformation erforderliche Arbeit mit dem Volumen bzw. dem Gewichte des Arbeitsgutes proportional wächst.

Neuere Untersuchungen von Ludwik haben gezeigt, daß die „Fließkurven" (eine Beziehung, die sich zwischen dem jeweiligen Grad der Streckung oder spezifischen Reibung und der zu der ersten bleibenden Formänderung erforderlichen Schubspannung ergibt) das Hauptmerkmal aller Formänderungsarten bilden (vgl. Abschn. X und XI). Die Fließkurven ergeben nicht nur die charakteristischen Merkmale für das Verhalten eines Metalles im Gebiete der bleibenden Formänderungen, sondern gestatten auch in vielen Fällen die für die Formänderung erforderlichen Arbeitsgrößen direkt abzuleiten. Ihre allgemeine Anwendbarkeit zur Bestimmung der bei den technischen Arbeitsgattungen erforderlichen Arbeitsgrößen steht in erfolgreicher Entwicklung.

Autorenverzeichnis.

Asahara, G. 168.

Bauer, O. u. Vogel, O. 35.
Bauer, O. u. Vollenbruck, O. 33.
Bauke, H. 56, 68, 127.
Baumhauer, H. 54.
Bauschinger, J. 108, 109.
Behrens, H. 48, 54, 56, 60, 61, 68, 125.
Bengough, G. D. 258.
Borelius, G. 14.
Boudouard, O. 35.

Campbell, W. 125, 143.
Carpenter, H. C. H. u. Edwards, C. A. 28, 33.
Carpenter, H. C. H. u. Elam, C. F. 56.
Constantinow, N. u. Smirow, W. 39.
Cowan, W. A., Simpkins, L. D. u. Hiers, G. O. 41.
Czochralski, J. 38, 48, 56, 57, 60, 61, 65, 68, 76, 79, 80, 83, 84, 91, 92, 98, 102, 109, 114, 117, 135, 202, 225, 234, 249.
Czochralski, J. u. Rassow, E. 36, 40, 42.
Czochralski, J. u. Welter, G. 85.
Curry, B. E. 33.

Dean, P. 39.
Degens, P. N. 38.
Desch, C. H. 90, 102.
Deutsch, W. 159.
Doński, L. 43.

Ettisch, M., Polanyi, M. u. Weißenberg, K. 246.

Fraenkel, W. 37, 151, 167, 225.
Fry, A. 123.

Gibbs, W. 1, 3.
Göbel, J. 42.
Goerens, P. 217.
Gontermann, W. 39.
Grard, C. 266, 267.
Groß, R. 234.
Grube, G. 35.
Guertler, W. 23, 39, 125, 145.
Guillet, L. 38.
Gwyer, A. G. C. 33.

Hanson, D. u. Archbutt, L. 56.
Hanson, D. u. Gayler, M. L. V. 35, 36, 38.
Harnecker, K. u. Rassow, E. 50, 163.
Hartmann, L. 122.
Heycock, C. T. u. Neville, F. H. 60.
Heyn, E. 60, 70, 109, 110, 128, 129, 130, 203, 204, 237, 277, 279.
Heyn, E. u. Wetzel, E. 56, 63
Hupka, E. 168.

Ischewsky, W. 57, 60, 67.

Kick, F. 282.
Körber, F. 246.
Kurbatoff, W. J. 57, 64.

Le Chatelier, H. 57.
Ledebur, A. 108.
Lehmann, O. 277.
Liebisch, T. 115.
Ludwik, P. 204, 212, 237, 238, 242, 243, 247, 249, 282.
Ludwik, P. u. Scheu, R. 242.

Mark, H., Polanyi, M. u. Schmid, E. 246.
Mark, H. u. Weißenberg, K. 246.
Martens, A. 57, 60, 61, 64, 122, 237.

Autorenverzeichnis.

Martens, A.-Heyn, E. 57, 62, 217, 265.
Masing, G. 29, 131.
Mathewson, C. H. 41.
Mazzoto, D. 39.
Merica, P. D. 36.
Moellendorff, W. v. u. Czochralski, J. 99, 208.
Mügge, O. 119, 212.
Müller, W. 208.

Newton, J. 11.
Nishikawa, S. u. Asahara, G. 168.

Oberhoffer, P. 60.
Oberhoffer, P. u. Oertel, W. 136.
Ono, A. 246.
Osmond, F. 57.
Ostwald, W. 15.

Piwowarsky, E. 44.
Polanyi, M. 218, 222, 236.
Polanyi, M. u. Masing, G. 234.

Rassow, E. 38.
Rassow, E. u. Velde, L. 135, 136, 222.
Rejtö, A. 123, 237.
Reusch, E. 119.

Rinne, F. 167, 168.
Roberts, C. E. 38.
Rosenhain, W. u. Tucker, P. A. 38.
Ruer, R. 14.

Sander, W. u. Meißner, K. L. 35, 36.
Sella, A. u. Voigt, W. 206, 209.
Shepherd, S. 28, 35.
Stead, J. E. 60.

Tafel, V. E. 28.
Tammann, G. 75, 77, 78, 96, 109, 119, 168, 198, 212, 223.
Taylor 246.

Urasow, G. G. 53, 60.

van't Hoff, J. H. 7.
van't Hoff, J. H. u. Le Chatelier, H. 4.
Voigt, W. 248.

Wedding, H. 108.
Weißenberg, K. 246.
Welter, G. 38.
Wetzel, E. u. Konarsky, A. 38.
Williams, R. S. 39.
Wolff, D. u. Rassow, E. 56.
Wüst, F. 56, 61, 125.

Sachverzeichnis.

Abkühlungsgesetz 11.
Abkühlungskurven 10.
Ätzen 59.
— durch Anlassen 71.
— durch Elektrolyse 71.
— mit Basen 68.
— mit Salzen 69.
— mit Säuren 59.
Ätzelektrolyse 71.
Ätzerscheinungen 45.
Ätzfiguren 107, 162.
Ätzgefüge 52.
— von Einkristallen 226.
Ätzpolieren 58.
Ätzreagenzien 56, 57, 59—73.
Ätztabellen 56, 57, 60, 61.
Äußere Fließerscheinungen 83, 102, 216.
— an Kugeleindrücken 212.
— an tordierten Stäben 212.
— an Zerreißstäben 212.
Allotriomorphie 86.
Aluminium, Ätzen 62, 63.
— Ausglühdiagramm 267.
— Bronze, Ätzen 63, 67, 68, 70.
— — Erstarrungsdiagramm 34.
— — kaltgewalzt 104, 111, 140.
— Einkristalle, Elastizitätsgrenze 250.
— — Fließkurven 242.
— — gebogene 231.
— — tordierte 227.
— — kaltgewalzt 252.
— Kornstreckung 253.
— Kupfer, Erstarrungsdiagramm 34.
— Lithium, Erstarrungsdiagramm 36.
— Magnesium, Ätzen 67.
— — Erstarrungsdiagramm 35.

Aluminiumoxyd, als Poliermittel 58.
— Rekristallisationsdiagramm 137.
— Silizium, Erstarrungsdiagramm 37.
— Streckdiagramm 262.
— Warmzerreißdiagramm 258.
— Zink, Erstarrungsdiagramm 34.
Ammoniak-Wattebausch-Ätzung 68.
Ammoniumpersulfat-Ätzung 70.
Amorphiehypothese 166.
Anlassen 71.
Anlauffarben 71.
Anlauftemperaturen 71.
Antimon, Ätzen 59.
Ausgestaltung des Fließfeldes 226, 232, 248.
Ausgleich von Spannungen 162.
Ausglühen 265.
Ausglühdiagramme 265.
— für Aluminium 267.
— für Flußeisen 265.
— für Kupfer 266.
— für Messing 267.
Ausglüh-Zeittemperaturkurve 269.
Auslaugbarkeit bei Mischkristallen 65
Atombindungen, instabile 249.

Beanspruchte Kristalle, Festigkeitseigenschaften 223.
Beanspruchung durch Projektildurchgang 148.
Begrenzte Löslichkeit 15.
Bivariantes Gleichgewicht 8.
Blei, Ätzen 59, 64, 68.
— Antimon, Erstarrungsdiagramm 39.
— Barium, Erstarrungsdiagramm 40.
— innerkristalliner Bruchverlauf 97, 98.

Sachverzeichnis.

Blei, Kalzium, Erstarrungsdiagramm 44.
— Natrium, Erstarrungsdiagramm 42.
— Strontium, Erstarrungsdiagramm 44.
— zwischenkristalliner Bruchverlauf 97, 98.
Bronze, Ätzen 65, 68, 69, 70.
— Anlassen 71.

Chemische Verbindung zweier Metalle 23.
Chromsäure-Ätzung 66.

Deformation des Kristallbaus 168.
Deformationszwillinge 114.
Dehnungskörper eines Kupferkristalls 209.
Dendriten 90.
— nützlicher Einfluß 91.
— schädlicher Einfluß 49, 91.
Dendritische Hohlräume 92.
— Verwechslung mit Zinnsäurefäden 92.
Diskontinuierliche Reflexion 229.
Dislokation der Kristalle 108, 109, 168, 184, 185, 232.
Dislozierte Reflexion 48, 104.
— Verschwinden der 126, 107, 253.
Druckversuche an Einkristallen 250.
Dystektikum 22.

Elastizitätsgrenze von Einkristallen 125, 250.
— und Rekristallisation 158.
Eigenschaften und Raumgitteraufbau 232.
Einfachfreies Gleichgewicht 5.
Einformen 152, 145.
Einkristalle, Ätzgefüge 226.
— Druckversuche 250.
— Elastizitätsgrenze 250.
— Erzeugung 76, 170, 249.
— Fließkurven 242, 243, 246, 247.
— Klangfarbe 250.
— Leitungsvermögen f. Elektrizität nach Kaltbearbeitung 249.
— Rekristallisationserscheinungen 153, 222.
Eisen, Ätzen 70, 69, 62, 67.
— Rekristallisationsdiagramm 137.
— Streckdiagramm 260.

Eisen, Warmzerreißdiagramm 258.
Eisenchloridätzung 69.
Elektrisches Leitvermögen v. Einkristallen 249.
— in versch. Kristallrichtungen 249.
— nach Kaltbearbeitung 249.
Elektrolyteisen, Rekristallisationsdiagramm 137.
Elektron-Metall 36.
Erstarrungsdiagramm Al-Li 36.
— Al-Mg 35.
— Al-Si 37.
— Al-Zn 34.
— Cu-Al 34.
— Cu-Sn 32.
— Cu-Zn 29.
— Pb-Ba 40.
— Pb-Ca 44.
— Pb-Na 41.
— Pb-Sb 39.
— Pb-Sr 44.
— Sn-Pb 38.
— Sn-Pb 39.
Erstarrungsdiagramme, Unterteilung 23.
— techn. Legierungen 28.
— Typen 10.
Erstarrungskurve 10.
Essigsäure-Ätzung 68.
— -Perhydrol-Ätzung 68.
Eutektikum 19, 22.
Eutektische Gerade 19.
Eutektische Legierung 19.
— unter- und übereutektische 20.
Eutektischer Punkt 19.
Eutektomere Legierung 20.
Exeutektische Legierung 19.

Feste Lösung 12.
Festigkeitseigenschaften beanspruchter Einkristalle 223.
— beanspruchter Vielkristallproben 230.
— unbeanspr. Einkristalle 221.
— unbeanspr. Vielkristallproben 235.
Festigkeitskörper eines Kupferkristalls 208.
Festigkeit und Verfestigung 219.
Flammen 111.
Fließebenen 121, 123, 124, 215, 243, 246, 247.
— kristallogr. unrationelle 249.

Fließen der Metalle 108, 109, 211, 216, 226, 248.
Fließerscheinungen an Kugeleindrücken 216.
— an tordierten Stäben 216.
— an Zerreißstäben 216.
— äußere 83, 102, 216.
Fließfeld, Ausgestaltung 231, 226, 248.
Fließfiguren 122, 238.
Fließkurve 241.
Fließkurven von Einkristallen 242.
— von Vielkristallproben 237.
Fließlinien 122, 238, 273.
— banale 250.
Flußeisen, Ausglühdiagramm 265.
— Streckdiagramm 260.
Flußsäure-Ätzung 63.
Flußstahl, Streckdiagramm 260.
Freiheitsgrad 2.

Gefügeaufbau 74, 104.
Gefügeumwandlung bei der Schliffherstellung 125.
Gehärteter Stahl, Ätzen 64, 57.
Geschichtete Kristalle 91.
Gestaltsverzerrungen 101, 216, 226.
Gitterkräfte und Kristallgeometrie 246, 249.
Glanzätzung 67.
Gleichachsigkeit der Kristalle 150.
Gleichförmiges, mechanisches Verhalten 235.
Gleichgewicht 2.
— einfachfreies 4.
— mehrfachfreies 5.
— unfreies 6.
Gleitebenen, fiktive 213.
— kristallographische 214.
— kristallogr. unrationelle 249.
— Unwirksamkeit 212.
Gleitflächenrichtung bei Kupfer 212.
Gleitlinien 122, 238, 273.
Glühdauer 269.
Glühtemperatur als Kriterium 134.
Gußeisen, Ätzen 63, 64.
— Anlassen 71.
Gußkristalle, Wachstumsunfähigkeit 151.

Haltepunkt 10.
Haltezeit 10.
Härte von Einkristallen 210.

Hebelbeziehung 14.
Hemmungsebenen 215, 248.
Höchstlastgrenze 208.
Homogene Kristalle 13.
— Mischkristalle 49.
— Reflexion 104.
Hypo- und hypereutektische Legierung 21.

Idiomorphie 87.
Inhomogene Reflexion 231, 110.
Innere Fließvorgänge 108, 109, 216, 226, 211, 251, 275.
Innere Reibung „R" 238, 249.
Innerkristalline Linienscharen 111.
Innerkristalliner Bruchverlauf 32.
Instabile Atombindung 249.
Intergranularer Bruchverlauf 31, 98.
Invariantes Gleichgewicht 8.
Isometrische Kristalle 150.

Kadmium, Ätzen 63, 67.
Kalt- und Warmbruch 98.
Kaltkneten 252.
Kantenrisse 100.
Kernbildung 75.
Kernzahl 133, 78.
Kernzahlschema 133.
Klangfarbe von Einkristallen 250.
Knetbearbeitung 104, 236, 251.
— und Eigenschaften 258.
Knetvorgang, Terminologie 204.
Kohäsion 238.
Kondensierte Systeme 7.
Kontinuierliche Reflexion 229.
Körnigkeitsbeziehungen 130.
Körnigkeitsgrad 235.
Korngliederung 86.
Korngrenzen 109.
— Verunreinigung 158.
Korngröße der rekristallisierten Metalle 272, 136, 137, 135, 130, 270, 271.
— der Gußmetalle 79.
— Einfluß der Erwärmungsgeschwindigkeit 142.
— — der Glühdauer 142.
— — der Probendicke 142.
— und Eigenschaften 82, 234, 271.
— und Oberflächenfehler 83, 271.
Kornverfeinerungsverfahren 85, 79.
Kräftegeometrie des Raumgitters 246.

Sachverzeichnis.

Kräftekomponente des Raumgitters 247.
Kräftemechanik der Verfestigungsvorgänge 237.
Kraftwirkungslinien 238, 122.
Kranzgefüge 148.
Kreislauf der Zustandsformen 165.
Kristallaufbau 51, 87.
Kristalldislokation 116, 108, 109, 168, 184, 185, 232, 252.
Kristallfelderätzung 46.
Kristallfigurenätzung 51.
Kristallgrenzenätzung 45.
Kristallisationsgeschwindigkeit 75.
Kristallisations-Meßvorrichtung 76.
Kristallgeometrie und Gitterkräfte 246, 249.
Kristallisationsvorgänge 78, 75, 74, 49, 10, 79, 86, 87, 90, 92, 99, 102.
Kristallographisch ähnliche Orientierung 102.
— schädliche Einflüsse 102.
Kristallographische Gleitebenen 214.
Kristallskelette 91.
Kristallzertrümmerung 108, 109, 168, 184, 185, 232.
Kriterium der Glühtemperatur 134.
Kritische Korngröße 84, 83.
Kupfer, Ätzen 70, 69, 68, 63, 67.
— Aluminium, Erstarrungsdiagramm 34.
— -Ammoniumchlorid-Ätzung 65.
— Ausglühdiagramm 266.
— -Einkristall, Dehnungskörper 209.
— — Festigkeitseigenschaften in unbeanspruchtem Zustand 221.
— — Festigkeitskörper 208.
— — Härte 210.
— — Verfestigungskörper 221.
— Gleitflächenrichtung 212.
— kalt gewalzt 108.
— Rekristallisationsdiagramm 136.
— Streckdiagramm 260.
— Warmzerreißdiagramm 258.
— Zink 28.
— — Erstarrungsdiagramm 29.
— — Umwandlungshorizontale (470°) 28.
— — Kalt- und Warmbruch 32.
— — Kalt- und Warmschmiedbarkeit 32.

Czochralski, Metallkunde.

Kupfer, Zinn, Erstarrungsdiagramm 32.
— Zustandsschema 235.

Labradorisieren 48.
Latente Streckspannungen 277.
Laue-Diagramme der Metalle 171.
Laue-Diagramm, Auswertungsgrundlagen 197.
— Bestimmung der gestörten Raumgitteranteile 197.
— Bestimmung der ungestörten Raumgitteranteile 199.
— Einfluß der Dispersität 171.
— Einfluß gemischter Anordnung 177.
— Einfluß der Hintereinanderlagerung 173.
— Einfluß der Kristallorientierung 192.
— Einfluß der Nebeneinanderlagerung 171.
— Einfluß paralleler Kristallaufteilung 185.
— Einfluß radialer Kristallaufteilung 184.
— Einfluß der Rekristallisation 195.
— Methodologische Fragen 202.
— Strukturtheoretisches 203.
— und Anisotropie 193.
— und Beanspruchungsart:
    Biegung 179.
    Kugeleindruck 179.
    Nadelstich 181.
    Walzen 188.
    Zugversuch 185.
— und Raumgitterstörungen 203.
Laue-Verfahren 168.
Legierungen mit einer eutektischen Geraden 24.
— mit Umwandlungshorizontale 15.
— mit zwei Geraden 24.
Lüdersche Linien 122, 238, 250, 273.
Lunker 92.
Lunkerbekämpfung 93.

Magnalium 36.
Magnesium, Ätzen 62.
Mangan-Messing, Anlassen 71.
Mangelnde Quasiisotropie 236.
Materialverschiebungen 275.
— beim Lochen 276.
— beim Pressen 275.

19

Materialverschiebungen beim Stauchen 275.
— beim Walzen 275.
Maximum 14, 23.
Mechanisches Verhalten, gleichförmiges 235.
— — ungleichförmiges 235.
Mehrfachfreies Gleichgewicht 4.
Mehrstoffstahl, Ätzen 64, 67.
Messing 28.
— Ätzen 70, 69, 65, 68.
— Auslaugbarkeit 65, 66.
— antimonhaltiges 279.
— Ausglühdiagramm 267.
— Erstarrungsdiagramm 29.
— Kalt- und Warmbruch 32.
— kaltgewalzt 106, 253.
— Kalt- und Warmschmiedbarkeit 32.
— Kornstreckung 253.
— Störungen beim Pressen 273.
— Streckdiagramm 262.
— Umwandlungshorizontale (470⁰) 32.
— Warmzerreißdiagramm 258.
Metalle, verbrannte 265.
Metallische Lösung 12.
Metastabiler Zustand 26.
Metatektikum 22.
Minimum 14.
Mischkristalle 13.
— Auslaugbarkeit 65.
Mischungslücke 16.
Moiré métallique 48.
Monotektikum 22.
Monovariantes Gleichgewicht 8.

Neugruppierung der Gefüge bei der Rekristallisation 127, 143.
Newtons Gesetz der Abkühlung 11.
Normalkraft, spezifische 238.

Obere Rekristallisationsgrenze 129.
Oberflächenfehler und Korngröße 83.

Periphere Translationslinien 118.
— Zwillinge 118.
Peripherzonen des Rekristallisationsfeldes 158.
Peritektikum 18, 23.
Peritektische Gerade 18.
Phase 1.
Phasengesetz 3.

Phasengleichgewicht 2.
— einfachfreies 5.
— Kondensierte Systeme 7.
— mehrfachfreies 4.
— Synonyma 8.
— Übersichtstabelle 8.
— unfreies 6.
Phasenlehre, Grundregeln 1.
Pikrinsäure-Ätzung 67, 68.
Polieren 55.
Polymorphe Umwandlung 25.
Preßvorgang 275.
Probeentnahme 54.

Quasiisotropie 235, 242.
— mangelnde 236.
Querschnittsverzerrungen 101, 216, 226.

Radialanordnung der Kristalle 145.
Raumgitteraufbau und Eigenschaften 232.
Raumgitter, Kräftegeometrie 246.
Raumgitterstörung 168, 226, 248.
— Art der Störung 203.
— Verlagerungsschema 205.
Reflexion, diskontinuierliche 229.
— inhomogene 110, 231.
— kontinuierliche 229.
— sprunghafte 229.
Reflexionsintensität, wechselnde 226.
Rekristallisation, Einfluß der Oberflächenspannung 149.
— von Einkristallen 222, 153.
— Einfluß der Orientierung 150.
— Grenztemperaturen 128.
Rekristallisationsdiagramme 125, 271.
— Nutzanwendung 133.
Rekristallisationsdiagramm des Aluminiums 137.
— des Elektrolyteisens 137.
— des Kupfers 136.
— des Zinns 135.
Rekristallisationsfeld, Peripherzonen 158.
Rekristallisationsgefüge, Neugruppierung 127, 143, 271.
Rekristallisationsgeschwindigkeit 131.
— Schema 132.
Rekristallisationsgrenze, untere und obere 129.

Rekristallisationsrichtung und Spannungsgefälle 145.
Rekristallisationsschema 130.
Rekristallisationsvorgänge 139.
Rekristallisationszwillinge 149.
Rekristallisation und Elastizitätsgrenze 158.
— und Korngröße 130, 135, 137, 136, 250, 271, 272.
Rekristallisiertes Korn, dislozierte Refl. 162.
— — optische Kennzeichen 162.
Reliefpolieren 58.
Restspannungen 162.
Resultierende Kräftekomponente 247.
Rißbildung 278.
Röntgenforschung und Verlagerungshypothese 166.

Salpetersäure-Ätzung 63.
Salzsäure-Ätzung 59.
— -Kaliumchlorat-Ätzung 62.
Säulige Kristalle 145.
Schleifen und Polieren 55.
Schmelzpunkt, Maximum 14, 23.
Schmelzpunkt, Minimum 14.
Schmiedeeisen, Ätzen 63.
Schubgesetz 249.
Schubelemente 246.
Schubspannung 238.
Schubvorgang 273.
Schubwiderstand in den verschiedenen Netzebenen 216.
Schwefelsäure-Ätzung 65.
Silber, Ätzen 63.
Silumin 38.
Sonderstähle, Ätzen 67.
Spannungsausgleich 162.
Spannungsgefälle und Rekristallisations-Richtung 145.
Spezifische Normalkraft 238.
— Schiebung γ 239.
— Tangentialkraft 238.
Sprunghafte Reflexion 229.
Stahl, Anlassen 71.
— Ätzen 62, 67.
Stauchvorgang 275.
Strahliges Gefüge, schädliche Einflüsse 100.
Streckdiagramme 259—262.
— des Aluminiums 262.
— des Flußeisens 259, 260.

Streckdiagramme des Flußstahls 260.
— des Kupfers 260.
— des Messings 262.
— Einfluß der Dicke 264.
Streckung und Volumenintegrität 108, 252.
Symmetrie des Deformationsfeldes 157.
Synonyma der Gleichgewichte 8.
Syntektikum 22.

Tangentialkraft, spezifische 238.
Technische Legierungen 28.
Terminologie der Knetvorgänge 128, 204, 251.
— der Verfestigung 234.
Theorie des Fließens 226, 216, 211, 203, 247.
Transkristallisation 102.
— schädliche Einflüsse 102.
Translationsebenen 212.
Translationshypothese 166, 246, 250.
Translationslinien an der Peripherie 118.
Translationsschema 204.
Typen der Erstarrungsdiagramme 10.

Überhitzung 267.
Übersicht der Ätzverfahren 56, 60.
Übersichtstabelle der Gleichgewichte 8.
Überstrecken 277.
Überziehen 277.
Umgruppierung des Gefüges bei der Rekristallisation 127, 143, 271.
Umwandlungshorizontale 15.
Unbeanspruchte Kristalle, Festigkeitseigenschaften 221.
— Wachstumsunfähigkeit 151.
Unbegrenzte Löslichkeit 12.
Unfreies Gleichgewicht 6.
Ungleichförmiges mechanisches Verhalten 235.
Univariantes Gleichgewicht 8.
Unrationelle Fließebenen 249.
Unterbrochene Reflexion 48.
Untere Rekristallisationsgrenze 129.
Unterkühlung, Einfluß auf KZ. und KG. 77.
Unterteilung der Erstarrungsdiagramme 23.
— der Legierungen Typus IV, V 22.

Unter- und übereutektische Legierungen 20.
Unwirksamkeit der Gleitebenen 212.

van't Hoff-Le Chatelier-Regel 4.
Verarbeitungsfehler 273.
Verbrannte Metalle 267.
Verdecktes Maximum 23.
Verfestigungskörper eines Kupfereinkristalles 221.
Verfestigungsvorgänge 107, 248.
— Kräftemechanik 237.
Verfestigung, Terminologie 234.
Verformung 101, 216, 226, 249.
Verlagerungshypothese 166, 248, 249.
— und Röntgenforschung 166, 248.
Verschwinden der Ätzfiguren 107.
— der dislozierten Reflexion 126, 107, 253.
Verunreinigungen an den Korngrenzen 158.
Verzerrung der Querschnitte 101, 216, 226.
Volumenintegrität und Streckung 108, 252.
Vorbereitung der Schliffe 54.
Vorgänge bei der Kristallisation 78, 75, 74, 49, 10, 79, 86, 87, 90, 92, 99.
— bei der Rekristallisation 139.

Wachstumsformen der Kristalle 88.
Wachstumsgeschwindigkeit 75, 131, 132, 271.
Wachstumskristalle 50, 91.
Wachstumsunfähigkeit unbeanspruchter Kristalle 151.
Walzrichtung und Verfestigung 224.

Walzvorgang 275.
Warmkneten 252.
Warm- und Kaltbruch 98.
Warmzerreißdiagramm des Aluminiums 258.
— des Eisens 256.
— des Kupfers 257.
— des Messings 257.
Wechselnde Reflexionsintensität 226.
Wirkungswinkel ω 239, 247.
Wismut, Ätzen 59.

Zeittemperatur-Kurven 269.
Zementit, Ätzen 67.
Zerreißversuche bei hohen Temperaturen s. Warmzerreißdiagramme.
Zertrümmerung der Kristalle 108, 109, 168, 184, 185, 232, 252.
Zink, Ätzen 62, 67.
Zinkgeschrei 117.
Zink, innerkristalliner Bruchverlauf 96, 98.
Zinn, Ätzen 65, 59, 62.
— -Antimon 19.
— Beanspruchung durch Projektildurchgang 148.
— -Blei-Erstarrungsdiagramm 38.
— Gefügeumwandlung bei der Schliffherstellung 125.
Zinngeschrei 117.
Zinn, kalt gewalzt 107.
Zugspannung 238.
Zustandsschema der Metalle 235, 258.
Zwillinge 112, 149, 250.
— an der Peripherie 118.
Zwischenkristalliner Bruchverlauf 32.

Verlag von Julius Springer in Berlin W 9

Lagermetalle und ihre technologische Bewertung. Ein Hand- und Hilfsbuch für den Betriebs-, Konstruktions- und Materialprüfungsingenieur. Von Ober-Ingenieur **J. Czochralski,** Frankfurt a. M. und Dr.-Ing. **G. Welter.** Zweite Auflage. Mit etwa 130 Textabbildungen. In Vorbereitung.

Die Theorie der Eisen-Kohlenstoff-Legierungen. Studien über das Erstarrungs- und Umwandlungsschaubild nebst einem Anhang Kaltrecken und Glühen nach dem Kaltrecken. Von **E. Heyn,** weiland Direktor des Kaiser-Wilhelm-Instituts für Metallforschung. Herausgegeben von Prof. Dipl.-Ing. **E. Wetzel.** Mit 103 Textabbildungen und XVI Tafeln. (VIII u. 185. S.) 1924.
Gebunden 12 Goldmark / Gebunden 2.90 Doller

Die Verfestigung der Metalle durch mechanische Beanspruchung. Die bestehenden Hypothesen und ihre Diskussion. Von Privatdozent Prof. Dr. **H. W. Fraenkel,** Frankfurt a. M. Mit 9 Textfiguren und 2 Tafeln. (V u. 46 S.) 1920. 1.80 Goldmark / 0.45 Dollar

Mechanische Technologie der Metalle in Frage und Antwort. Von Dr.-Ing. **E. Sachsenberg,** ord. Professor an der Technischen Hochschule Dresden. Mit zahlreichen Abbildungen. (VI u. 219 S.) 1924. 6 Goldmark; gebunden 6.80 Goldmark / 1.45 Dollar; gebunden 1.65 Dollar

Metallurgische Berechnungen. Praktische Anwendung thermochemischer Rechenweise für Zwecke der Feuerungskunde, der Metallurgie des Eisens und anderer Metalle. Von Prof. **Jos. W. Richards,** Lehigh-Universität. Autorisierte Übersetzung nach der zweiten Auflage von Prof. Dr. **B. Neumann,** Darmstadt und Dr.-Ing. **P. Brodal,** Christiania. Unveränderter Neudruck. (XIV u. 600 S.) 1920.
Gebunden 24 Goldmark / Gebunden 5.75 Dollar

Die Messung hoher Temperaturen. Von **G. K. Burgess** und **H. Le Chatelier,** Membre de l'Institut. Nach der dritten amerikanischen Auflage übersetzt und mit Ergänzungen versehen von Prof. Dr. **G. Leithäuser,** Dozent an der Techn. Hochschule Hannover. Mit 178 Textfiguren. (XVI u. 486 S.) 1913. 18 Goldmark / 4.30 Dollar

Die Konstruktionsstähle und ihre Wärmebehandlung. Von Dr.-Ing. **Rudolf Schäfer.** Mit 205 Textabbildungen und 1 Tafel. (VIII u. 370 S.) 1923. Gebunden 15 Goldmark / Gebunden 3.60 Dollar

Die Werkzeugstähle und ihre Wärmebehandlung. Berechtigte deutsche Bearbeitung der Schrift „The heat treatment of tool steel" von **Harry Brearley,** Sheffield. Von Dr.-Ing. **Rudolf Schäfer.** Dritte, verbesserte Auflage. Mit 226 Textabbildungen. (X u. 324 S.) 1922.
Gebunden 12 Goldmark / Gebunden 2.90 Dollar

Die Schneidstähle. Ihre Mechanik, Konstruktion und Herstellung. Von Dipl.-Ing. **Eugen Simon.** Dritte, vollständig umgearbeitete Auflage. Mit etwa 545 Textabbildungen. In Vorbereitung.

Verlag von Julius Springer in Berlin W 9

Probenahme und Analyse von Eisen und Stahl. Hand- und Hilfsbuch für Eisenhütten-Laboratorien. Von Prof. Dipl.-Ing. O. Bauer und Prof. Dipl.-Ing. E. Deiß. Zweite, vermehrte und verbesserte Auflage. Mit 176 Abbildungen und 140 Tabellen im Text. (VIII u. 304 S.) 1922. Gebunden 12 Goldmark / Gebunden 2.90 Dollar

Die praktische Nutzanwendung der Prüfung des Eisens durch Ätzverfahren und mit Hilfe des Mikroskopes. Kurze Anleitung für Ingenieure, insbesondere Betriebsbeamte. Von Dr.-Ing. E. Preuß †. Zweite, vermehrte und verbesserte Auflage herausgegeben von Prof. Dr. G. Berndt, Privatdozent an der Technischen Hochschule zu Charlottenburg und Ingenieur A. Cochius, Leiter der Materialprüfungsabteilung der Fritz Werner A.-G., Berlin-Marienfelde. Mit 153 Figuren im Text und auf 1 Tafel. (VIII u. 124 S.) 1921. Gebunden 3.50 Goldmark / Gebunden 0.85 Dollar

Vita-Massenez, Chemische Untersuchungsmethoden für Eisenhütten und Nebenbetriebe. Eine Sammlung praktisch erprobter Arbeitsverfahren. Zweite, neubearbeitete Auflage von Ing.-Chemiker Albert Vita, Chefchemiker der Oberschlesischen Eisenbahnbedarfs-A.-G., Friedenshütte. Mit 34 Textabbildungen. (X u. 198 S) 1922. Gebunden 6.40 Goldmark / Gebunden 1.55 Dollar

Die Praxis des Eisenhüttenchemikers. Anleitung zur chemischen Untersuchung des Eisens und der Eisenerze. Von Prof. Dr. Carl Krug, Berlin. Zweite, vermehrte und verbesserte Auflage. Mit 29 Textabbildungen. (VIII u. 200 S.) 1923. 6 Goldmark; gebunden 7 Goldmark / 1.45 Dollar; gebunden 1.70 Dollar

Lötrohrprobierkunde. Anleitung zur qualitativen und quantitativen Untersuchung mit Hilfe des Lötrohres. Von Prof. Dr. Carl Krug, Berlin. Mit 2 Figurentafeln. (VI u. 80 S.) 1914. Gebunden 3 Goldmark / Gebunden 0.75 Dollar

Das schmiedbare Eisen. Konstitution und Eigenschaften. Von Prof. Dr.-Ing. Paul Oberhoffer, Aachen. Zweite, verbesserte und erweiterte Auflage. Mit etwa 550 Textfiguren. Erscheint im Sommer 1924.

Die Formstoffe der Eisen- und Stahlgießerei. Ihr Wesen, ihre Prüfung und Aufbereitung. Von Carl Irresberger. Mit 241 Textabbildungen. (V u. 245 S.) 1920. 10 Goldmark / 2.40 Dollar

Handbuch des Materialprüfungswesens für Maschinen- und Bauingenieure. Von Prof. Dipl.-Ing. O. Wawrziniok, Dresden. Zweite, vermehrte und vollständig umgearbeitete Auflage. Mit 641 Textabbildungen. (XX u. 700 S.) 1923. Gebunden 22 Goldmark / Gebunden 5.25 Dollar

Leitfaden für Gießereilaboratorien. Von Geh. Bergrat Prof. Dr.-Ing. e. h. Bernhard Osann. Clausthal. Zweite, erweiterte Auflage. Mit 12 Abbildungen im Text. (IV u. 62 S) 1924. 2.70 Goldmark / 0.65 Dollar

MIX
Papier aus verantwortungsvollen Quellen
Paper from responsible sources
FSC® C105338

If you have any concerns about our products,
you can contact us on
ProductSafety@springernature.com

In case Publisher is established outside the EU,
the EU authorized representative is:
**Springer Nature Customer Service Center GmbH
Europaplatz 3, 69115 Heidelberg, Germany**

Printed by Libri Plureos GmbH
in Hamburg, Germany